复杂电磁环境下雷达侦察接收机关键技术

杨　君　著

西北工业大学出版社
西　安

图书在版编目(CIP)数据

复杂电磁环境下雷达侦察接收机关键技术 / 杨君著.
西安：西北工业大学出版社，2024.7. —— ISBN 978 - 7
- 5612 - 9340 - 9

Ⅰ．TN957.5

中国国家版本馆 CIP 数据核字第 20247NY819 号

FUZA DIANCI HUANJING XIA LEIDA ZHENCHA JIESHOUJI GUANJIAN JISHU
复杂电磁环境下雷达侦察接收机关键技术
杨君　著

责任编辑：孙　倩	策划编辑：张　婷
责任校对：高茸茸	装帧设计：高永斌　董晓伟

出版发行：西北工业大学出版社
通信地址：西安市友谊西路 127 号　　　邮编：710072
电　　话：(029)88493844,88491757
网　　址：www.nwpup.com
印　刷　者：西安五星印刷有限公司
开　　本：787 mm×1 092 mm　　　1/16
印　　张：15.75
字　　数：300 千字
版　　次：2024 年 7 月第 1 版　　　2024 年 7 月第 1 次印刷
书　　号：ISBN 978 - 7 - 5612 - 9340 - 9
定　　价：72.00 元

前　　言

　　复杂电磁环境下信号在时域、频域和空域高度密集,调制形式、带宽分布复杂多变。首先,雷达侦察接收机必须具有频域、空域双重的信号"稀释"能力,才能实现对密集信号的全面分离,确保后续特征参数提取的正常进行;其次,雷达侦察接收机必须具有电磁环境分布态势的实时感知能力,才能合理制定侦察策略以规避复杂电磁环境下的各种干扰、噪声,提高侦察效率。目前,雷达侦察广泛采用的信道化技术只能实现信号的频域稀释及频域分布的粗略感知,不能适应复杂电磁环境的要求。提升空域滤波能力以及对信号空间分布信息的获取能力,已成为雷达侦察接收机技术研究迫切需要解决的问题。

　　阵列信号处理技术是目前获取、处理信号空域信息的主要手段,其波束形成技术可以实现信号的空域滤波,其空时二维谱估计技术可以获得信号在频域、空域二维分布,该技术可以有效弥补信道化接收机在空域信息处理能力上的不足。因此,本书将阵列信号处理技术与信道化技术相结合,提出了基于智能天线的雷达侦察接收机系统模型,并对其涉及的关键技术进行了深入研究,主要成果如下。

　　(1)信道化滤波技术方面。分析解决了基于快速傅里叶变换(FFT)的均匀信道化滤波存在的频率响应误差和相位超前现象;提出了基于邻信道合并(ACM)的非均匀信道化滤波方法,只需将相邻子信道输出相加就可以实现相邻子信道通带合并。与现有的非均匀信道化方法相比,该方法具有低通原型滤波器设计简单、子信道及和信道滤波性能良好、硬件效率(Silicon Efficiency)高的特点,更能适应复杂电磁环境下高速、多信道、大带宽的要求。

　　(2)波束形成技术方面。对基于二阶锥规划(SOCP)的宽带波束形成器设计方法进行了深入研究,分析解决了其非样本频点上的恒定束宽问题,并对子带波束设计的参数与性能关系和阵元滤波器(FIR)设计的参数与性能关系进行了详细的仿真分析,验证了改进算法的有效性;提出了基于FFT的宽带多波束形成高效实现结构,仿真分析表明,其计算量小于现有各多波束形成算法,并分析解决了其存在的子带间波束指向偏差问题和"溢出"问题;论证了一种基于自适应和差波束的阵列天线波束锐化方法,其核心思想是通过和差波束构建峰值位于波束指向角、大小为1的锐化系数,降低非期望方向信号增益,实现波束锐化,并分析了其性能。

(3)空时二维谱估计方面。将空间平滑算法推广到空时二维信号模型下,解决了空时二维多重信号分类(MUSIC)算法不能实现相干信号谱估计的问题,并通过理论推导和仿真验证分析了其对相干信号的估计能力;为降低空时二维 MUSIC 算法的计算量,将基于波束空间(Beam-space)转换的降维处理算法推广到空时二维信号模型下,并提出了一种具有空间平滑作用的波束形成矩阵,既降低了 MUSIC 算法的计算量,又使其可以适应相干信号的谱估计。本书将使用该矩阵的基于波束空间转换的多重信号分类(BMU-SIC)算法称为空时二维信号模型下的基于空间平滑与波束空间转换的多重信号分类(SS-BMUSIC)算法。

在撰写本书的过程中得到了多位专家、同行的指导和帮助。感谢中国人民解放军军事航天部队航天工程大学袁嗣杰教授、贾鑫教授,中国电子科技集团公司第二十九研究所吕镜清研究员,以及中国电子科技集团公司第三十八研究所陈信平研究员等专家的细心指导。感谢杜钰同志共同撰写波束锐化相关章节,感谢姬文航、陶子凡同学在空时二维谱估计等相关内容的撰写中提供的技术支持以及在全文校对中所做的大量工作,感谢黄晓杰同志在修订本书过程中付出的辛勤劳动,感谢沙祥、曲卫、朱卫纲、邱磊、刘浩、郁成阳、李云涛、何永华、庞鸿锋、肖博、徐静等前辈、同行给予的技术支持。本书参阅了大量文献、资料,在此,谨向其作者们深致谢意。

由于水平有限,书中难免存在疏漏与不妥之处,敬请读者批评指正。

著　者

2024 年 3 月

目　　录

第1章 绪 论

1.1 本书研究的背景和意义

21世纪的战争是信息化的战争,作为信息获取、传递和使用的最主要媒介之一——电磁空间,则成为各军事力量争夺的焦点,围绕制电磁权展开的电子战应运而生。贝卡谷地战争、海湾战争、科索沃战争和伊拉克战争等局部战争表明,电子战已经逐渐从战争的辅助保障手段发展成为贯穿战争全局并决定战争成败的关键因素之一。正如军事专家所断言的那样[1]:未来战争的胜利将永远属于最善于控制和运用电磁频谱并拥有最新式电子战兵器的一方。

雷达是信息化战场上的"千里眼",是超视距获得目标信息的重要手段,在电子战中扮演着重要的角色。在现代陆、海、空、天作战中,担任突防任务的作战序列,必须及时发现雷达的照射,快速测量雷达信号的参数和识别其威胁性,并及时作出反应才能避免受到干扰或打击。因此,对雷达信号的侦察接收能力是作战序列在电子战中生存和发挥战斗力的先决条件。另一方面,通过雷达侦察主动截获、分析、识别和定位作战区域内雷达和通信电台的电磁辐射信号,可以为作战区的电磁态势和敌方作战序列分析提供数据支撑,为作战指挥、决策提供情报支援,因此,对雷达信号的侦察接收能力是作战序列在电子战中掌握主动权的有力保障。实施雷达侦察的核心设备是雷达侦察接收机,其技术的先进性直接决定了其对雷达信号的侦察接收能力,因此对雷达侦察接收机技术的研究对于作战序列在雷达对抗中立于不败之地乃至在整个电子战中抢战先机都具有重大的意义。

目前,随着低截获(LPI)雷达技术的发展,大量新体制雷达投入使用,新的干扰手段层出不穷,加上民用通信及自然环境的影响,雷达侦察接收机面临的电磁环境空前复杂,其接收到的信号在时域、频域和空域高度密集,信号的调制形式、带宽及入射方向复杂多变。面对复杂的电磁环境,传统体制雷达侦察接收机性能急剧下降,有效应对复杂电磁环境已经成为雷达侦察接收机设计乃至所有电子战装备研究首要解决的问题[2]。

信号在时域、频域、空域的高度密集是复杂电磁环境最主要的特点,要使侦察接收机能正常分析截获信号的特征,关键就是将同时到达的频域、空域交叠在一起的信号分开,即信号"稀释"。目前广泛应用于雷达侦察的信道化技术[3-4,18-21],只能实现频域的稀释,对于多径效应[7,9]、同频段的雷达干扰及民用无线电通信信号则无法分离,因此必须引入空域稀释的方法将频带重叠的信号从空间入射方向上分开。阵列信号处理中的波束形成技术[35-36]的本质就是空域滤波,将其与信道化技术相结合即可实现信号的空域、频域的双重稀释。另一方面,对接收机所处电磁环境态势感知[8-9]也至关重要,它是侦察设备规避干扰和制定侦察策略的主要依据,而基于阵列信号处理的空时二维谱估计[16,70-76]正是求解信号在频域、空域分布的有效算法。综上所述,将阵列信号处理技术与信道化技术相结合,可以为雷达侦察接收机适应复杂电磁环境提供理想的解决方案。

1.2　雷达侦察概述

1.2.1　雷达侦察的任务和分类

雷达侦察的目的就是从敌方雷达发射的信号中检测出有用的信息,并与其他手段获得的信息综合在一起,引导我方做出及时、准确、有效的反应。雷达侦察是有效实施电子软硬杀伤的前提,其基本任务包括以下四个方面[10]。

(1)发现敌方雷达的目标。

(2)测定敌方雷达参数,确定雷达目标的性质。

(3)引导干扰设备对敌实施电子干扰。

(4)为雷达反干扰战术、技术的应用和发展提供依据。

根据执行任务特点的不同,雷达侦察可以分为以下五种类型[11]。

1.电子情报侦察(ELINT)

电子情报侦察属于战略情报侦察,要求其获得全面、准确的技术和军事情报,提供给高级决策指挥机关和中心数据库各种详实的数据。雷达情报侦察是信息的重要来源,在平时和战时都要进行,主要由侦察卫星、侦察飞机、侦察舰船和地面侦察站等来完成。

2. 电子支援侦察(ESM)

电子支援侦察属于战术情报侦察,其任务是为战术指挥员和有关的作战系统提供当前战场上敌方电子装备的准确位置、工作参数及其转移变化等,以便指战员和有关的作战系统采取及时、有效的战斗措施。电子支援侦察一般由作战飞机、舰船和地面机动侦察站担任,对它的特殊要求是快速、及时,对威胁程度高的特定雷达信号优先进行处理。

3. 雷达寻的和告警(RHAW)

雷达寻的和告警用于作战平台(如飞机、舰艇和地面机动部队)的自身防护。其作用对象主要是对自身平台有一定威胁程度的敌方雷达和来袭导弹,RHAW连续、实时、可靠地检测它们的方向和威胁程度,并且通过声音或显示等措施向作战人员告警。

4. 引导干扰

所有雷达干扰设备都需要有侦察设备提供威胁雷达的方向、频率、威胁程度等有关的参数,以便根据所辖干扰资源的配置和能力,选择合理的干扰对象、有效的干扰样式和干扰时机。在干扰实施的过程中,也需要由侦察设备不断地监视威胁雷达环境和信号参数的变化,动态地调控干扰样式和干扰参数以及分配和管理干扰资源。

5. 引导杀伤武器

引导杀伤武器通过对威胁雷达信号环境的侦察和识别,引导反辐射导弹跟踪某一选定的威胁雷达,直接进行攻击。

1.2.2 雷达侦察的技术特点

雷达是有源探测系统,而雷达侦察系统则是无源的,相比之下后者具有如下优点[12-13]。

1. 作用距离远、预警时间长

雷达接收的是目标对照射信号的二次反射波,信号能量反比于距离的四次方;雷达侦察接收的是雷达的直接照射波,信号能量反比于距离的二次方。因此,其作用距离远大于雷达的作用距离,一般在 1.5 倍以上,从而使侦察机可以提供比雷达更长的预警时间。

2.隐蔽性好

向外界产生的辐射信号,容易被敌方的信号侦收设备发现,不仅可能造成信息的泄露,甚至可能招来致命的攻击。辐射信号越强越易被发现,也就越危险。从原理上说,雷达侦察只接收外界的辐射信号,因此具有良好的隐蔽性和安全性。

3.获取的信息多而准

雷达只能根据自身回波分析目标距离、速度等信息,而雷达侦察则可以通过细微特征提取来分析不同型号、不同体制的雷达信号之间的微小差异,从而根据目标发射的雷达信号特征获取更多的目标信息。另外,雷达侦察的宽频带、大视场特点也使其能够接收各种雷达信号甚至通信信号,从而广泛获取战场上的电磁信息。

1.2.3 雷达侦察接收机的原理和基本组成

雷达侦察的最终目的是接收雷达信号并从中获取目标信息,雷达侦察信号处理的基本过程如下[14]。

(1)由雷达侦察系统的侦察天线接收其所在空间的射频信号,并将信号馈送至射频信号实时检测和参数测量电路。由于大部分雷达信号都是脉冲信号,所以典型的射频信号检测和测量电路的输出是对每一个射频脉冲以指定长度(定长)、指定格式(定格)和指定位含义(定位)的数字形式的信号参数描述字,通常称为脉冲描述字(Pulse Discription Word,PDW)。从雷达侦察系统的侦察天线至射频信号实时检测和参数测量电路的输出端,通常称为雷达侦察系统的前端。

(2)将雷达侦察系统前端的输出送给侦察系统的信号处理设备,由信号处理设备根据不同的雷达和雷达信号特征,对输入的实时 PDW 信号流进行辐射源分选、参数估计、辐射源识别、威胁程度判别和作战态势判别等。信号处理设备的输出结果一般是约定格式的数据文件,同时供给雷达侦察系统中的显示、存储、记录设备和有关的其他设备。从雷达侦察系统的信号处理设备至显示、存储、记录设备等,通常称为雷达侦察系统的后端。

雷达侦察接收机包括两个必要的组成部分:接收部分及信号处理和显示部分。接收部分完成信号的截获和信号的变换,统称为侦察接收机的前端;信号处理和显示部分完成信号的分析和识别、显示及记录,统称为侦察接收机的后端。其基本组成如图1.2-1所示。

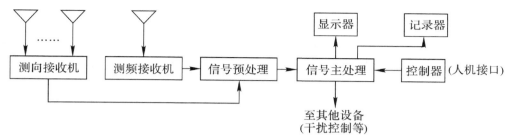

图 1.2 - 1 雷达侦察接收机的基本组成

信号处理系统完成对信号的分选、分析和识别,通常由预处理和主处理两部分组成,如图 1.2 - 2 所示。

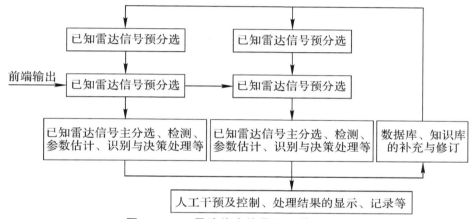

图 1.2 - 2 雷达侦察信号处理基本流程

1.3 雷达侦察接收机的发展历史和研究现状

雷达的大规模使用发生在第二次世界大战中,其刚刚发展起来,对抗它的电子干扰措施(ECM)也随即产生了,这其中包括了用于截获雷达信号的雷达侦察接收机。从此,随着电子对抗的不断升级,雷达侦察技术迅速发展,现在已经成为电子战领域必不可少的组成部分。

总的来说,雷达侦察接收机的发展主要分为模拟接收机和数字接收机两个阶段。

1. 模拟接收机阶段[15-18]

在模拟阶段,主要有晶体视频接收机、超外差接收机、瞬时测频接收机、信道化接收机、压缩接收机和布拉格盒接收机。晶体视频接收机的频率分辨力和选择性较差,会丢失目标信号的相位信息,采用限幅放大器还会丢失幅度信息。超外差接收机在某一时间段内仅能观察到所监视频带的一部分,故截获概率较低,需要侦察频率引导、信号延迟环节,不能实时处理频率捷变、重频参差和重频抖动等参数变化的现代军用雷达信号。瞬时测频接收机的特点是射频接收带宽很宽,无需进行频率扫描,截获时间短,但是对多信号接收存在较大难度,对同时到达的不同信号,其响应取决于信号的相对功率电平。模拟信道化接收机将射频频谱细分为若干信道,每个信道对应一个固定调谐的超外差接收机,具有多信号处理能力,可消除脉冲重叠,其缺点是信道不均衡、系统复杂、分辨力受信道数和检测特性的限制、成本较高和强信号容易产生信道间干扰等。压缩接收机是超外差接收机的一种特殊形式,其选择能力和分辨能力较好,但输出结果的相位和频率的调制特征高度畸变。布拉格盒接收机利用声光相互作用,等效为一部信道化接收机前端和视频检波器,其特点是简单、信号容量大、体积很小,但灵敏度和动态范围还需改进。

尽管模拟接收机存在诸多问题,但由于长期积累的技术及人员储备,各国仍有相当数量的模拟接收机在服役,文献[18]给出了部分国家已部署的部分模拟雷达侦察接收机的主要参数,见表1.3-1。

2.数字接收机阶段[15-16,19-28]

早期的数字接收机是模拟接收机部分功能单元的数字化,随着数字硬件技术的快速发展,软件无线电技术及智能天线技术出现,数字接收机经历基带、中频数字化,正朝着射频数字化、软件化及空频处理一体化方向发展。

本书将数字接收机的发展分为以下四个阶段。

(1)视频数字接收机。进入20世纪60年代,大规模集成电路开始出现,数字信号处理技术也有了长足发展,计算机逐步在各个领域得到广泛应用,电子战视频数字接收机随之诞生。电子战视频数字接收机是模拟接收机和数字计算机相结合的产物,在这种接收机中,信号的到达时间(TOA)、脉冲宽度(PW)和脉冲幅度(PA)是通过将视频(基带)信号数字化,然后利用数字信号处理的方法测量得到,到达方向(AOA)和载频(RF)等参数利用模拟方法测量得到后再转成数字码,这些参数共同构成完整的脉冲描述字,然后通过数字信号处理的方法对这些脉冲描述字进行去交错,形成状态矢量,同存储的威胁数据相比较,产生识别威胁的字母数字符号。目前,基于视频数字化的雷达告警接收机仍有广泛应用,比较典型的有美制AN/ALR-46、AN/APR-39(V)等。

表 1.3－1　各国已部署的典型雷达侦察接收机

国家	系　　统	频率范围 GHz	方位角 (°)	俯仰角 (°)	灵敏度 dBm	无线增益 dB	方位角精确度 (°)	更新时间 s	类　　型	部　　署
中国	DZ9001	1～18	100	20	－70	10～30	3	2	超外差	地面
捷克	BM/KJ8602	0.7～18	360	60	－40	0	15	1	晶体视频	机载
	MCS－93	0.8～18	100	45	－80	10～20	3	1	超外差	地面
法国	Strategie	0.8～18	180	45	－80	6	1	1	干涉仪	地面
	Phalanger	1～18	360	45	－50	3	1	1	干涉仪/变换型	机载
以色列	CR2700	0.5～18	360	20	－80	20～40	1	4～8	超外差	地面
	王鱼(Kingfish)	2～18	360	40	－60	0	2	4～8	干涉仪/瞬时测频	机载
	Sirena/SPO－10	6～21	360	45	－55	0	45	1	晶体视频	机载
俄罗斯	NRS－1/pole dish	2～4, 8～17	360	45	－70～－35	24～36	0.3	数分钟	超外差	地面
	RPS－1,2,3	0.5～37.5	360	45	－70～－35	20～35	0.3	数分钟	超外差	地面
	RPS－5/twin box	0.5～10	360	45	－80～－50	10～20	5	2～8	超外差	地面
英国	鼬鼠(Weasel)	0.7～18	360	45	－80	10,30	1	4	混合	地面
	宙斯神(Zeus)	0.5～18	360	90	－50	0	20/象限	2～8	瞬时测频/混合	机载
美国	ALR－52	0.5～18	360	15～35	－70	13～26	2	1	瞬时测频	机载
	ALR－56	0.5～20	360	30	－50	0	20/象限	2～8	超外差	机载
	ALR－69	0.5～18	360	30	－52	0	20/象限	2～8	晶体视频	机载
	WLR－11	0.5～18	360	45	－70	0	20/象限	1	瞬时测频	舰载

（2）窄带中频数字接收机。视频数字化接收机的出现大大提高了电子战接收机的侦察能力,但这种接收机利用的是数字视频信号,无法获得信号的脉内信息,很难适应日益复杂的电磁环境。大约在 20 世纪 70 年代末,随着超大规模集成电路的出现和数字信号处理技术的进一步发展,特别是高速 A/D 变换器和数字处理芯片的出现,使得电子战窄带中频数字接收机成为可能,从而进入了数字接收机的第二个发展阶段。这种电子战数字接收机以窄带超外差接收机为基础,带宽通常小于 100 MHz,采样频率低于 500 MHz,量化位数一般为 8 bit。窄带中频数字接收机中比较典型的有美国陆军使用的 SCP - 2760 分析仪,美国空军使用的 AN/ALR - 76 电子支援系统中的窄带接收机以及美国海军使用的 AR - 900 电子战支援系统。

（3）宽带数字接收机。电子战窄带中频数字接收机的截获概率比较低,当输入信号为宽带信号时,超出接收机带宽的信号信息也不可能完全收集到。为克服以上问题,就必须采用电子战宽带数字接收机,自 20 世纪 80 年代末以来,随着数字信号处理器件和数字信号处理技术的迅猛发展,数字接收机进入了第三个发展阶段——宽带数字接收机阶段。美军现役装备中已有瞬时带宽达到 500 MHz 的宽带中频数字接收机,如 CS - 6700 高级电子情报/电子支援侦察系统,该系统的频率范围为 0.5～18 GHz(可扩展到 40 GHz),处理灵敏度达到 －90 dBm。ES5000 信号情报系统具有 500 MHz 的瞬时带宽,能够提供信号的脉内信息,主要装备在埃及空军的 4 架"比奇"1900C 信号情报飞机上。

（4）宽带数字信道化接收机。为了适应雷达电磁环境信号高度密集的特点,达到同时处理多个频段信号的目的,信道化技术作为信号频域"稀释"[28]的一种手段被应用到了宽带数字接收机中,本书将这种接收机体制的出现称为雷达侦察接收机发展的第四阶段。这方面的研究可以追溯到 20 世纪 90 年代。Timothy W. Fields等人[19]于 1994 年首次提出的一种数字信道化(IFM)接收机,将信道化接收机的原理扩展到数字信号处理领域,有效地兼顾了信道化技术和 IFM 技术的长处,弥补了传统信道化接收机在频域分辨率方面的不足。1998 年,Zahirniak D. R等人[20]从高效硬件实现的角度出发,基于短时傅里叶变换(STFT)的思想,提出了一种基于多相滤波器组的硬件高效多速率数字信道化接收机结构,这种并行结构非常适合在 ASIC 或 FPGA 平台中实现,具有良好的实时处理能力;同时其在信道化输出端采用能量检测和 IFM 联合的判断方式,增强了信号检测的可信度,这种经典的硬件高效多速率结构为此后十多年的数字信道化接收机指明了发展方向,成为后来数字信道化技术在软件无线电平台实现的核心技术[21-26]。Sánchez Miguel A 等人[27]于 2008 年提出了一种适用于宽带数字信道化接收机的 FFT 流水线结构,对其实现方式和工作特性进行了深入研究;并且本着吞吐量最大化和面积最小化的设计原则,将该 FFT 流水结构在 FPGA 平台上实现,证明了其良好的实时处理性能,为数字信道化接收机的 FPGA 实现提供了有益的参考。

根据查阅资料,国外宽带数字信道化接收机的发展已经步入实用阶段,有代表性的产品包括以下几种[1-7,33-36]。

(1)雷声公司的 ALR-69A 是世界上第一个而且是迄今为止唯一和真正的全数字式雷达告警接收机。它的数字信号是从天线开始,而不是将模拟信号先分解然后再输入到数字信号处理器。5 个机的 ALR-69A(V)具有 4 部数字接收机,分别从 4 条正交天线接收射频信号,天线接收数据通过光纤链路传送至对抗计算机盒,其中装有 4 条数字信号处理器以及两部 PowerPC,每秒运行190 亿条指令。ALR-69A(V)的探测距离要比空军使用的老式 ALR-56M 远 4 倍,能同时侦听 48 个不同的接收机信道。

(2)美国 DRT 公司研制开发出的 WPM2,其主体由 6 片 GC4016(最大时钟速率为 100 Msps,具有 4 个窄带通道和 2 个宽带通道,输入位宽 16 bit,输出位宽 24 bit,无杂散动态范围 115 dB,每通道最大功率 115 MW)组成,支持 PCI 和 PMC 总线,当码速率为 2.188 Mb/s 时可配置成 24 个独立的窄带数字信道并行工作。

(3)TRANSTECH 公司推出的 ECDR 系列数字接收机,其中 ECDR-GC812 是高性能数字接收机,具有 8 个 12 bit、125 Ms/s 模拟输入端,中频输入最高频率为 250 MHz,无杂散动态范围大于 80dB,具有 3 种不同通道工作模式以满足不同带宽要求。

(4)美国 PENTEK 公司在数字接收机产品研究方面的成果比较显著,推出了 Model 系列,其中 Model6821 是利用自主开发的数字下变频 IPCore 内核在 FPGA 中实现的数字接收机产品。Model6821 是单通道数字接收机,ADC 选用 12 bit、210 Ms/s 的 AD9430,DDC 利用 PENTEK 公司的 IP Core 422 在 Xilinx 公司 FPGA 器件 XC2VP50 实现,可处理最高输入带宽为 100 MHz,支持 VME 总线。

(5)RFEL 公司是近几年发展起来以生产信道化 IPCore 著称的电子设备生产商,其最新的信道化 IP-ChannelCore64 具有 64 个独立的下变频通道,最高支持 2 片数据率为 220 MS/s 的 16 bit ADC 输入,端到端动态范围大于 80 dB 并含有增益控制等。

我国是在 20 世纪 90 年代后相继出现了很多有关宽带数字接收机方面的报

道,经过不断的深入研究与科学实践,在数字接收机设计上取得了下述成果。

(1)中国电子科技集团公司第三十八研究所微波公司推出了基于FPGA技术的多信道数字接收机系统,该系统最多可同时处理5个信道的信号,每个信道的模拟信号输入最高频率为400 MHz,最高采样率为100 Ms/s(14 bit)/200 Ms/s(12 bit)/500 MS/s(8 bit),幅度不一致性小于0.01 dB,相位不一致性小于0.1°。

(2)电子科技大学电子工程学院采用ADI公司的AD6644和Xilinx公司的FPGA器件设计了一套宽带雷达数字接收机系统,该系统设计中滤波器实现采用分布式算法,其能处理的最大带宽为5 MHz,最高工作频率为70 MHz,幅度不一致性小于0.01 dB,相位不一致性小于0.14°。

(3)中国科技大学采用ADI公司的100 Ms/s、10 bit模数转换器AD9070和TI公司的数字下变频器件GC1012A设计完成了一套宽带雷达数字接收机系统,其最大工作频率为80 MHz,最大带宽为40 MHz,该数字接收机的幅度不一致性小于0.01 dB,相位不一致性小于0.5°。

综上所述,从国内外研究现状看,对雷达侦察接收机的研究主要集中在信号的频域处理上,虽然信道化技术很好地解决了侦察接收机频域宽开、多频段同时工作的问题,具有频域"稀释"的功能,但是面对复杂电磁环境下信号在频域、空域高度密集的情况,实现信号的空域"稀释"已成为雷达侦察接收机适应复杂电磁环境的迫切要求。阵列信号处理技术[29-30]为接收机获取和处理信号的空域信息提供了有效的解决方案,利用其波束形成技术与信道化技术相结合可以同时实现信号的空域、频域"稀释",利用其空时二维谱估计技术可以获得信号在频域和空域的功率/能量分布,为信号特征提取以及电磁环境实时描述与评估提供信息支持,因此阵列信号处理技术与信道化技术相结合对于雷达侦察接收机适应复杂电磁环境有着重要意义,本书的研究围绕此思路展开。

1.4 相关技术研究现状

1.4.1 信道化滤波技术研究现状

信道化滤波是宽带数字接收机的关键技术,它利用滤波器组同时分离出宽带信号中的多个相互独立的子带信号以便于后续处理。如何高效地实现信道化滤波一直以来都是信道化侦察接收机设计的热点和难点。根据滤波器组中各子滤波器的带宽设置,可以将信道化滤波(简称为信道化)分为均匀和非均匀两种。

1. 均匀信道化

目前均匀信道化已经得到了长足的发展,已有很多高效实现算法,如 DDC[16](数字下变频)、Windowed FFT[16]、WOLA[31]/Polyphase DFT[32]、PFT (Polyphase Frequency Transform)[33] 等。

2. 非均匀信道化

随着电子对抗技术的发展,在复杂电磁环境下,雷达信号密集、带宽分布不均匀且时变的特点使得均匀信道化已不能满足侦察信号处理的要求,因此,如何高效实现动态的非均匀信道化已经成为侦察接收机设计迫切需要解决的问题。非均匀信道化研究在国内外已经取得了一些研究成果。

(1)传统的 DDC(数字下变频)法[16,32]。可以实现非均匀信道化,但由于其各子信道滤波器独立设计和工作,当子信道数较大时需要消耗巨大的硬件资源[16],更为重要的是各子信道滤波器一经设定工作时就无法改变,所以这种方法无法实现动态的信道化。

(2)TPFT[34]。RF Engines 公司在其官方网站上发布了一种称为 TPFT (Tuneable Pipelined Frequency Transform)[34] 的非均匀信道化方法,这种方法采用分级结构,每一级都用上下变频器对上一级输出进行不对称的上下变频,然后对两路输出分别进行半带滤波器(DHBF)和 2 倍抽取,这样每一级滤波带宽和中心频率都不相同,从而实现非均匀信道化。同时,其每级输出还配有 Fine Tuning 单元,可以进一步调整滤波器的中心频率,从而实现动态的信道化。但是该方法最重要的缺点是在整个采样频带上存在个别无法覆盖的信道(盲区),无法实现整个采样频带上的全概率接收[34]。

(3)基于 NPR 调制滤波器组的动态信道化滤波方法[35,36]。文献[35]在文献[36]的基础上提出了基于 NPR(Nearly Perfect Reconstruction)调制滤波器组的动态信道化滤波方法。该方法利用分析滤波器组对信号进行均匀信道化,然后通过能量检测确定各子带信号占用的信道数,从而设计相应的综合滤波器组来提取子带信号。当各子带信号的数量及其带宽分布发生变化时,无需改变分析滤波器组,只要通过能量检测以获取新信号的位置及占用的信道数就能得到相应的综合滤波器组,从而完成信号的动态信道化处理。由于该方法采用了 Polyphase DFT 来实现调制滤波器组,所以计算量及硬件效率都大大优于 DDC 和 TPFT。但其综合滤波器组的带宽变换需要对原型滤波器进行多项分量的重组,当划分的子信道数目较大、原型滤波器较长、各子带信号带宽分布较复杂的时候,这种重组可能需要较多的逻辑单元进行辅助控制,造成动态信道化的效率降低;更为重要的是该方法采用文献[37]所述的方法进行原型滤波器设计,设计中只考虑整个采样频带上的重构问题,而没有考虑各子带信号所占频带上的重构问题,因此各子带信号的滤波质量并未得到保证,可能导致子带信号频域信息的损失。

(4)非均匀滤波器组的动态信道化方法[38,39]。文献[38]提出了邻信道合并(Adjacent Channel Merging,ACM)的思想,文献[39]在此基础上提出了基于非均匀滤波器组的动态信道化方法,该方法用分析滤波器组实现均匀信道化,然后仅将各子带信号所占用信道的输出直接相加就实现了信道化滤波带宽的变化,配合信道能量检测,其方便地实现了动态信道化。文献虽然给出了邻信道合并的条件,而其原型滤波器设计并未从此条件出发,而是将此条件作为误差函数,用Parks-McClellan算法[40]反复微调低通原型滤波器的通带截止频率,直到误差小于允许值,由于每次微调都是一次重新设计滤波器的过程,所以其原型滤波器设计效率并不高,且其和信道性能并未得到保证;另一方面,由于其使用的是余弦调制滤波器组,所以不能直接对复信号进行信道化;更为重要的是,当需要变换带宽时必须重新生成非均匀处理矩阵,因此其子信道带宽重组效率不高。

综上所述,国内外研究现状表明,均匀信道化发展已较成熟,而非均匀信道化技术在和信道滤波性能、计算量及信道带宽重组的灵活性方面还有待进一步研究。

1.4.2 波束形成技术研究现状

阵列信号处理技术的研究可以追溯到第一次世界大战期间[42],但它的第一次应用是在第二次世界大战期间的雷达系统,随后发展到声呐、通信、地震和射电天文等多个领域,到现在也有八九十年的历史了。波束形成(Beamforming)是阵列信号处理的一个重要任务,波束形成的过程与时域滤波过程相似,所以波束形成器也被称作空域滤波器[41]。按照处理信号的带宽,波束形成器可以分为窄带和宽带两种。

1. 窄带波束形成技术[43-57]

窄带波束形成器分为数据独立和统计最优两种。数据独立波束形成器的加权值不随数据的变化而变化,统计最优波束形成器则基于接收数据的统计特性对加权值进行优化。窄带波束形成技术经过长期发展已经积累了若干成熟的设计方法,例如在波束主瓣宽度与旁瓣级之间寻优的Dolph-Chebyshev波束形成[43,44]、对阵列误差稳健的自适应波束形成[45-51]、稳健超增益波束设计[52]、旁瓣控制波束形成[53]、旁瓣控制自适应波束形成[54]、期望响应波束设计[55-56]以及多指标优化波束设计[57]等。

2. 宽带波束形成技术

宽带波束形成技术的研究主要集中在恒定束宽问题上,较早的方法是通过对不同信号的频率分量使用不同孔径的子阵进行接收,以补偿波束图随频率的变化[58],这种结构要实现全频段束宽恒定,将使得接收机十分复杂庞大。随着数字硬件技术的发展,数字波束形成技术逐渐成熟,基于数字滤波技术的宽带波束形成方法逐渐发展起来,这类方法主要分成频域和时域两种。

(1) 频域宽带波束形成[43,44,58-62]。频域宽带波束形成的基本思想是先把宽带信号分成若干带宽很窄的子带,针对每个子带进行窄带波束形成,并通过一定算法使得设计出的各子带波束形成器的束宽相同,这种方法通常通过 DFT 来完成前端的子带划分工作,所以也称之为 DFT 宽带波束形成[58]。这种方法只能使各子带中心频点上的束宽恒定,其他频点上的束宽实际是不可控的,要细化可控的频点只有划分更多的子带增大波束形成器的计算量。DFT 宽带波束形成器设计的主要方法有 Chebyshev 加权法[43,44]、Krolik 等人提出的空间重采样法[60]、Ward 等人提出的基于连续孔径阵列的恒定束宽波束设计方法[61]、杨益新等人提出的应用 Bessel 函数分解设计任意阵列恒定束宽波束的方法[62]等。这些方法中只有文献[62]提出的方法可以对任意阵列进行设计,且该方法不能用来设计阵元具有方向性的阵列。

(2) 时域宽带波束形成[63-69]。Ward 等人针对均匀线阵提出了时域宽带波束形成的方法[63],该方法将频域宽带波束形成器的各子带波束形成器的权系数按阵元分组,并用 FIR 滤波器的频率响应来逼近不同频点上权系数,这样当阵元接收信号通过其对应的 FIR 滤波器时,等效于对信号各个子带频率分量进行了波束形成加权,这种方法又称作 FIR 宽带波束形成。张保嵩等将 FIR 宽带波束形成器的设计分解为子带波束设计与阵元 FIR 滤波器设计两部分实现[64],在此基础上鄢社锋等采用优化方法方法分别设计子带波束形成器和阵元 FIR 滤波器[65-67],且对各通道预延迟量进行了具体推导,整数节拍预延迟与后续 FIR 滤波器相结合的方法更适合数字实现,设计精度更高。

如果允许 DFT 波束形成器各子带波束是耦合的,而 FIR 波束形成矩阵不具有稀疏结构,同时令 DFT 波束形成器子带数目与 FIR 滤波器阶数相等,则两种实现方法得到的性能大致相当[68,69],但是这两种宽带波束形成器现有的设计方法都只能保证样本频点(即划分的各子带中心频点)上的波束形成器束宽恒定,对于非样本频点上的波束形成效果均未加限制,因此如何保证非样本频点上束宽的频率稳定性与样本频点相同或相当是宽带波束形成有待解决的问题。

3. 多波束形成技术[70-73]

复杂电磁环境下,与数据无关的数字多波束形成技术是实现雷达侦察信号空域"稀释"的有效手段[70,71]。若每个波束对应一个波束形成器,则当波束数量较大时,其计算量可能无法承受,因此与信道化滤波的高效实现问题类似,在保证空域滤波质量的前提下,多波束形成的首要问题就是降低计算量。顾杰等提出了基于 FFT 的窄带多波束形成[72,73],较好地解决了窄带多波束形成的高效实现问题,同时提出了一种基于自适应和差波束的阵列天线锐化方法,提高了雷达波束角分辨能力,但是宽带多波束形成的高效实现方法还未见相关文献报道。

综上所述,国内外研究现状表明,窄带波束形成技术已较为成熟,而宽带波束形成的现有方法在非样本频点上的束宽频率稳定性,以及宽带多波束形成的高效实现方面还有待进一步研究。

1.4.3 空时二维谱估计研究现状

自从超分辨谱估计方法[74,75]问世以来,相应的二维谱估计就引起了学者们的注意。二维谱估计作为一维谱估计的扩展,并不是两个一维问题的简单组合,其性能较一维方法要高得多。因此,对二维超分辨谱估计方法进行研究,一直是阵列信号处理理论中的一个热点问题。空时二维谱估计是阵列信号多维参数估计中的一种,它可以同时获得信号的频域、空域分布,对于雷达侦察接收机而言,其是进行电磁环境描述与评估最直接有效的方法。目前,已有多种二维谱估计算法被提出。

1. 二维 MUSIC 算法[76-78]

M. Wax,T. J. Shan 和 T. Kailath 提出了经典的空时二维多重信号分类(Multiple Signal Classification,MUSIC)算法[76],其与一维 MUSIC 方法一致,原理上均借助观测数据协方差矩阵的特征分解,构造相互正交的信号子空间和噪声子空间,得到二维谱,从而估计出信号的频率和到达方向。该算法具有性能稳定和分辨率高的特点,但是其参数估计过程是基于频率和到达角二维搜索的,要求分辨率越高,则在频率—到达角平面上搜索的网格点数越多,计算量很大。为了增强算法的实用性,L. Zou 等人提出了二维 MUSIC 算法分离实现方法[77,78],降低了搜索过程的运算花费。

2. 二维最大似然法[79]

M. P. Clark 和 L. Scharf 提出了二维最大似然法[79],依据最大似然准则,对均匀线阵的输出数据进行时空二维处理来获取二维参数的估计。二维最大似然法也不能从一维直接推广到二维情形，而必须直接以二维数据矩阵的建立为基础。为了优化求解问题，引入 TLS（Total Least Square）或 IQML（Iteration Quadric Maximum Likelihood）等方法。该方法的致命缺陷在于其运算量太大，因此，难以工程实现。但可以直接处理相干信号的参数估计问题。

3. DOA 矩阵法[80,81]

殷勤业、邹理和 Newcomb R. W 提出了 DOA 矩阵法[80,81]，该方法不需搜索，由于充分利用了特征值和特征向量，二维参数可同时解出，计算量小，实用性强，因此应用较多，但是该算法在信号一维参数相同时失效，存在"兼并"问题，要克服这一问题又会引起计算量的大幅增加，且其性能不如 MUSIC 算法。

4. 参数加权法[82,84]

鲍拯、王永良和 WANG B. H. 等提出的辅助阵元法[82]（Instrumental Sensor Method，ISM）应用于空时二维谱估计，提出了参数加权法（Parameter Wight Method，PWM）[83]。该方法将一维参数导向矢量作为二维噪声子空间的权重，同时利用特征向量和特征值，将二维谱峰搜索转化为 2 个一维搜索（求根）过程且自动配对，大大减少了计算量，估计性能与 MUSIC 算法接近，且不存在"兼并"问题。

综上所述，国内外研究现状表明，自超分辨率谱估计技术产生以后，计算量的控制是空时二维谱估计算法研究的核心问题，大部分算法均从减少计算量的角度提出。需要指出的是，根据各参考文献的给出理论分析和仿真结果，MUSIC算法仍然是诸多算法中稳定性、估计精度和分辨率最好的方法，为了进一步提高其实用性，在尽量保证其分辨率和估计性能的前提下，降低其运算量的研究至今仍在继续。

1.5　本书主要研究内容

阵列信号处理技术与信道化相结合为雷达侦察接收机应对复杂电磁环境提供了理想解决方案，因此本书首先提出了基于智能天线（智能天线是在自适应滤波和阵列信号处理技术基础上发展起来的阵列天线技术）的雷达侦察接收机系统模型，分析了其工作原理及关键技术，然后针对其关键技术中有待解决的非均匀信道化滤波技术、宽带多波束形成技术和空时二维谱估计技术展开了研究。

本书各章节的内容安排如下：

第1章　绪论。本章主要介绍了本书研究的背景和意义；回顾了雷达侦察的基本任务和雷达接收机的基本组成，介绍了雷达侦察接收机技术的发展历史和研究现状，分析指出了为适应复杂电磁环境雷达接收机技术的发展趋势，即必须采用阵列信号处理技术和信道化技术相结合的新体制；介绍了信道化滤波技术、波束形成技术和空时二维谱估计技术的发展历史和研究现状，分析指出了为适应复杂电磁环境各技术急待解决的问题；介绍了本书各章的内容安排情况。

第2章　适应复杂电磁环境的雷达侦察接收机系统模型及关键技术分析。本章分析了雷达侦察接收机面临的复杂电磁环境的特点，以及这些特点对雷达侦察接收机提出的新要求，即空域、频域双重滤波能力和电磁环境分布态势感知能力；分析了现有的雷达侦察接收机体制在空域滤波和电磁环境分布态势感知方面的局限性；为弥补现有体制空域信息处理能力的不足，提出了基于智能天线与信道化技术相结合的雷达侦察接收机新体制，建立了系统模型，分析了其工作原理，指出了其关键技术以及有待解决的问题，主要包括波束形成器的恒定束宽问题和多波束形成的计算量问题，子信道带宽的实时可重组问题和信道化滤波的计算量问题，空间谱估计方法在空时二维模型下的推广，以及推广后方法的分辨率、计算量。

第3章　非均匀信道化滤波研究。本章首先对于均匀信道化滤波方法中硬件效率最高的基于加窗（Windowed）FFT的均匀信道化滤波算法存在的滤波误差进行了深入研究，分析了其频域响应误差和相位超前现象并提出了解决方法；提出了基于邻信道合并（ACM）的非均匀信道化滤波算法，详细论述了ACM的基本思想和理论依据，分析了邻信道合并时产生"陷波"现象的原因，给出了原型滤波器设计的ACM条件，以及原型滤波器的设计方法，为提高运算效率采用Windowed FFT实现复调制滤波器组，并利用频域抽取解决了Windowed FFT运算结构与ACM条件之间的矛盾，最后对该算法的带宽分辨率、信道滤波性能、和信道与子信道滤波性能一致性以及计算量等性能指标进行了仿真分析，并与现有各非均匀信道化滤波算法进行了详细的对比，验证了该算法在计算量和带宽重组效率等方面的优越性。

第4章　宽带多波束形成研究。本章首先给出了窄带波束形成的基本数学模型、相关性能指标概念以及权系数的统一优化模型，详细讨论了空时等效性的相关结论，为后续论述打下了理论基础，然后对基于二阶锥规划（SOCP）的宽带波束形成器设计进行了深入研究，对基于SOCP的稳健旁瓣控制主瓣最小误差逼近的子带波束设计方法和基于SOCP的通带约束最低阻带衰减阵元FIR滤波器设计方法进行了详细的仿真分析,通过对阵元 FIR 滤波相位线性化,解决了其非样本频点上的恒定束宽问题,并利用频率响应不变法得到的过渡带样本值提高其阻带衰减,然后对改进算法的参数与性能关系进行了详细的仿真分析,验证了算法的有效性;提出了基于 FFT 的宽带多波束形成算法,对其存在子带波束指向偏差问题和"溢出"问题进行了详细讨论,并用"补零"的方法,在消除了子带波束指向偏差问题的同时克服了"溢出"现象对多波束形成器有效带宽的限制,最后对该算法的计算量进行了详细的分析,并与现有多波束形成算法进行比较,体现了其在计算量方面的优越性。

第 5 章 空时二维谱估计研究。本章首先给出空时二维信号模型,讨论了空时二维模型下 MUSIC 算法的基本原理,针对 MUSIC 算法不能对相干信号进行谱估计的问题,分析了对于相干信源 MUSIC 算法数据协方差矩阵秩缺损的问题,将空间平滑技术推广到空时二维信号模型下解决此问题,详细论证了改进后的空时二维 MUSIC 算法对相干信号的估计能力,并辅以仿真验证;为进一步降低空时二维 MUSIC 算法的计算量,将基于波束域转换的降维算法推广到空时二维信号模型下,首先讨论了波束转换的基本原理和波束域 MUSIC 算法的基本原理,然后提出了具有空间平滑作用的波束形成矩阵,得到 SS - BMUSIC 算法,并把该算法推广到了空时二维信号模型下,既降低了 MUSIC 算法的计算量,又改善了其对相干信源的估计能力,最后对该算法的估计精度、分辨力和计算量进行了详细仿真分析,并与单纯的解相干 MUSIC 算法以及经典 MUSIC 算法进行了比较,验证了算法的有效性及其在计算量方面的优越性。

第 6 章 基于自适应和差波束的波束锐化原理。本章首先基于远场窄带信号的空间平移不变特性,推导出相位叠加是减小波束主瓣宽度的原因,证明了可以通过和差波束输出信号拟合多个阵列相位叠加的结果,这是其物理意义。数学上,通过和差波束构建一个峰值位于波束指向角、大小为 1 的锐化系数,由于其相较波束增益图更加陡峭,其与波束增益图相乘后可以使波束主瓣更窄。归纳了锐化后波束宽度的显性表达式,证明了在阵列结构不变的情况下,锐化后的波束宽度可以通过反馈系数控制。理想情况下,可以通过波束锐化技术得到任意窄的束宽。但干扰和噪声的存在使和差波束比曲线产生偏移,造成锐化系数峰值位置异于波束指向,即锐化后波束指向异于原始波束指向,并带来目标信号增益损失的问题。本章从统计特性角度入手,通过公式推导、蒙特卡洛验证的方式,量化分析了干扰和噪声对锐化后波束指向即目标信号增益损失的影响。数值仿真结果表明,在 SINR=0 dB 和目标信号增益损失不高于 3 dB 的条件下,本书所提方法可有效减少主瓣宽度 30% 以上。在实际应用中,使用该技术设计锐化波束时,应当综合考虑目标增益和波束分辨能力两方面需求。最后利用 4 通道毫米波雷达,在暗室条件下,进行了单目标和多目标的实验,对原始波束、锐化系数不同的锐化波束的角度分辨能力进行了对比分析。实验结果表明,随着锐化系数的提高,波束的角度分辨能力不断增强;但是由于未采取滤波措施,导致锐化波束指向产生偏移,目标信号增益受到损失,与理论分析结果相吻合,验证了本书所提锐化方法的有效性。

第 7 章　总结与展望。本章对全书的工作进行了总结,并展望了本课题尚待进一步研究的内容。

附录。附录 A～F 为本书对一些辅助性论点的推导和仿真分析,非均匀信道化滤波方面:基于余弦神经网络的低通原型滤波器设计、零值点取值对 $h_0(n)$ 滤波性能的影响分析、和信道与子信道滤波性能一致性分析;宽带多波束形成方面:宽带信号的不变可加性分析;空时二维谱估计方面:基于 FBSS 的空时二维 MUSIC 算法对相干信号估计能力分析、MBS2 型波束形成矩阵的空间平滑作用分析。

第2章　适应复杂电磁环境的雷达侦察接收机系统模型及关键技术

2.1　引　　言

随着电子信息技术的发展,无线电设备广泛应用于军用、民用各个领域,使得战场环境中军用、民用无线电信号纵横交错,加之车载、船载、星载及单兵雷达侦察设备发展成熟,雷达侦察设备广泛分布于陆、海、空、天各场合,使得雷达侦察接收机必须面对时域、空域、频域高度密集的信号环境,以及随侦察空间位置变化而变化的电磁环境分布态势。雷达侦察接收机技术的研究已不仅仅是雷达信号分选和特征参数提取等技术的研究,如何适应复杂多变的电磁环境,已经成为雷达接收机技术研究首要解决的问题。

本章在分析雷达侦察面临的电磁环境特点的基础上,总结出了复杂电磁环境对雷达侦察接收机提出的新要求,并针对新要求分析了现有侦察接收机体制的局限性,然后从弥补现有体制不足的角度出发,提出了基于智能天线技术的雷达侦察接收机新体制,给出了系统模型,分析了其工作原理,指出了其关键技术及有待研究的问题。

2.2　雷达侦察面临的复杂电磁环境特点

电磁环境(Electromagnetic Environment,EME)一般是指存在于某场所的所有电磁现象的总和[86-87]。有关文献对复杂电磁环境做如下定义[88-90]:复杂电磁环境是指在一定的战场空间,由时域、频域、能域和空域上分布密集、数量繁多、样式复杂、动态随机的多种电磁信号交叠而成的,对装备、燃油和人员等构成一定影响的战场电磁环境。

从雷达侦察接收的角度来看,复杂电磁环境就是其侦收的各种电磁辐射信号的总和。构成复杂电磁环境的辐射源大致可以分为目标雷达信号、敌方实施的有意的电子干扰信号、我方通信信号、民用通信信号、设备间及设备内部电磁不兼容产生的干扰信号及噪声、复杂地理环境产生的多径信号、自然电磁辐射干扰(包括静电、雷电、地磁场等)。

除了我方通信信号,其他干扰和信号发射或产生的时间、功率、方向以及调制方式等都是未知的,且都是不可控的,这就造成了雷达侦察接收机面临的电磁环境十分复杂,其复杂性可以总结为如下三点[89-92]。

1. 密集性

由于军地大量电子设备同时集中使用,电磁波在时域、空域和频域密集分布,据国外有关资料统计,在 1 000 km² 的范围内,每个频段的发射源数目分别为:0～500 MHz 范围内 485 个,8～40 GHz 范围内 40～50 个,500～2 000 MHz 范围内 6 个。除了不感兴趣的干扰和噪声以外,需要侦收的目标雷达信号也是数量庞大、高度密集的,例如一个航母战斗群至少装备有 200 部不同类型的雷达。在 C³I 系统形成的电磁环境中,侦察机在距地面 300 m 以上高度飞行时,周围约有 300～400 部雷达以约 600～700 个不同频率的波束搜索飞机,同时可能还有 30～40 部雷达用 40～50 个波束跟踪或通过扇扫方式搜索飞机,等等。可见当前雷达侦察接收机在战场电磁环境中接收到的电磁波是高度密集的。

2. 多变性

多变性主要指的是随着低截获(LPI)技术的发展雷达信号形式的多变性。雷达信号形式分为参数捷变式和特殊工作体制式。前者包括脉冲重复频率(PRI)变化(规律或随机)、PRI 参差、脉码与脉冲串信号、脉间跳频与脉组跳频、脉内调频与调相、频率分集、扩谱、非正弦载波等,后者包括单脉冲、脉冲多普勒、脉冲压缩、调频连续波、伪随机编码扩谱、合成孔径、双/多基地和毫米波等。两者还可以相互结合产生更多复杂多变的不同形式。

除了雷达信号还有通信信号,目前军用通信信号形式广泛采用跳频、直接序列扩谱、线性调频、自适应天线、猝发、毫米波和激光等新体制通信,这些不同体制的通信信号也增加了雷达侦察接收机面临信号环境的多变性。另外,对于移动侦察设备,随着所处的物理环境的变化,其接收到的干扰和噪声也会发生变化,这在一定程度上增加了雷达侦察接收机所处电磁环境的复杂多变性。

3. 相对性

相对性主要指以下两方面:

(1)对于不同性能特点的雷达侦察接收机,相同电磁环境对其侦察功能影响程度相对不同,即复杂程度相对不同。例如美国的 ALR-56 机载超外差式雷达侦察接收机有效侦收的频率范围为 0.5～20 GHz,而俄罗斯的 RPS-5 地面超外差式雷达侦察接收机有效侦收的频率范围为 0.5～10 GHz,显然前者的带宽更宽,可能接收的干扰、信号及噪声更多,其面临的电磁环境更复杂。再如以色列的 CR2700 地面超外差式雷达侦察接收机其灵敏度为 -80 dBm,而英国的 Zeus 机载瞬时测频雷达侦察接收机的灵敏度为 -50 dBm,显然前者能够感应到功率更低的电磁波,其接收到的信号、干扰及噪声也更为丰富复杂。

　　(2)由于自然环境的复杂多变,在相同辐射源分布的情况下,同一区域不同位置(见图 2.2-1)以及不同天气状况下(见图 2.2-2),雷达侦察接收机面临的电磁环境复杂度相对不同。图 2.2-1 所示电磁场强度由无颜色逐渐增强,由于不同建筑物的遮挡和反射,在同一地区的不同位置上由同一电磁辐射源产生的电磁场分布千变万化,在复杂地形的作用下,并非靠近辐射源的位置其接收到的电磁波信号强度就一定高于距离较远的位置,当战场环境中多个辐射源同时工作时,接收机的位置稍加移动就可能会获得截然不同的目标信号及干扰强度。

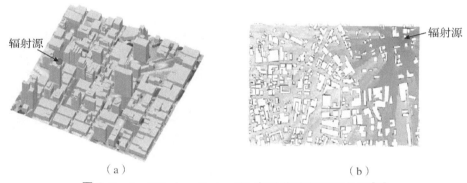

（a）　　　　　　　　　　　　　　　　　（b）

图 2.2-1　Wireless Insite 3D 电磁波路径损耗仿真[94]

(a)假想城市模型;(b)伊拉克 Ramadi 地区模型

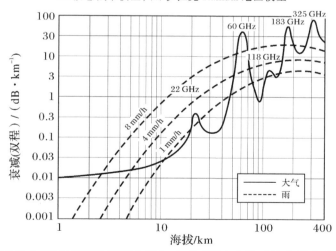

图 2.2-2　电磁波大气衰减系数及雨中附加衰减系数(单程系数为图中显示值的 1/2)[89]

2.3 复杂电磁环境对雷达侦察接收机功能的新要求

2.3.1 频域和空域滤波相结合的信号"稀释"能力

针对复杂电磁环境中电磁波密集的特点,信号"稀释"[28]成为雷达侦察必不可少的技术环节。所谓信号"稀释"就是将同时到达接收机的在频域、空域上密集分布的信号相互分离,从而形成单个信号进行特征提取,它是进行侦察信号特征分析的预处理。稀释的手段就是滤波,频域稀释对应频域的滤波,空域稀释对应空域的滤波。传统体制的雷达侦察接收机(如信道化接收机),只能通过频域的滤波器组实现频域稀释,在复杂电磁环境下存在大量的频谱重叠的信号,典型的如信号的多径分量、敌方的转发干扰信号[92]等,这些信号只有从入射方向上进行空域滤波才能将其彼此分开,因此在复杂电磁环境下,只有将频域和空域滤波相结合,才能实现最大程度的信号稀释。另外,雷达侦察属于非合作接收,加之信号在时间上的密集性,使得频域、空域扫描的工作方式不再适应,所以复杂电磁环境下,要求雷达侦察接收机要保持频域和空域的宽开,即全频段、全方位接收,这样覆盖全频段、全方位的频域、空域滤波器组成为必然选择,如何高效准确地实现频域滤波器组是信道化技术[16]研究的内容,如何高效准确地实现空域滤波器组则是采用阵列天线的情况下多波束形成技术[93]研究的内容。

2.3.2 电磁环境态势实时感知能力

对所处电磁环境进行实时的态势感知不仅是电子支援系统的任务要求,更是利用复杂电磁环境的相对性获得相对较好的信号侦察环境的有效措施。电磁环境态势感知具体来说就是对电磁环境的实时描述和评估,指挥员可以根据所处环境中信号、干扰在频率和入射方位上的分布制定不同的侦察策略,对于移动侦察设备来讲,可以通过移动位置来获得对特定频段和入射角度范围上的干扰、噪声强度较低的侦察环境。对电磁环境进行实时描述及评估的关键在获得电磁波在频域和空域的分布,这与美军的电磁环境效应(Electromagnetic Environment Effects,简称 E³ 问题)研究内容有所不同,也与目前国内一些关于复杂电磁环境全局性描述与评估的文献(见参考文献[100]~[109])的研究角度不同,其方法更接近于民用无线电频谱监测[95-96]和认知无线电中的频谱感知[97],即根据接收机接收到的信号对其所处的具体位置的电磁环境进行分析和评估。但是目前的频谱监测和频谱感知技术都只能提供电磁波在频域的分布情况，不能适应复杂电磁环境下获取信号、干扰空间分布的需求。智能天线技术[98]的发展和应用为问题的解决提供了方法，其空间谱估计方法正是获得信号空域分布最直接的方法，将频谱估计和空间谱估计结合起来就能够获得信号在频域和空域的分布。事实上空间阵列信号模型可以方便地推广为空时二维信号模型[76]，在空时二维信号模型下空间谱估计技术推广为空时二维谱估计技术，而空时二维谱估计就是频谱和空间谱的联合估计，其研究如何高效准确地获得阵列接收信号在频率和入射方向上的功率（能量）分布，目前这种技术是实现复杂电磁环境描述与评估最直接有效的办法。

2.4　现有各体制雷达侦察接收机应对复杂电磁环境的局限性

雷达侦察接收机对复杂电磁环境的适应能力与其功能特点有关。下面对现有的各体制雷达侦察接收机的功能特点作简要分析。

1. 模拟雷达侦察接收机

（1）晶体视频接收机。晶体视频接收机是最早投入使用的电子战接收机，其结构简单，在频率上是宽开的，但是灵敏度受到限制（典型值为$-42\sim-45$ dBm），动态范围小，只能检测调幅信号，不能分离同时到达的信号，通常用于测量到达角（AOA）信息，目前在一些侦察系统的旁瓣切除电路中还有一定应用。

（2）超外差接收机。超外差接收机是典型的频率搜索结构雷达侦察接收机，这种接收机灵敏度高、动态范围大，参数测量精度也比较高，适合于测量连续波信号及以窄频率范围分离某一信号，是情报侦察设备必备的接收机，但这种接收机一般1次仅接收1个信号，不能处理多个同时到达的信号，截获概率比较低。

（3）瞬时测频接收机（IFM）。瞬时测频接收机是采用相位自相关技术，将信号的频率信息转换成幅度信息从而实现测频。IFM具有体积小、测频快、测频精度高、瞬时频带宽等优点，在电子战中得到了广泛应用。但IFM无法对多个同时到达的信号进行检测，当存在连续波照射时无法对其他信号进行检测，这些弱点在一定程度上限制了其在密集信号环境中的应用。

（4）信道化接收机。信道化接收机采用滤波器组来分选不同频率的信号，其兼备其他接收机的优点，具有高灵敏度和大动态范围。信道化接收机是一种高截获概率的接收机，它直接从频域选择信号，避免了时域重叠信号的干扰，抗干扰能力强。它克服了瞬时测频接收机不能处理同时到达信号的弱点。它对高密度信号环境具有卓越的分离能力,越来越多地应用到密集脉冲环境中和存在多波束雷达系统的地方。但由于各个信道使用的接收处理模块相互独立,当信道数量较多时,这种接收机的体积大、功耗高,成本也比较高。

此外,还有压缩式接收机、声光接收机等接收机,它们不同程度地存在着瞬时带宽窄、后续处理复杂、动态范围有限、成本高等弱点,在复杂电磁环境下作为电子战接收机应用较少。

2.数字雷达侦察接收机

目前的数字雷达侦察接收机主要是在模拟雷达侦察接收机的基础上将部分处理单元数字化,其设备体积、成本以及运算精度和效率等较模拟滤波器有大幅度提高,但其基本工作流程和功能特点仍与模拟雷达接收机相同。

对应于2.3节论述的复杂电磁环境对雷达侦察接收机的新要求,现有各雷达接收机体制的局限性总结见表2.4-1。

表2.4-1 现有体制雷达侦察接收机应对复杂电磁环境的局限性分析

接收机体制	频域宽开	空域宽开	频域稀释能力	空域稀释能力	空间谱估计能力
晶体视频接收机	是	否	无	无	无
超外差接收机	否	否	无	无	无
瞬时测频接收机	是	否	无	无	无
信道化接收机	是	否	有	无	无
视频数字接收机	是	否	无	无	无
窄带数字接收机	否	否	无	无	无
宽带数字信道化接收机	是	否	有	无	无

由表2.4-1可见,现有各体制的侦察接收机最核心的问题是没有信号的空间分布信息的处理能力。智能天线技术是获得信号空间分布信息的有效手段,因此其应用成为侦察接收机应对复杂电磁环境最直接的选择。

2.5 基于智能天线技术的雷达侦察接收机新体制

2.5.1 智能天线技术

智能天线是在自适应滤波和阵列信号处理技术的基础上发展起来的,可看作是将一组天线阵元按特定方式放在空间中不同位置上的天线阵列。智能天线技术就是利用各阵元间的相对位置关系,获得信号空间分布信息,并对不同入射角度的信号进行处理的相关技术,这种技术在提高频谱利用率以及对抗衰落和干扰方面具有独特的优势。

1.智能天线的系统结构

早期的智能天线波束形成是在发射端射频段实现的,其实现难度大、成本高、灵活性差。随着数字信号处理技术的不断发展,现在的波束形成技术多在基带通过数字信号处理技术完成,称为数字波束形成。它的系统结构如图 2.5-1 所示,这是一个包含 M 个阵元的自适应天线,它由天线阵列、射频与 A/D 转换模块,以及波束形成模块三部分组成。来自不同信源的信号首先在阵列各阵元被接收,通过射频和 A/D 转换模块成为基带数字信号,这样使得输入波束形成器的信号变为复基带信号向量。波束形成模块包括自适应加权模块和阵元信号叠加模块,自适应加权模块是整个自适应天线阵列的核心,它接收来自各阵元的阵列信号,并按照一定的自适应算法计算出加权向量,同时,该加权向量再输入到加权模块中,将阵列信号向量加权叠加,最终得到整个自适应天线系统的输出。

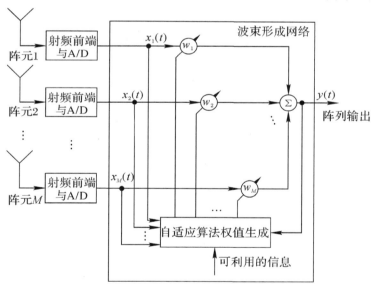

图 2.5-1　智能天线系统模型

2.智能天线的关键技术

对智能天线技术的研究主要集中在波束形成(Beamforming,BF)和波达角估计(Direction of Arrival,DOA)两个方面。

(1)波束形成。波束形成就是通过设计各阵元的加权系数来获得期望的阵列方向图。通过波束形成可以使阵列方向图的主瓣指向目标信号,而在干扰信号方向形成零陷或较低旁瓣,从而对不同信号实现空间上的分隔,起到空域滤波的作用。波束形成技术的研究主要分为数据无关和数据相关两个方向。数据无关的波束形成技术的阵元加权系数不随信号变化而变化,其主要研究内容包括波束图优化、阵列增益及稳健性等问题。数据无关波束形成最大的优点就是运算过程简单,其就是各阵元数据与权系数的加权求和,相对于后面的自适应波束形成其计算量要小得多。数据相关的波束形成技术主要是根据接收到的数据的统计特性,通过一定的准则计算出统计最优的加权系数来进行波束形成,统计最优波束形成器可以在干扰方向形成零陷使得波束形成器输出信噪比最大。统计最优波束形成也可称作自适应波束形成,其研究内容主要集中在各种优化准则收敛速度、精度及计算量上。关于波束形成各典型算法在国内外研究现状中已有详细介绍,这里不再赘述。

(2)波达角估计。实现波达角估计的技术称之为空间谱估计,即阵列接收的电磁波信号的功率或能量在空间方向上分布情况的估计,它是近 30 年来在波束形成技术、零点技术和时域谱估计技术的基础上发展起来的一种新技术。空间谱估计的算法主要分为以下三类:

1)Fourier 谱估计法[111-114]。它是经典 Fourier 分析对传感器阵列数据的一种自然推广。与时域的傅里叶限制相似,阵列的角度分辨率同样受到空域傅里叶限的限制。空域“傅里叶限”就是阵列的物理孔径限,常称为“瑞利限”。这类算法的典型代表为 Bartlett 波束形成器以及改进算法 Capon 波束形成器。

2)子空间法[115-117]。其基本原理为:若天线阵列数比信源数多,则阵列数据的信号分量一定位于一个低秩的子空间。通过把阵列接收信号数学分解为信号子空间和噪声子空间、两个相互正交的子空间,利用这种正交特性,确定信号的波达方向。由于把线性空间的概念引入到 DOA 估计中,子空间实现了波达角方向估计分辨率的突破。其中,典型的代表算法是 MUSIC 算法。

3)最大似然参数法。Fourier 谱估计法和子空间法虽然算法相对简单,但是在一些情况下,它们的性能会恶化。特别是在输入信号高度相关或相干时,它的精确度往往不能满足实际要求,甚至会使算法完全失效。因此提出了最大似然参数阵列处理方法,它是参数理论估计中一种典型和实用的方法,包括确定性最大似然法[118-120]和随机性最大似然法[121]。确定性最大似然法以假设源信号为确定性信号为前提进行参数估计,求解时需要在数值上求解非线性 M 维优化问题,因此计算量很大,而且若初始值选择不当,搜索方法可能会收敛到局部极小值。随机性最大似然法以假设源信号为已知分布的随机过程为前提进行参数估计,其准则函数的非凸性使得它的最优解一般很难求得,不过理论证明,随机性最大似然法给出的信号参数估计具有比相应的确定性最大似然估计更好的大样本精度。

　　综上所述,波束形成可以对不同信号实现空间上分隔,即空域滤波,而空间谱估计技术则可以获得阵列接收信号在空间方向上分布,智能天线技术具有的正是传统雷达侦察接收机所欠缺的空间信息处理能力,因此将智能天线技术应用于雷达侦察接收机是后者适应复杂电磁环境最直接有效的选择。

2.5.2　智能天线与信道化相结合的接收机系统模型

　　信道化技术保证了接收机频域的宽开及多频段信号并行输入,智能天线技术则可以实现信号的空域滤波及空间分布信息的提取,二者结合为雷达侦察接收机适应复杂电磁环境提供了有效解决方案,因此本书根据复杂电磁环境对侦察接收机提出的新要求,结合信道化技术、智能天线技术的基本原理以及雷达侦察接收机的基本组成提出了基于智能天线技术的数字信道化接收机系统模型,如图 2.5-2 所示。

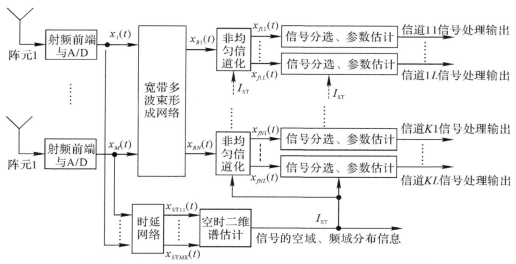

图 2.5-2　基于智能天线技术的数字信道化接收机系统模型

　　如图 2.5-2 所示,天线部分是由 M 个全向宽频带天线阵元组成的天线阵,每一个天线阵元有其自己的高频放大器、下变频器及宽带 A/D 转换器。每个阵元接收来自空间各个方向入射的多个频段的信号,经过宽带多波束形成网络完成空域滤波,宽带波束形成网络同时形成 N 个波束指向,将 N 个不同方向入射的信号分开,形成 N 个波束形成输出;每个波束形成输出再经过非均匀信道化,完成不同频段不同带宽信号的分离,至此信号的频域、空域稀释完成,得到单个信号后再进行信号分选和特征参数提取,最后将信号处理结果送数据显示及数据记录终端。另外,各阵元接收信号送时延网络,若对每个阵元输出进行 K 级时延,则时延网络将得到 MK 个输出信号,用此 MK 个信号进行空时二维谱估计,得到阵列接收信号在频域、空域的分布信息,此分布信息有如下三个作用:①各波束的非均匀信道化单元根据此分布信息得出本方向的信号频域分布情况,从而调整子信道划分和子信道带宽设置;②信号处理模块根据此分布信息协助信号分选及特征参数估计;③直接送到显示分析终端作为电磁环境的实时描述信息作为实时调整侦察策略的依据。

2.5.3 关键技术及有待解决的问题

新体制雷达侦察接收机将波束形成和信道化相结合实现了频域、空域信号稀释,同时利用空时二维谱估计实现了电磁环境的实时描述,其从系统组成和工作原理上适应了复杂电磁环境的要求。下面考虑其实现问题,除了信号分选和特征参数估计这些传统体制侦察接收机一直在研究的内容外,新体制接收机首先要解决的关键技术有以下三项。

1. 宽带多波束形成技术

窄带波束形成器方向图会随着频率变化,其对不同频率的非主轴方向入射的信号增益不同,必然造成宽带非主轴方向入射的信号波形的畸变,为了适应复杂电磁环境宽带波束形成是必然选择。

实现宽带波束形成的关键就是解决波束形成器恒定束宽问题;另外,复杂电磁环境下单位时间到达的脉冲数以十万甚至百万计,留给接收机的响应处理时间以微秒计,而自适应波束形成由于其算法收敛时间,以及复杂的计算过程使其并不能适应这种快速反应的场合,因此必须使用数据无关的波束形成器,且同时形成多个波束来实现全方位接收。但是即使使用数据无关的波束形成器,若一组系数对应一个波束的话,当波束数量较大时产生的计算量也是可观的,因此在保证空域滤波质量的前提下减少计算量是多波束形成需要解决的问题。

总之实现宽带多波束形成要解决的主要问题包括波束形成器的恒定束宽问题和多波束形成的计算量问题。

2. 非均匀信道化滤波技术

复杂电磁环境下,由于跳频、扩频、线性调频等多种调制方式的并存,使得雷达接收机接收到的信号带宽各异,所以均匀信道化技术已不再适用,必须实现各子信道带宽的非均匀分配,即非均匀信道化。更进一步,由于复杂电磁环境下,接收机不同时间接收到的信号不同,其带宽分布也各不相同,因此还要求接收机各子信道带宽不仅可以非均匀分布,还要实时可重组。另外对于侦察设备,由于计算量关系系统响应时间以及功耗,所以非均匀信道化计算量也是不可忽视的问题。

总之实现非均匀信道化要解决的主要问题包括子信道带宽的实时可重组问题和信道化滤波的计算量问题。

3. 空时二维谱估计技术

空时二维谱估计就是对信号在频域、空域分布的估计,它不仅是描述接收机所处电磁环境最直接的方法,也可以为非均匀信道化的带宽重组提供同方向入射的一族信号的频率分布情况。空时二维信号由阵列各阵元信号分别经过多级时延得到,空时二维谱估计方法也是空间谱估计方法在空时二维信号模型下的推广,空域 Fourier 谱估计计算量小但存在分辨率低的问题,若将其推广到空时二维模型下,提高其分辨率是首要解决的问题,子空间法和最大似然参数法虽然分辨率高但计算量很大,若将其推广到空时二维模型下,则在保证分辨率的前提下降低计算量是首要解决的问题。

总之实现空时二维谱估计要解决的主要问题就是空间谱估计方法在空时二维模型下的推广,以及推广后方法的分辨率、计算量。

结合课题的任务要求,本书的后续研究就围绕以上三项关键技术的主要问题展开。

2.6 本章小结

本章结合课题的任务要求,分析了雷达侦察接收机面临的复杂电磁环境的构成、特点;讨论了这些特点对雷达侦察接收机提出的新要求,即空域、频域双重滤波能力和电磁环境分布态势感知能力;分析了现有的雷达侦察接收机体制在空域滤波和电磁环境空域分布态势感知方面的局限性;为弥补现有体制空域信息处理能力的不足,提出了智能天线与信道化技术相结合的雷达接收机新体制,首先分析智能天线技术的特点和系统基本组成,然后将其与信道化技术相结合建立了先进行宽带多波束形成(实现空域滤波),再进行信道化处理(频率滤波),同时辅以空时二维谱估计(空域、频域二维分布态势感知)的系统模型,分析了其工作原理,指出了其关键技术以及有待解决的问题,主要包括波束形成器的恒定束宽问题和多波束形成的计算量问题,子信道带宽的实时可重组问题和信道化滤波的计算量问题,空间谱估计方法在空时二维模型下的推广,以及推广后方法的分辨率、计算量。

第3章 非均匀信道化滤波研究

3.1 引 言

信道化就是利用滤波器组构造出多个子信道,同时分离出宽带信号中的多个相互独立的子带信号以便于后续处理,在本书提出的雷达侦察接收机系统模型中信道化用来实现信号的频域"稀释"。信道化滤波的研究重点是其滤波器组的高效实现问题。根据滤波器组中各子滤波器的带宽设置可以将信道化滤波(后续简称为信道化)分为均匀和非均匀两种,目前均匀信道化已经得到了长足的发展,有很多高效实现结构。但是为适应复杂电磁环境下雷达信号密集、带宽分布不均匀且时变的特点,必须研究如何高效实现动态的非均匀信道化。

RFEL 公司公开的技术资料[33-34]对现有信道化方法的性能特点进行了总结对比,见表 3.1-1。

表 3.1-1 现有信道化滤波算法性能对比

	Windowed FFT	WOLA/ PDFT	PFT	TPFT	DDC
Silicon Efficiency	Excellent	←	→	Good	Poor
Flexibility	Poor	→			Excellent
Filter Shape	limited	Selectable	Selectable	Selectable	Selectable
Channel Tuning	Fixed	Fixed	Fixed	Selectable	Selectable
Independent Channels	No	No	No	Yes	Yes

可见在工程中 Windowed FFT 仍然是硬件效率最高的信道化算法。但是 Windowed FFT 只能实现均匀信道化,如果相邻子信道输出相加就能实现子信道通带合并,则对 Windowed FFT 输出进行简单相加就能实现非均匀信道化,

这样的非均匀信道化算法不仅计算量小、硬件效率高,而且带宽重组效率高,能方便地实现动态信道化。本章基于此思想展开了如下研究:首先分析解决了FFT 滤波存在的频率响应误差和相位超前现象,然后提出了基于相邻信道合并的非均匀信道化滤波算法,并解决了该算法实现的相关技术问题。

3.2　基于 Windowed FFT 的均匀信道化滤波误差分析及解决

3.2.1　FFT 的滤波原理

根据卷积和的定义,一个时域离散信号 $x(n)$(长度为 L)通过一个 FIR 线性相位滤波器 $h(n)$(阶数为 M,长度为 $M+1$)的计算过程如图 3.2-1 所示。

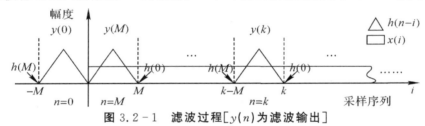

图 3.2-1　滤波过程[$y(n)$为滤波输出]

如图 3.2-1 所示,第 n 时刻的滤波输出实际是 $x(n)$ 及其之前的 M 个点[将这($M+1$)个点定义为 x_n]与反向后的 $h(n)$ 相乘再相加的结果,因此滤波结果完全可以等价表示为如下这种滑动相关的形式,即

$$y(n) = \sum_{i=0}^{M} x_n(i)h(M-i) \tag{3.2-1}$$

式中:$x_n(i)=x(n-M+i)$。在式(3.2-1)的基础上定义一个新的函数:

$$y'(n) = \sum_{i=0}^{M} x_n(i)h(M+1-j) \tag{3.2-2}$$

将求和式展开后比较式(3.2-1)和式(3.2-2),有

$$y'(n) = y(n+1) - h(0)x_{n+1}(M) \tag{3.2-3}$$

因此 $y'(n)$ 是 $y(n+1)$ 的近似,而近似程度取决于 $h(0)$ 和 $x_{n+1}(M)$ 的取值。也就是说,当 $h(0)x_{n+1}(M)$ 相对很小时,信号 $x(n)$ 通过滤波器 $h(n)$ 第($n+1$)时刻的滤波输出近似等于 $y'(n)$,进而有

$$y(n) \approx \sum_{i=0}^{M} x_{n-1}(i) h(M+1-i) \left[h(0)x_n(M) \rightarrow 0 \right] \qquad (3.2-4)$$

以 M 阶梳状滤波器[126]（即系数全为 1 的滤波器）为低通原型,构造复调制滤波器组为

$$h_k(n) = e^{j\frac{2\pi}{N}kn} \qquad (N=M+1, k=0,\cdots,M) \qquad (3.2-5)$$

则根据式(3.2-4),信号 $x(n)$ 通过该滤波器组时,第 k 个子信道的滤波输出为

$$y_k(n) \approx \sum_{i=0}^{M} x_{n-1}(i) h_k(N-i) = \sum_{i=0}^{M} x_{n-1}(i) e^{j\frac{2\pi}{N}k(N-i)}$$

由于 $e^{j\frac{2\pi}{N}kN}=1$,所以有

$$y_k(n) \approx \sum_{i=0}^{M} x_{n-1}(i) e^{-j\frac{2\pi}{N}ki} \qquad (3.2-6)$$

显然式(3.2-6)等号右边正是对 x_{n-1} 作 FFT 的表达式。而前面定义 $x_n(i) = x(n-M+i)$,因此 FFT 的滤波原理可以表述为:将第 $(n-1)$ 时刻的输入数据及其之前的 M 个数据作 FFT,其结果近似等于以 M 阶梳状滤波器为低通原型的 M 信道(通道)复调制滤波器组第 n 时刻的滤波输出,而滤波误差为 $h(0)x_n(M)$,即 $x(n)$。

不难证明用 FFT 实现低通原型为其他滤波器[记为 $h_0(n)$,且阶数为 M]的复调制滤波器组的表达式为

$$y_k(n) \approx \sum_{i=0}^{M} x_{n-1}(i) h_0(N-i) e^{-j\frac{2\pi}{N}ki} \qquad (3.2-7)$$

即先加窗再作 FFT,所加的窗函数为反向移位后的低通原型 $h_0(n)$,同时第 n 时刻滤波输出的误差为 $h_0(0)x_n(M)$,即 $h_0(0)x(n)$。

3.2.2 频率响应误差

由于第 n 时刻 FFT 的滤波输出中缺少了 $h_0(0)x(n)$ 项[根据式(3.2-2)],相当于 FFT 等效地实现了以 $h_0'(n)$ 为低通原型的复调制滤波器组,其中

$$h_0'(n) = \begin{cases} h_0(n+1) & (n=0,\cdots,M-1) \\ 0 & (n=M) \end{cases} \qquad (3.2-8)$$

显然 $h_0(n)$ 的频率响应与 $h_0'(n)$ 存在差异,下面进行详细论述。

1. 误差分析

通常采用 I 类线性相位 FIR 滤波器(长度为奇数,系数偶对称)作为低通原型,因此 $h_0(n)$ 的频率响应为[123]

$$H^0(e^{j\omega}) = e^{-j\omega\frac{M}{2}} \sum_{i=0}^{M/2} a_0(i) \cos\left[\omega\left(i-\frac{M}{2}\right)\right] \qquad (3.2-9)$$

式中：$i=0,\cdots,\dfrac{M}{2}-1$ 时，$a_0(i)=2h_0(i)$，而 $a_0\left(\dfrac{M}{2}\right)=h_0\left(\dfrac{M}{2}\right)$。

联合式（3.2-8）和式（3.2-9）得到 $h_0'(n)$ 的频率响应为

$$H'_0(\mathrm{e}^{\mathrm{j}\omega})=\mathrm{e}^{-\mathrm{j}\omega\frac{M-2}{2}}\sum_{i=0}^{(M-2)/2}a_0(i+1)\cos\left[\omega\left(i-\frac{M-2}{2}\right)\right]+h_0(M)\mathrm{e}^{-\mathrm{j}\omega(M-1)}$$

$$(3.2-10)$$

在式（3.2-10）中，令

$$A(\omega)=\sum_{i=0}^{(M-2)/2}a_0(i+1)\cos\left[\omega\left(i-\frac{M-2}{2}\right)\right]$$

则 $h_0'(n)$ 的幅频响应为

$$|H'_0(\mathrm{e}^{\mathrm{j}\omega})|^2=A^2(\omega)+h_0^2(M)+2A(\omega)h_0(M)\cos\left(\omega\frac{M}{2}\right) \qquad (3.2-11\mathrm{a})$$

相频响应为

$$\varphi'_0(\omega)=-\left[\omega\frac{M-2}{2}+\omega\sigma(\omega)\right] \qquad (3.2-11\mathrm{b})$$

式中：$\omega\sigma(\omega)$ 满足

$$\left.\begin{array}{l}\cos[\omega\sigma(\omega)]=\dfrac{A(\omega)+h_0(M)\cos\left(\omega\dfrac{M}{2}\right)}{\sqrt{A^2(\omega)+h_0^2(M)+2A(\omega)h_0(M)\cos\left(\omega\dfrac{M}{2}\right)}}\\[4mm]\sin[\omega\sigma(\omega)]=\dfrac{h_0(M)\sin\left(\omega\dfrac{M}{2}\right)}{\sqrt{A^2(\omega)+h_0^2(M)+2A(\omega)h_0(M)\cos\left(\omega\dfrac{M}{2}\right)}}\end{array}\right\} \qquad (3.2-11\mathrm{c})$$

另一方面，考察 $h_0(n)$ 的幅频、相频响应，根据式（3.2-9）有

$$|H^0(\mathrm{e}^{\mathrm{j}\omega})|^2=A^2(\omega)+4A(\omega)h_0(M)\cos\left(\omega\frac{M}{2}\right)+$$

$$4h_0^2(M)\cos^2\left(\omega\frac{M}{2}\right) \qquad (3.2-12\mathrm{a})$$

$$\varphi^0(\omega)=-\omega\frac{M}{2} \qquad (3.2-12\mathrm{b})$$

对比式（3.2-11）与式（3.2-12）可知 $h_0'(n)$ 的幅频、相频响应都相对于 $h_0(n)$ 产生了变化。首先考察相频响应，要使 $h_0'(n)$ 仍然具有线性相位特征，则 $\omega\sigma(\omega)$ 关于 ω 的导数应该为一常数，使其导数为常数的充要条件为式（3.2-11c）求导后等式右边为幅值为常数的关于 ω 的正弦/余弦函数，显然式（3.2-11c）不满足此条件，因此 $h_0'(n)$ 的相频响应已不再具有线性特征，其非线性误差的大小由 $A(\omega)$ 在各频点上的取值以及 $h_0(M)$ 的大小决定。

考察幅频响应，根据式（3.2-11a）和式（3.2-12a）有

$$\left|H'_0(\mathrm{e}^{\mathrm{j}\omega})\right|^2-\left|H^0(\mathrm{e}^{\mathrm{j}\omega})\right|^2=-2A(\omega)h_0(M)\cos\left(\omega\frac{M}{2}\right)+$$

$$h_0^2(M)\left[1-4\cos^2\left(\omega\frac{M}{2}\right)\right] \quad (3.2-13)$$

在通带内 $A(\omega)$ 远大于 $h^0(M)$，上式约等于 $-2A(\omega)h_0(M)\cos(\omega M/2)$，此时如果 $|H^0|$ 的通带波纹与 $\cos(\omega M/2)$ 有着相似的变化规律[比如用等波纹法设计出的 $h_0(n)$]，则会造成 $|H'_0|$ 在 $|H^0|$ 取最大值时比 $|H^0|$ 大，在 $|H^0|$ 取最小值时比 $|H^0|$ 小，换句话说 $h'_0(n)$ 增大了 $h_0(n)$ 的通带波纹，其增大的幅度由 $A(\omega)$ 在峰值频点上的取值以及 $h_0(M)$ 的大小决定。另外在阻带内 $A(\omega)$ 与 $h_0(M)$ 相当，甚至更小，因此式(3.2-13)在阻带内取值会很小，比如用等波纹法设计出 128 阶的 $h_0(n)$，其阻带衰减为 -140 dB，而此时 $h'_0(n)$ 的阻带衰减与其最大相差约 6 dB，因此 $h'_0(n)$ 相对于 $h_0(n)$ 在阻带上的变化是不明显的。

综上所述，$h'_0(n)$ 频率响应的误差主要存在两方面：

(1)相频响应非线性；

(2)可能造成通带波纹增大。

下面举例验证此结论。

取归一化通带截止频率为 1/8，过渡带宽为 1/80，在 Matlab 的 Filter Design & Analysis Tool 中利用 Equiripple 法设计出不同阶数的低通滤波 $h_0(n)$，其中最小阶数为 16，最大为 1 024，阶数增加的步长取 15，然后根据式(3.2-8)构造出相应的 $h'_0(n)$，对 $h'_0(n)$ 通带内的频率响应进行误差分析。各频点的频率响应由 DT-FT(离散时间傅里叶变换)求得，归一化频率分辨率取 10^{-5}，各频点导数用斜率代替。仿真结果如图 3.2-2 所示。

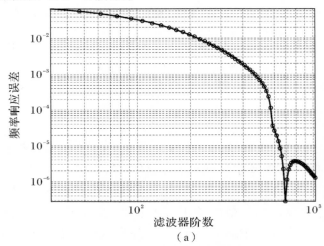

图 3.2-2　$h'_0(n)$ 通带内的频率响应误差

(a)系数项 $h_0(M)$

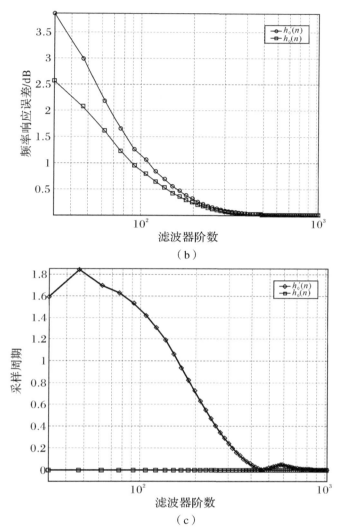

（b）

（c）

续图 3.2 - 2　$h_0'(n)$ 通带内的频率响应误差

（b）通带波纹标准差；（c）通带相频响应曲线斜率标准差

仿真结果表明，频率响应误差与 $h_0(M)$ 存在密切关系。在阶数较小时 $h_0(M)$ 较大，$h_0'(n)$ 通带内的频率响应误差较大。随着阶数的增加 $h_0(n)$ 本身性能提高导致 $h_0(M)$ 逐渐减小，从而使得 $h_0'(n)$ 通带内的频率响应误差逐渐减小。

2. 误差影响

频率响应误差导致 $h_0'(n)$ 的滤波性能较 $h_0(n)$ 有所下降，主要表现在以下两方面：

（1）导致信号时域波形畸变；

（2）影响和信道滤波器的通带平坦度，降低和信道滤波器的滤波性能。

下面着重说明第二点。在图像传输以及信道化处理中经常需要将相邻的子信道滤波器相加来增加滤波带宽[16,127](将相加后得到的滤波器称为和信道滤波器),为了保证滤波质量,要求和信道滤波器通带平坦。假设以 $h_0(n)$ 为低通原型的复调制滤波器组满足和信道通带平坦的要求,当用 FFT 实现此滤波器组时其低通原型变为 $h_0'(n)$,其和信道滤波器的平坦度必然受到影响。下面举例说明。

取归一化通带截止频率为 0.103 75,过渡带宽为 0.042 5,在 Matlab 的 Filter Design& Analysis Tool 中利用 Equiripple(等波纹法)设计出 128 阶低通滤波 $h_0(n)$,根据式(3.2－8)得到 $h_0'(n)$,分别以 $h_0(n)$ 和 $h_0'(n)$ 为低通原型构造 8 信道滤波器组,将第 2,3,4 子信道滤波器合并,得到和信道滤波器通带平坦度对比如图 3.2－3 所示,在此例中 $h_0'(n)$ 的频率响应误差明显影响到其和信道滤波器的通带平坦度,使得在子信道滤波器过渡带重叠的部分出现幅度的"塌陷",从而导致和信道滤波器的滤波质量下降。

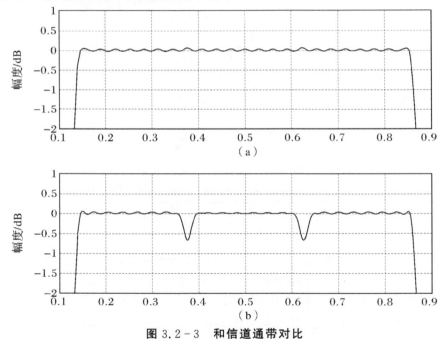

图 3.2－3　和信道通带对比

(a)以 $h_0(n)$ 为低通原型的相邻三个子信道滤波器合并幅频响应;

(b)以 $h_0'(n)$ 为低通原型的相邻三个子信道滤波器合并幅频响应

3.误差消除

根据式(3.2－11c)和式(3.2－12)可知,若 $h_0(M)$ 为零则可以完全消除 $h_0'(n)$ 的相频特性非线性以及幅频特性误差,因此在设计低通原型 $h_0(n)$ 时应注意使首末系数为零或尽量接近于零。利用窗函数法就可以很容易地设计出首末系数为零的低通滤波器。窗函数法设计出的低通滤波器系数具有如下特点：

$$h_0(n)=\frac{\sin\left[\omega_c\left(n-\dfrac{M}{2}\right)\right]}{\left(n-\dfrac{M}{2}\right)\pi}W(n) \tag{3.2-14}$$

式中：ω_c 为通带截至频率；M 为滤波器阶数；$W(n)$ 为选择的窗函数（如 Gaussion 窗、Kaiser 窗、Chebyshev 窗等）。首末系数为

$$h_0(0)=h_0(M)=\frac{\sin\left(\omega_c\dfrac{M}{2}\right)}{\dfrac{M}{2}\pi}W(M) \tag{3.2-15}$$

显然，只要 $\omega_c M/2$ 为 π 的整数倍就可实现首末系数为零。当需要实现 $2D$ 个信道的滤波器组时，低通原型的通带截止频率应设置为 $\pi/2D$，此时 $\omega_c M/2=\pi M/4D$，因此只要阶数 M 为 $4D$ 的整数倍就可实现首末系数为零。在设计滤波器时这一点是非常容易做到的。

事实上，更为简单的方法是在已有滤波器的首末各补一个零，这样既不影响滤波器性能，又消除了 FFT 时的频率响应误差。

3.2.3　相位超前现象分析与解决

当 $h_0(M)=0$ 时可以避免频率响应误差，但是仍会产生相位超前现象。

考察式（3.2-10），当 $h_0(M)=0$ 时 $h_0'(n)$ 的幅频响应为

$$H_0'(e^{j\omega})=e^{-j\omega\frac{M-2}{2}}\sum_{i=0}^{(M-2)/2}a_0(i+1)\cos\left[\omega\left(i-\frac{M-2}{2}\right)\right] \tag{3.2-16}$$

此时 $h_0'(n)$ 具有线性相位特性，滤波群延时为 $(M-2)/2$ 个采样点，而由式（3.2-9）可知 $h_0(n)$ 的滤波群延时为 $M/2$，因此 FFT 的滤波输出在时域上要比调制滤波器组本身的滤波输出超前一个采样周期。

如果在用 FFT 进行滤波运算时仍然认为群延迟为 $M/2$ 个，采样点就会产生一个采样周期的误差。这个误差随采样周期的增大而增大，在一些场合中会影响数据处理精度，例如统一测控系统中的侧音测距，其利用收侧音相对于发侧音的传输延迟来推算出目标距离，公式可以简单地表示为 $R=\Delta t\times c/2$，其中 R 为目标距离，Δt 为传输延时，c 为光速 3×10^8 m/s，设中频欠采样频率为 6.5 MHz，则算出的距离就会增加约 23 m 的误差。

另一种超前现象主要在事后数据处理时发生。在事后处理中由于数据都已获得，因此 N 点 FFT 直接从前 N 个数据开始，等效于图 3.2-1 中从 $n=M$，$(N=M+1)$ 开始向后滑动，滤波输出产生了 M 点的超前，这样起始 M 个点的滤

波结果就会丢失,减去 $(M-2)/2$ 个点的群延时,则最终造成起始的 $(M+2)/2$ 个点数据丢失。而在实时处理时采样数据逐个进入数据缓冲区,而数据未到达的缓冲区数据位为零,等效于数据处理从图 3.2-1 中 $n=0$ 开始,因此实时处理不会出现此种超前现象。

两种超前现象都会造成滤波误差。对于第一种超前现象只需要在扣除滤波延时时用 $(M-2)/2$ 代替 $M/2$ 即可消除误差;对于第二种超前现象,在数据前补 M 个零即可等效于图 3.2-1 中从 $n=0$ 开始滤波,从而避免数据丢失。

3.3　基于邻信道合并的非均匀信道化滤波算法

3.3.1　ACM 的基本思想与理论依据

所谓邻信道合并(ACM),是指将均匀信道化的相邻两个或多个信道的输出相加来实现非均匀信道化滤波,如图 3.3-1 所示。

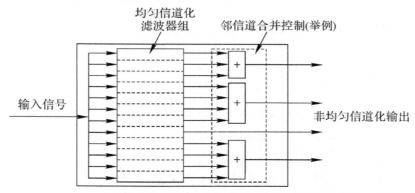

图 3.3-1　基于邻信道合并的非均匀信道化滤波方法实现示意图

如图 3.3-1 所示,邻信道的合并通过将邻信道的输出直接相加来实现。合并后得到的和信道保持了合并前邻信道的滤波性能(线性相位特性、通带阻带性能等)且通带宽度等于合并前邻信道通带宽度之和。相加后信号等同于经过和信道滤波从而实现非均匀信道化滤波。

本节将详细介绍这种方法的理论基础和实现方法。

基于 ACM 的非均匀信道化以以下三个数字信号处理中的基本事实为理论依据。

(1)两个长度相同的同类型的线性相位(Finite Impulse Response,FIR)滤波器相加,其结果仍为一个线性相位(FIR)滤波器。FIR 滤波器的线性相位特性是由其系数的对称性(奇对称或偶对称)决定的[128],因此如果两个长度相同、对称方式相同的 FIR 滤波器的系数相加,得到的滤波器其系数长度及对称性均保持不变,此时无论幅频响应变成什么样其相频特性仍然是线性的。根据系数长度的奇偶性及对称方式,FIR 滤波器可以分为四类,由于其他三类在使用上有其局限性[128]所以本书讨论的均为 I 类 FIR 滤波器,即长度为奇数、系数偶对称的 FIR 滤波器。这种滤波器在低通滤波器设计中有着广泛的应用。

(2)两个滤波器时域相加(即系数相加),其频率特性也相加。设 $h_1(n)$,$h_2(n)$分别为两个滤波器,$F(\cdot)$表示做傅里叶变换[对于数字滤波器是做离散傅里叶变换(DFT)或离散时间傅里叶变换(DTFT)[128]],则两个滤波器之和的频率响应(傅里叶变换)为

$$F[h_1(n)+h_2(n)]=F[h_1(n)]+F[h_2(n)] \qquad (3.3-1)$$

依据前两个事实,我们设想可以用带宽均匀的通带相邻的窄带线性相位 FIR 滤波器相加形成带宽不均匀的线性相位 FIR 滤波器组,如图 3.3-2 所示。

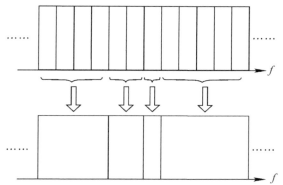

图 3.3-2　通带相邻的窄带线性相位 FIR 滤波器组合并为

不同带宽的滤波器组示意图

如果这个设想能够成立,我们就可以利用均匀滤波器组通过简单地相加动态地实现不同位置、不同带宽的非均匀的滤波器组。

但是两个滤波器相加并非只是幅频特性相加,还要考虑相频特性。

设 $H_1(\omega)$,$H_2(\omega)$分别为 $h_1(n)$,$h_2(n)$的频率响应,则两滤波器相加后的幅频响应为 $|H_1(\omega)+H_2(\omega)|=|A_1(\omega)e^{jP1(w)}+A_2(\omega)e^{jP2(w)}|$,其中 $A(\omega)$为幅频响应,$P(\omega)$为相频响应,而不是图 3.3-1 所示意的 $|H_1(\omega)+H_2(\omega)|=A_1(\omega)+A_2(\omega)$。

然而在设计滤波器时,阻带衰减往往尽可能的大,通常都能达到 -100 dB 以上,因此在阻带上幅频响应 $A(\omega)\approx0$,从而有 $H(\omega)=A(\omega)e^{jP(w)}\approx0$。若 $h_1(n)$ 的通带位于 $h_2(n)$ 的阻带上,则当两滤波器相加后在 $h_1(n)$ 的通带上有

$$|H_1(\omega)+H_2(\omega)|=|A_1(\omega)e^{jP1(w)}+A_2(\omega)e^{jP2(w)}|\approx$$
$$|A_1(\omega)e^{jP1(w)}|=|A_1(\omega)| \qquad (3.3-2)$$

    反之在 $h_2(n)$ 的通带上也是一样,因此当阻带衰减足够大时,对于通带位于对方阻带的两个滤波器来说,相加可以不考虑相频特性的影响而只考虑幅频特性相加,若两通带彼此相邻则相加后的通带带宽就为相加前各滤波器通带带宽之和,同时阻带的衰减也保持了相加前的水平,既保持了滤波性能又实现了带宽变化。同理可以推广到相邻的多个滤波器相加的情况,如图 3.3-2 所示。

    但是实际中的滤波器不可能做到像图 3.3-2 所示的矩形形状,其通带和阻带间通常都存在过渡带。两通带相邻的滤波器其过渡带往往伸进对方的通带,如图 3.3-3 所示。

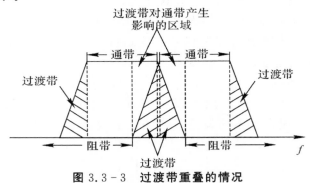

图 3.3-3　过渡带重叠的情况

    所以在幅频特性相加时必须考虑过渡带的影响,图 3.3-4 所示为几个仿真实例。

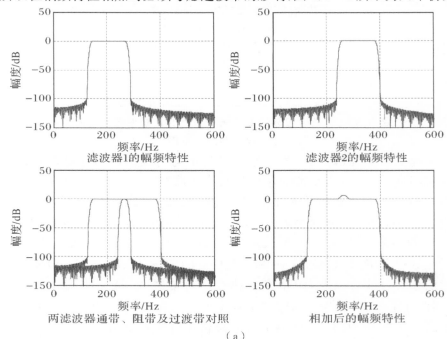

(a)

图 3.3-4　幅频特性相加时过渡带的影响

(a)情况1

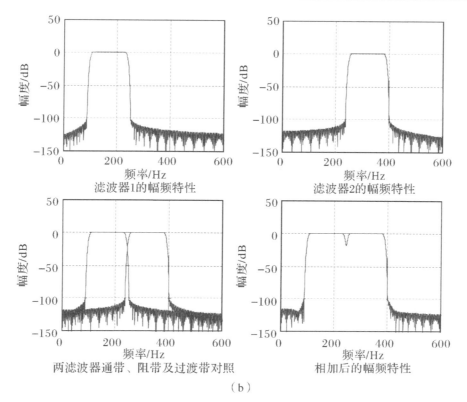

（b）

续图 3.3 - 4　幅频特性相加时过渡带的影响

（b）情况 2

　　显然,由于过渡带的存在使得相加后的和信道通带出现了较大起伏,使得通带性能受到了严重影响,所以必须消除过渡带的影响。事实上通过调整滤波器之间的相对位置将过渡带的影响减到很小是完全可能的,如图 3.3 - 5 所示。

　　然而对于独立设计的两个滤波器要调整它们的相对位置就意味着对当中一个(或两个)滤波器的系数进行重新计算,在没有任何准则指导的情况下要找到一个合适的相对位置只能靠反复试验,这样可能造成大量的重复工作,且有可能由于两滤波系数存在特定差异(如 3.3.3 节所述的陷波现象)而总是得不到理想的结果。所以当滤波器组中滤波器数目较多时,这个工作量就变得相当巨大了。另一方面,很多时候滤波器的带宽和位置不能随意改动,这时要减小过渡带影响,只有通过调整各滤波器的系数,在保持带宽的情况下调整过渡带形状,这将比上一种情况更为复杂。为了论述方便将图 3.3 - 5 所示的特性称之为邻信道合并条件或 ACM 条件,即滤波器组只有满足邻信道合并条件才能进行邻信道合并。

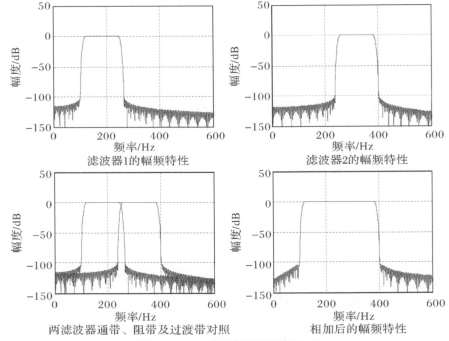

图 3.3-5　过渡带影响(情况 3)

(3)一个信号分别通过两个滤波器后将输出相加等效于该信号通过这两个滤波器相加后的滤波器。设 $x(n)$ 为输入信号，$h_1(n)$，$h_2(n)$ 分别为两个滤波器冲激响应(或称系数)，* 表示线性卷积，则根据卷积和的分配率[129]有

$$x(n)h_1(n) + x(n)h_2(n) = x(n)[h_1(n)+h_2(n)] \qquad (3.3-3)$$

若 $h_1(n)$，$h_2(n)$ 有图 3.3-5 所示的特性，则将结果相加就等效于信号通过了带宽更宽的滤波器，且变化后的带宽近似为相加前两滤波器带宽之和。同理可以推广到多个滤波器的情况，若一组滤波器通带覆盖整个采样频域(即 0 Hz 到采样频率，为不失一般性在后续论述中采用归一化频带 0~2π)，且其中任意相邻的两个滤波器相加都具有图 3.3-5 所示的特性，则可以通过将任意几个相邻滤波器的滤波器输出相加的方式实现图对信号的不同频段不同带宽的滤波。

综上所述：事实(1)保证了相加后得到的滤波器仍然为线性相位；事实(2)中图 3.3-5 所示的特性保证了相加后得到的和信道滤波器的滤波性能(包括通带的平坦度、阻带的衰减等)；事实(3)保证了直接将滤波输出相加等效于先将滤波器的相加再进行滤波。

因此，实现图 3.3-1 所示的非均匀信道化是完全可能的，关键就是其均匀滤波器组中任意相邻信道的滤波器满足图 3.3-5 所示的特性。对事实(2)的论述告诉我们这样的滤波器组是存在的，但通过试的方式来寻找这样的滤波器组工作量巨大。因此要使得这种非均匀信道化的方法有实际意义，必须找到有效的滤波器设计方法，后续内容将就这个问题的解决展开详细讨论。

3.3.2　基于调制滤波器组的 ACM 数学模型

调制滤波器组[127]是由一个低通原型滤波器（简称低通原型）调制到不同频率上构成的滤波器组，各子滤波器具有相同的滤波性能，且调整低通原型的性能可以控制所有滤波器的性能做相同的改变。显然若采用调制型滤波器组来实现图 3.3－1 中所示的均匀信道化部分，则为了满足邻信道合并条件只用研究低通原型滤波器的设计即可，其工作量要比分别单独设计各信道滤波器少得多。

在实际信号处理中，主要有复调制滤波器组和余弦调制滤波器组两类调制滤波器组[127]。它们分别可以借助 FFT 和 DCT[126]（Discrete Cosine Transform，离散余弦变换）快速实现。考虑到复调制滤波器组取实部即为余弦调制滤波器组，且 DCT 的快速计算也可以通过 FFT 实现，所以本书选择使用复调制滤波器组来构造满足要求的滤波器组。

设低通原型滤波器的冲激响应为 $h_0(n)$，它是一个 M 阶（长度为 $M+1$）的 I 型 FIR 滤波器（即 M 为偶数，系数为偶对称），则其幅率响应可以表示为[128]

$$|H_0(\mathrm{e}^{\mathrm{j}w})| = \sum_{n=0}^{M} h_0(n)\cos\left[\omega\left(\frac{M}{2}-n\right)\right] \tag{3.3-4}$$

相频响应为

$$P(\omega) = -\frac{M}{2}\omega \tag{3.3-5}$$

联合上面式(3.3－5)和式(3.3－5)$h_0(n)$频率响应可以表示为

$$H_0(\mathrm{e}^{\mathrm{j}w}) = |H_0(\mathrm{e}^{\mathrm{j}w})|\mathrm{e}^{\mathrm{j}P(w)} = \sum_{n=0}^{M} h_0(n)\cos\left[\omega\left(\frac{M}{2}-n\right)\right]$$
$$\left[\cos\left(\frac{M}{2}\omega\right)-\mathrm{j}\sin\left(\frac{M}{2}\omega\right)\right] \tag{3.3-6}$$

若将归一化频带($0\sim 2\pi$)划分为 $2D$ 个信道，如图 3.3－6 所示。

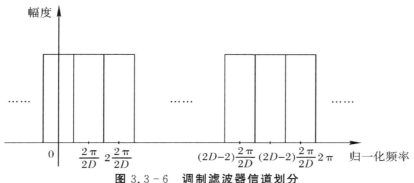

图 3.3－6　调制滤波器信道划分

此时,原型滤波器的理想带宽为 π/D,复调制滤波器组的各信道滤波器可以表示为

$$h_k(n) = h_0(n) e^{j\frac{k\pi}{D}n} \quad (k=0,\cdots,2D-1; n=0,\cdots,M) \quad (3.3-7)$$

各信道滤波器的频率响应为

$$H_k(e^{j\omega}) = H_0[e^{j(\omega-\frac{k\pi}{D})}] = \sum_{n=0}^{M} h_0(n)\cos\left[\left(\omega-\frac{k\pi}{D}\right)\left(\frac{M}{2}-n\right)\right]$$
$$\left\{\cos\left[\frac{M}{2}\left(\omega-\frac{k\pi}{D}\right)\right] - j\sin\left[\frac{M}{2}\left(\omega-\frac{k\pi}{D}\right)\right]\right\} \quad (3.3-8)$$

幅频特性为

$$|H_k(e^{j\omega})| = \left|\sum_{n=0}^{M} h_0(n)\cos\left[\left(\omega-\frac{k\pi}{D}\right)\left(\frac{M}{2}-n\right)\right]\right| \quad (3.3-9)$$

在 3.3.1 节中事实(1)指出,要保证两个线性相位 FIR 滤波器相加后结果仍为一个线性相位 FIR 滤波器,两个滤波器的系数必须有相同的对称性,由于 $h_0(n)$ 是 Ⅰ 型 FIR 滤波器,其系数关于 $n=M/2$ 对称,所以根据式(3.3-7),要使调制后的滤波器也具有此对称性,M 必须为 $2D$ 的整数倍。

根据 3.3.1 节事实(2)的论述,考察任意两个相邻的滤波器是否满足邻信道合并条件。根据式(3.3-8),先考虑 H_0 与 H_1 相加的情况。

$$H_1(e^{j\omega}) = H_0[e^{j(\omega-\frac{\pi}{D})}] = \sum_{n=0}^{M} h_0(n)\cos\left[\left(\omega-\frac{\pi}{D}\right)\left(\frac{M}{2}-n\right)\right]$$
$$\left\{\cos\left[\frac{M}{2}\left(\omega-\frac{\pi}{D}\right)\right] - j\sin\left[\frac{M}{2}\left(\omega-\frac{\pi}{D}\right)\right]\right\}$$

由于 M 为 $2D$ 的整数倍,则有

$$H_1(e^{j\omega}) = H_0[e^{j(\omega-\frac{\pi}{D})}] = \pm \sum_{n=0}^{M} h_0(n)\cos\left[\left(\omega-\frac{\pi}{D}\right)\left(\frac{M}{2}-n\right)\right]$$
$$\left[\cos\left(\frac{M}{2}\omega\right) - j\sin\left(\frac{M}{2}\omega\right)\right]$$

$\frac{M}{2D}$ 为偶数时取 $+$,为奇数时取 $-$。

因此有

$$H_0(e^{j\omega}) + H_1(e^{j\omega}) = H_0(e^{j\omega}) + H_0[e^{j(\omega-\frac{\pi}{D})}]$$
$$= \sum_{n=0}^{M} h_0(n)\cos\left[\omega\left(\frac{M}{2}-n\right)\right]\left[\cos\left(\frac{M}{2}\omega\right) - j\sin\left(\frac{M}{2}\omega\right)\right] \pm$$
$$\sum_{n=0}^{M} h_0(n)\cos\left[\left(\omega-\frac{\pi}{D}\right)\left(\frac{M}{2}-n\right)\right]\left[\cos\left(\frac{M}{2}\omega\right) - j\sin\left(\frac{M}{2}\omega\right)\right]$$
$$= \left[\cos\left(\frac{M}{2}\omega\right) - j\sin\left(\frac{M}{2}\omega\right)\right]\sum_{n=0}^{M} h_0(n)\left\{\cos\left[\omega\left(\frac{M}{2}-n\right)\right] \pm \right.$$
$$\left. \cos\left[\left(\omega-\frac{\pi}{D}\right)\left(\frac{M}{2}-n\right)\right]\right\} \quad (3.3-10)$$

令 $F_0(e^{jw}) = H_0(e^{jw}) + H_1(e^{jw})$，考察式（3.3-10）的幅频特性

$$|F_0(e^{jw})| = \sum_{n=0}^{M} h_0(n) \left\{ \cos\left[\omega\left(\frac{M}{2}-n\right)\right] \pm \cos\left[\left(\omega-\frac{\pi}{D}\right)\left(\frac{M}{2}-n\right)\right] \right\}$$

利用三角变换中的和差化积得到

$$
F_0(e^{jw}) =
\begin{cases}
2\left| \sum_{n=0}^{M} h_0(n)\cos\left[\dfrac{\left(\frac{M}{2}-n\right)\left(2\omega-\frac{\pi}{D}\right)}{2}\right] \cos\left[\dfrac{\left(\frac{M}{2}-n\right)\frac{\pi}{D}}{2}\right] \right| & \left(\dfrac{M}{2D}\text{为偶数}\right) \\[4mm]
2\left| \sum_{n=0}^{M} h_0(n)\sin\left[\dfrac{\left(\frac{M}{2}-n\right)\left(2\omega-\frac{\pi}{D}\right)}{2}\right] \sin\left[\dfrac{\left(\frac{M}{2}-n\right)\frac{\pi}{D}}{2}\right] \right| & \left(\dfrac{M}{2D}\text{为奇数}\right)
\end{cases}
$$

$$
=
\begin{cases}
2\left| \sum_{n=0}^{M} h_0(n)\cos\left(\dfrac{M\omega}{2}-\omega n-\dfrac{M\pi}{4D}+\dfrac{n\pi}{2D}\right)\cos\left(\dfrac{M\pi}{4D}-\dfrac{n\pi}{2D}\right) \right| \\[4mm]
2\left| \sum_{n=0}^{M} h_0(n)\sin\left(\dfrac{M\omega}{2}-\omega n-\dfrac{M\pi}{4D}+\dfrac{n\pi}{2D}\right)\sin\left(\dfrac{M\pi}{4D}-\dfrac{n\pi}{2D}\right) \right|
\end{cases}
$$

$$
=
\begin{cases}
2\left| \sum_{n=0}^{M} h_0(n)\cos\left(\dfrac{M\omega}{2}-\omega n+\dfrac{n\pi}{2D}\right)\cos\left(\dfrac{n\pi}{2D}\right) \right| \\[4mm]
2\left| \sum_{n=0}^{M} h_0(n)\sin\left(\dfrac{M\omega}{2}-\omega n-\dfrac{\pi}{2}+\dfrac{n\pi}{2D}\right)\sin\left(\dfrac{\pi}{2}-\dfrac{n\pi}{2D}\right) \right|
\end{cases}
$$

$$
= 2\left| \sum_{n=0}^{M} h_0(n)\cos\left(\dfrac{M\omega}{2}-\omega n+\dfrac{n\pi}{2D}\right)\cos\left(\dfrac{n\pi}{2D}\right) \right|
$$

$$\left(\text{无论}\dfrac{M}{2D}\text{为奇数还是偶数}\right) \tag{3.3-11}$$

推广到第 k 信道滤波器与第 $(k+1)$ 信道滤波器合并的情况，频率响应为

$$F_k(e^{jw}) = F_0\left[e^{j\left(\omega-\frac{k\pi}{D}\right)}\right]$$

$$= \left\{ \cos\left[\frac{M}{2}\left(\omega-\frac{k\pi}{D}\right)\right] - j\sin\left[\frac{M}{2}\left(\omega-\frac{k\pi}{D}\right)\right] \right\}$$

$$\sum_{n=0}^{M} h_0(n) \left\{ \cos\left[\left(\omega-\frac{k\pi}{D}\right)\left(\frac{M}{2}-n\right)\right] \pm \cos\left[\left(\omega-\frac{(k+1)\pi}{D}\right)\left(\frac{M}{2}-n\right)\right] \right\}$$

$$\left(\frac{M}{2D}\text{为偶数时取}+\text{，为奇数时取}-\right) \tag{3.3-12}$$

考察式（3.3-12）的幅频特性

$$|F_k(e^{jw})| = 2\left| \sum_{n=0}^{M} h_0(n)\cos\left(\frac{M\omega}{2}-\frac{Mk\pi}{2D}-\omega n+\frac{kn\pi}{D}+\frac{n\pi}{2D}\right)\cos\left(\frac{n\pi}{2D}\right) \right|$$

$$\tag{3.3-13}$$

由于 3.3.1 节中事实（1）保证了相位的线性，所以只用集中地考察幅频特性。通过以上推导，对于调制滤波器组来说满足邻信道合并条件就是寻找一个

合适的低通原型滤波器 $h_0(n)$ 使得式(3.3-4)与式(3.3-9)计算出来各子信道滤波器幅频响应具有如图 3.3-7 所示理想形状。

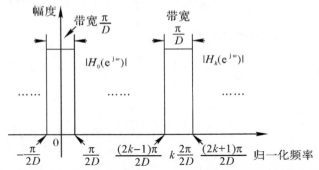

图 3.3-7 低通原型及各信道滤波器的理想形状(带宽均为 π/D)

同时使得由式(3.3-13)计算出的和信道滤波器的幅频特性具有如图 3.3-8 所示理想形状。

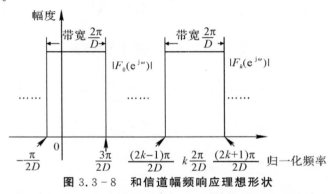

图 3.3-8 和信道幅频响应理想形状

3.3.4 节将详细讨论如何设计出满足此条件的低通原型滤波器。

3.3.3 "陷波"现象

在详细讨论低通原型滤波器的设计以前,先讨论仿真过程中遇到的一种"陷波"现象。通过讨论将给出邻信道合并条件的又一重要约束:低通原型的阶数 M 必须为划分信道数 $2D$ 的整数倍。

3.3.1 节提到要使得由原型滤波器调制出的各信道滤波器仍然为线性相位,$M/2D$ 必须为整数,事实上 $M/2D$ 不但必须为整数还必须为偶数,否则将在相邻信道滤波器合并时出现"陷波"现象。

"陷波"现象表现如下:取滤波器阶数 $M=400$,划分信道数 $2D=16$,用 Matlab 的 Filter Design & Analysis Tool 中的高斯(Gaussian)窗产生低通原型滤波器,如图 3.3-9 所示。

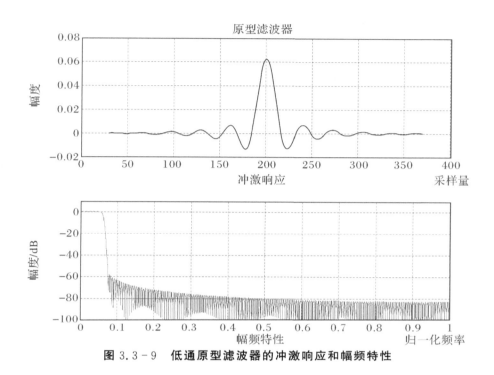

图 3.3 - 9　低通原型滤波器的冲激响应和幅频特性

由此低通原型调制出的各信道滤波器幅频响应如图 3.3 - 10 所示。

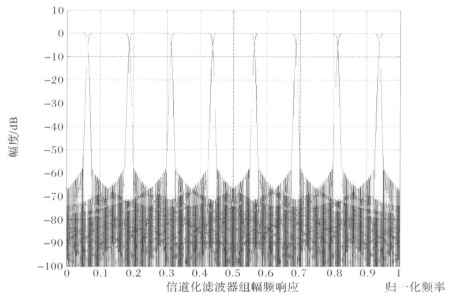

图 3.3 - 10　由低通原型滤波器调制出的各信道滤波器的幅频特性

相邻信道组合后的幅频特性如图 3.3 − 11 和图 3.3 − 12 所示。

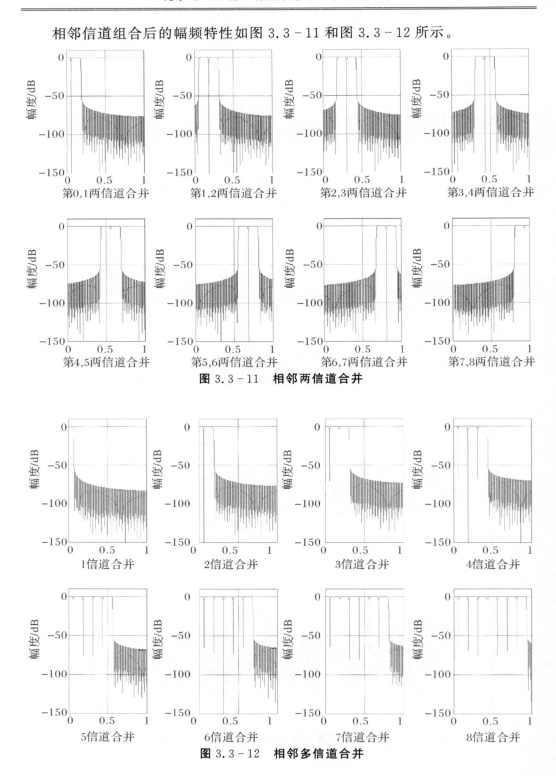

图 3.3 − 11　相邻两信道合并

图 3.3 − 12　相邻多信道合并

将图 3.3-11、图 3.3-12 与图 3.3-1 对比，最明显的区别就在图 3.3-11 和图 3.3-12 中各信道合并时在信道交界的地方出现了非常明显的陷波现象，显然用这种带有陷波现象的和信道滤波器进行信道化滤波会将陷波处及其周围的信息丢失，因此这种陷波现象必须避免。

首先通过公式推导来说明产生陷波现象的原因。

考察式（3.3-13），由于 $M/2D$ 为整数，所以 $\dfrac{Mk}{2D}$ 也为整数，所以有

$$|F_k(\mathrm{e}^{jw})| = 2\left|\sum_{n=0}^{M} h_0(n)\cos\left(\frac{M\omega}{2} - \frac{Mk\pi}{2D} - \omega n + \frac{kn\pi}{D} + \frac{n\pi}{2D}\right)\cos\left(\frac{n\pi}{2D}\right)\right|$$

$$= 2\left|\sum_{n=0}^{M} h_0(n)\cos\left(\frac{M\omega}{2} - \omega n + \frac{kn\pi}{D} + \frac{n\pi}{2D}\right)\cos\left(\frac{n\pi}{2D}\right)\right|$$

$$= 2\left|\sum_{n=0}^{M} h_0(n)\cos\left[\frac{M\omega}{2} - \omega n + \frac{(2k+1)n\pi}{2D}\right]\cos\left(\frac{n\pi}{2D}\right)\right| \quad (3.3-14)$$

显然，当 $\omega = \dfrac{(2k+1)\pi}{2D}$，$(k=0,\cdots,2D-1)$，也就是图 3.3-7 和图 3.3-11 中所示的相邻信道的交界点处时，有

$$|F_k(\mathrm{e}^{jw})| = 2\left|\sum_{n=0}^{M} h_0(n)\cos\left[\frac{M(2k+1)\pi}{4D} - \frac{(2k+1)n\pi}{2D} + \frac{(2k+1)n\pi}{2D}\right]\cos\left(\frac{n\pi}{2D}\right)\right|$$

$$= 2\left|\sum_{n=0}^{M} h_0(n)\cos\left[\frac{M(2k+1)\pi}{4D}\right]\cos\left(\frac{n\pi}{2D}\right)\right|$$

此时，若 $M/2D$ 为奇数，则 $\dfrac{M(2k+1)}{2D}$ 也必定为奇数，则必有

$$\cos\left[\frac{M(2k+1)\pi}{4D}\right] = \cos\left(\frac{\pi}{2}\right) = 0$$

因此，

$$|F_k(\mathrm{e}^{jw})| = 2\left|\sum_{n=0}^{M} h_0(n)\cos\left[\frac{M(2k+1)\pi}{4D}\right]\cos\left(\frac{n\pi}{2D}\right)\right| = 0$$

综上所述，当 $M/2D$ 为奇数时，无论低通原型滤波器的系数 $h_0(n)$ 为何，其和信道幅频响应 $|F_k(\mathrm{e}^{jw})|$ 在 $\omega = \dfrac{(2k+1)\pi}{2D}$，$(k=0,\cdots,2D-1)$ 点处均为 0。也就是图 3.3-11 所示的陷波现象，推广到多个相邻信道滤波器之和的情况就如图 3.3-12 所示。

因此要避免陷波现象，低通原型滤波器的阶数 M 必须为划分的信道数 $2D$ 的偶数倍。

3.3.4　原型滤波器设计

1. ACM 条件

根据 3.3.2 和 3.3.3 节的论述,对于调制滤波器组来说 ACM 条件可以归纳为其低通原型 $h_0(n)$ 必须满足以下三条:

(1)阶数 M 必须为划分信道数 $2D$ 的偶数倍;

(2)使得式(3.3-4)和式(3.3-9)计算出的子信道滤波器幅频特性尽量接近图 3.3-7 所示的理想形状;

(3)使得式(3.3-13)计算出的和信道滤波器幅频特性尽量接近图 3.3-8 所示的理想形状。

用分段函数来表示理想形状,则上述(2)(3)两个条件可以表示为:

$$|H_k(e^{jw})| = \sum_{n=0}^{M} h_0(n)\cos\left[\left(\omega - \frac{k\pi}{D}\right)\left(\frac{M}{2}-n\right)\right]$$

$$\approx \begin{cases} 1 & \omega \in \left[\frac{(2k-1)\pi}{2D}, \frac{(2k+1)\pi}{2D}\right] \\ 0 & \text{其他} \end{cases} \quad (3.3-15)$$

$$|F_k(e^{jw})| = 2\left|\sum_{n=0}^{M} h_0(n)\cos\left(\frac{M\omega}{2} - \frac{Mk\pi}{2D} - \omega n + \frac{kn\pi}{D} + \frac{n\pi}{2D}\right)\cos\left(\frac{n\pi}{2D}\right)\right|$$

$$\approx \begin{cases} 1 & \omega \in \left[\frac{(2k-1)\pi}{2D}, \frac{(2k+3)\pi}{2D}\right] \\ 0 & \text{其他} \end{cases} \quad (3.3-16)$$

事实上这是一个带约束条件的 FIR 滤波器设计问题,其中约束条件就是式(3.3-15)和式(3.3-16),对于这类问题的解决目前已有不少方法,其中最为常用的是约束最小二乘法,这种方法同时利用均方误差准则和 Chebyshev 误差准则来进行滤波器设计[130,135],设计问题可表达为,在峰值误差限制下最小化均方误差问题,而解可由迭代技术得到。但是这些方法计算起来都比较复杂,同时根据式(3.3-16)对低通原型的频率特性提出等价的约束条件,因此本书转换思路,先寻找满足式(3.3-16)的 $h_0(n)$,然后考察 $h_0(n)$ 自身的滤波特性[即满足式(3.3-15)的情况]。式(3.3-16)所要求的理想滤波器形状实际中是不可能的,只有在一定误差范围内逼近这个形状,对于这个逼近问题本书利用文献[136]提供的余弦神经网络模型通过训练得到了在一定误差范围满足式(3.3-16)的 $h_0(n)$,但是通过大量的仿真发现训练得到的 $|F_k(e^{jw})|$ 虽然能确保消除过渡带相加的影响保持通带的平坦度,但阻带衰减很难超过 -80 dB(例如当滤波器阶数达到 1 024 阶时其和信道阻带衰减约 -75 dB,低通原型 $h_0(n)$ 自身的阻带衰约 -65 dB)。造成这种现象的主要原因是训练使用的样本是有限个离散的频

点,即只在有限个离散频点上对理想形状进行逼近,因此得到的幅频特性在样本频点上可以误差极小地逼近理想形状,而样本频点之间的频率则存在较大误差,以致使得阻带衰减总体很小。然而若细化增加样本频点又会造成收敛误差迅速增大,反而使逼近效果更差(详细讨论见附录 A),远不能达到实际的要求。

虽然神经网络的方法并不理想,但在仿真中却得到了一个非常重要的启示:和信道的通带阻带性能越好,低通原型的通带阻带性能就越好。那么是否可以先根据和信道要求的理想特性设计出一个性能良好的滤波器作为和信道滤波器,然后根据和信道滤波器冲激响应与低通原型冲激响应的关系逆推出低通原型滤波器呢?通过论证这样做不仅可行并且很好地解决了通带阻带性能差的问题。具体论述如下。

设计滤波器并不难,关键是找出和信道滤波器与低通原型之间的关系,从而逆推出低通原型。事实上仔细观察式(3.3-13)会发现通过简单的变量替换就可以使其具有式(3.3-9)相同的形式,从而使得条件式(3.3-16)等价转换成一个滤波器的幅频响应,进而找到和信道滤波器与低通原型之间的关系。

首先由于 $|H_k(e^{jw})|$ 及 $|F_k(e^{jw})|$ 是由 $|H_0(e^{jw})|$ 和 $|F_0(e^{jw})|$ 调制得到的,若 $|H_0(e^{jw})|$ 和 $|F_0(e^{jw})|$ 满足式(3.3-15)和式(3.3-16),则 $|H_k(e^{jw})|$ 及 $|F_k(e^{jw})|$ 也必然满足[38],所以这里只用讨论 $k=0$ 的情况。

根据式(3.3-11)有

$$|F_0(e^{jw})| = 2\left|\sum_{n=0}^{M} h_0(n)\cos\left(\frac{M\omega}{2} - \omega n + \frac{n\pi}{2D}\right)\cos\left(\frac{n\pi}{2D}\right)\right|$$
$$= 2\left|\sum_{n=0}^{M} h_0(n)\cos\left[\left(\frac{M}{2} - n\right)\left(\omega - \frac{\pi}{2D}\right)\right]\cos\left(\frac{n\pi}{2D}\right)\right| \qquad (3.3-17)$$

为避免陷波现象,$\frac{M}{2D}$ 为偶数。

令

$$a(n) = 2h_0(n)\cos\left(\frac{n\pi}{2D}\right) \qquad (3.3-18)$$

$$|A(e^{jw})| = \left|F_0\left[e^{j\left(\omega + \frac{\pi}{2D}\right)}\right]\right| \qquad (3.3-19)$$

则有

$$|A(e^{jw})| = \left|\sum_{n=0}^{M} a(n)\cos\left[\left(\frac{M}{2} - n\right)\omega\right]\right| \qquad (3.3-20)$$

显然式(3.3-20)与式(3.3-4)有着相同的形式,因此式(3.3-20)是滤波器 $a(n)$ 的幅频特性。这样一来条件式(3.3-16)($k=0$)就可以等价替换为:

$$|A(e^{jw})| = \left|\sum_{n=0}^{M} a(n)\cos\left[\left(\frac{M}{2} - n\right)\omega\right]\right| = \begin{cases} 1, & \omega \in \left[-\frac{\pi}{D}, \frac{\pi}{D}\right] \\ 0, & \text{其他} \end{cases}$$

$$(3.3-21)$$

如图 3.3 - 13 所示，即若找到一个滤波器 $a(n)$，其幅频特性满足条件式 (3.3 - 21)，则由式 (3.3 - 18) 推出的 $h_0(n)$ 必然满足条件式 (3.3 - 16)。$a(n)$ 就是要设计的和信道滤波器，而式 (3.3 - 18) 就是和信道滤波器 $a(n)$ 与低通原型的逆推关系。

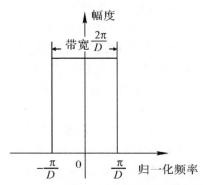

图 3.3 - 13 $|A(e^{jw})|$ 的理想幅频特性

更为重要的 $|A(e^{jw})|$ 与 $|F_0(e^{jw})|$ 之间是频移的关系，所以 $|F_0(e^{jw})|$ 的通带阻带特性将与 $|A(e^{jw})|$ 完全相同，因此如果设计的 $a(n)$ 使得 $|A(e^{jw})|$ 有着良好的通带阻带特性，则 $|F_0(e^{jw})|$ 也将有着良好的通带阻带特性。这就克服前面采用神经网络方法时存在的阻带衰减不足的问题。鉴于 $|A(e^{jw})|$ 与 $|F_0(e^{jw})|$ 的关系，本书将 $|A(e^{jw})|$ 对应的冲激响应 $a(n)$ 称之为和信道低通原型。

综上所述，原型滤波器的设计思路就是：首先设计出性能良好的 $a(n)$，然后用式 (3.3 - 18) 逆推出 $h_0(n)$。这里需要说明的是：由于 $\cos\left(\dfrac{n\pi}{2D}\right)$ 是关于 $n = \dfrac{M}{2}$ 成偶对称，所以只要 $a(n)$ 的系数是关于 $n = \dfrac{M}{2}$ 成偶对称，则通过式 (3.3 - 18) 逆推出的 $h_0(n)$ 也必然是关于 $n = \dfrac{M}{2}$ 成偶对称的，也就是说，只要设计出的 $a(n)$ 是线性相位的，则逆推出的 $h_0(n)$ 也必然是线性相位的。在后续讨论中将不再讨论低通原型的相位问题。

2. 零值点问题

设计出性能良好的 $a(n)$ 并不困难，但根据式 (3.3 - 18) 却无法一一逆推出 $h_0(n)$ 各系数，其中个别系数需要靠插值等方法估计得到。详细论述如下。

根据式 (3.3 - 18)，有逆推关系式

$$h_0(n) = \frac{a(n)}{2\cos\left(\dfrac{n\pi}{2D}\right)} \quad (n = 0, \cdots, M) \qquad (3.3 - 22)$$

当 n 为 D 的奇数倍(如 $n=D,3D$ 等)时,$\cos\left(\dfrac{n\pi}{2D}\right)=0$,此时式(3.3-20)的结果为无穷大,实际中无法取无穷大,所以这些点(简称零值点)上 $h_0(n)$ 的取值是不确定的,若随意取值将使得低通原型 $h_0(n)$ 的性能严重下降。下面举例说明。

取 $M=512,D=32$,用 Chebyshev 窗取旁瓣衰减为 100 dB 产生 $a(n)$,然后利用式(3.3-22)计算出 $h_0(n)$,n 为 D 的奇数倍时,取 $\cos\left(\dfrac{n\pi}{2D}\right)=0.001$(尽量接近 0),则 $a(n)$ 与 $h_0(n)$ 的性能对比如图 3.3-14 所示。

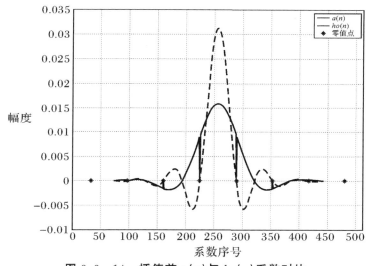

图 3.3-14　插值前 $a(n)$ 与 $h_0(n)$ 系数对比

由图 3.3-14 可以看出,由于零值点取值的影响使得逆推出的 $h_0(n)$ 出现了不连续点,显然这将会影响 $h_0(n)$ 的幅频特性,但是另一方面,在这些零值点上 $a(n)$ 的取值接近于零,所以在 $a(n)$ 的幅频特性式(3.3-20)中这些点的贡献是很小的,等价的在和信道幅频特性式(3.3-17)中这些零点的贡献也是非常小的,因此无论 $h_0(n)$ 在零值点上取何值,在计算和信道幅频特性时其贡献都是微小。所以 $h_0(n)$ 在零值点上的取值对其自身幅频特性有着重要影响,而对其生成的和信道幅频特性则几乎没有影响,如图 3.3-15 所示。

图 3.3-15 表明由于零值点的不连续,造成 $h_0(n)$ 的阻带衰减严重减小,且矩形系数变差(过渡带加宽),另一方面,和信道幅频特性几乎没有影响,基本保持了 $a(n)$ 通带阻带特性。原型滤波器 $h_0(n)$ 的幅频特性差,将直接导致其调制出的各子信道滤波器的幅频特性差,因此必须消除或尽可能减小零值点的影响。

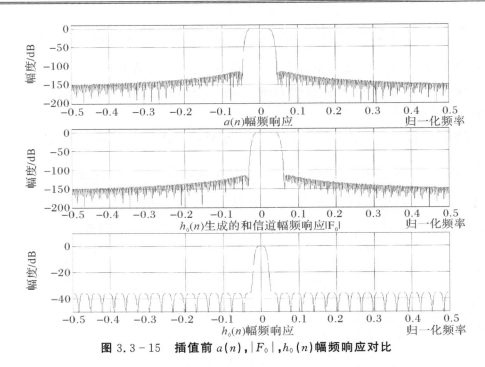

图 3.3 - 15　插值前 $a(n)$，$|F_0|$，$h_0(n)$ 幅频响应对比

既然在零值点上 $\cos\left(\dfrac{n\pi}{2D}\right)$ 无法为 0，是否可以用极小的值近似代替。大量仿真表明，无论在零值点上 $\cos\left(\dfrac{n\pi}{2D}\right)$ 取得多小，通过式（3.3 - 22）算出的 $h_0(n)$ 仍然会出现图 3.3 - 14 所示的不连续现象，更细致些说，就是在零值点上 $h_0(n)$ 始终都等于零，因而零值点上 $a(n)$ 始终等于零。这种现象并非偶然，只要采用窗函数法设计 $a(n)$ 就会出现这种情况，下面论述此问题。

窗函数法的原理是[128]：首先由理想频率响应推导出对应的冲激响应，然后利用各种函数与此理想冲激响应相乘改善通带阻带特性及矩形系数。

当滤波器阶数为 M，划分信道数为 $2D$ 时，$a(n)$ 的理想幅率响应如图 3.3 - 13 所示，为保证 $a(n)$ 为 I 型 FIR 滤波器，取相频响应为 $-\dfrac{M}{2}\omega$。

利用离散时间傅里叶反变换（IDTFT）[128] 可以得到冲激响应为

$$h_{\text{ideal}}(n) = \frac{1}{2\pi}\int_{-\frac{\pi}{D}}^{\frac{\pi}{D}} \mathrm{e}^{-\mathrm{j}\frac{M}{2}\omega}\mathrm{e}^{\mathrm{j}\omega n}\,d\omega = \frac{\sin\left[\frac{\pi}{D}\left(n-\frac{M}{2}\right)\right]}{\left(n-\frac{M}{2}\right)\pi} \qquad (3.3 - 23)$$

若令窗函数为 $W(n)$，则有

$$a(n) = h_{\text{ideal}}(n)W(n), \quad h_0(n) = \frac{h_{\text{ideal}}(n)W(n)}{2\cos\left(\frac{n\pi}{2D}\right)}$$

考察式(3.3-23),令 $n=(2k_1+1)D$,k_1 为非负整数,$M=4Dk_2$,k_2 为非负整数(因为 M 为 $2D$ 的整数倍),不难发现,在 n 为 D 的奇数倍的点上(即前面定义的零值点)有

$$h_{\text{ideal}}(n)=\frac{\sin\left\{\dfrac{\pi}{D}\left[(2k_1+1)D-\dfrac{4Dk_2}{2}\right]\right\}}{\left[(2k_1+1)D-\dfrac{4Dk_2}{2}\right]\pi}=\frac{\sin[\pi(2k_1-2k_2+1)]}{(2k_1-2k_2+1)D\pi}$$

显然,无论 k_1,k_2 取何正整数 $2k_1-2k_2+1$ 都始终为整数,所以 $\sin[\pi(2k_1-2k_2+1)]$ 始终为零,而此时其分母并不为零,这样在零值点上始终有 $h_{\text{ideal}}(n)=0$,从而导致在零值点上 $a(n)=h_{\text{ideal}}(n)W(n)=0$。

由于零值点处式(3.3-22)的分子、分母都为零,可以通过求极限的方法得到解,即

$$\lim_{n\to(2k+1)D}\frac{\sin\left[\dfrac{\pi}{D}\left(n-\dfrac{M}{2}\right)\right]W(n)}{2\pi\left(n-\dfrac{M}{2}\right)\cos\left(\dfrac{n\pi}{2D}\right)}=$$

$$\frac{W(n)}{\pi\left(n-\dfrac{M}{2}\right)}(-1)^{\frac{n-D}{2D}}\quad[n=(2k+1)D,k\text{ 为非负整数}]\qquad(3.3-24)$$

另外,当 $n=M/2$ 时也有一个极限,它是 $h_0(n)$ 的峰值,为

$$\lim_{n\to M/2}\frac{\sin\left[\dfrac{\pi}{D}\left(n-\dfrac{M}{2}\right)\right]W(n)}{2\pi\left(n-\dfrac{M}{2}\right)\cos\left(\dfrac{n\pi}{2D}\right)}=\frac{W\left(\dfrac{M}{2}\right)}{2D\cos\left(\dfrac{M\pi}{4D}\right)}\qquad(3.3-25)$$

极限求解过程见附录 B。显然要准确计算出极限值必须知道窗函数 $W(n)$ 在零值点处的取值,当采用不同窗函数时这样做有些不方便。

事实上,并不是一定要知道零值点处 $h_0(n)$ 的准确值,根本的目标是通过这些点上的取值改善 $h_0(n)$ 的性能。根据前面的论述,导致 $h_0(n)$ 性能严重下降的主要原因是零值点处 $h_0(n)$ 的取值与前后值不连续,因此本书采用拉格朗日(Lagrange)插值的方法估算出零值点处的 $h_0(n)$,保持了 $h_0(n)$ 的连续性,从而大大改善了其幅频特性。

N 点拉格朗日插值公式为[137]

$$L_n(x)=\sum_{i=0}^{N-1}f(x_i)\prod_{\substack{j=0\\j\neq1}}^{N-1}\frac{(x-x_i)}{(x_i-x_j)}\qquad(3.3-26)$$

式中:$f(x_i)$ 为已知点的函数值;x_i,x_j 为已知点的自变量。对应的,在本书中零值点处的 $h_0(n)$ 为待求函数值 $L_n(x)$,零值点前后的 $h_0(n)$ 为已知点的函数值 $f(x_i)$,则 n 为自变量 x_i。考虑第一个零值点出现在 $n=D$ 时,取所有零值点前后各 $D/2$ 点来做插值,具体公式为

$$h_0(n) = \sum_{i=n-\frac{D}{2}}^{n+\frac{D}{2}} h_0(i) \prod_{\substack{j=n-\frac{D}{2} \\ j\neq 1}}^{n+\frac{D}{2}} \frac{n-i}{i-j} [n=(2k+1)D,k \text{ 为非负整数}] \quad (3.3-27)$$

利用式(3.3-27)对图 3.3-14 所示一例进行插值得到的结果如图 3.3-16 和图 3.3-17 所示。

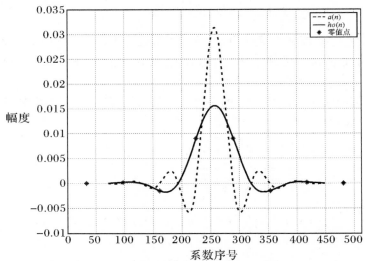

图 3.3-16　插值后 $a(n)$ 与 $h_0(n)$ 系数对比

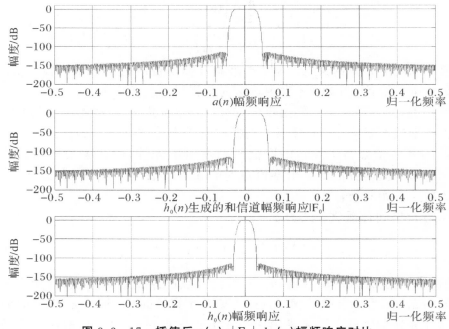

图 3.3-17　插值后 $a(n)$，$|F_0|$，$h_0(n)$ 幅频响应对比

图 3.3 - 16 表明插值很好地保持了 $h_0(n)$ 的连续性,图 3.3 - 17 表明插值确实大幅度地改善了 $h_0(n)$ 的频谱特性,同时对和信道滤波器的幅频特性并无影响。大量仿真结果表明,低通原型 $h_0(n)$ 的通带阻带性能与和信道低通原型 $a(n)$ 一致,仿真结果统计见附录 C。

另一方面,虽然求极限得到的是零值点上的准确值,而插值法得到的是估计值,但大量仿真结果表明,两种方法得到零值点上 $h_0(n)$ 的值非常接近,相差在 10^{-6} 以下,即使这个数量级与 $h_0(n)$ 的某些系数相近,这些系数对 $h_0(n)$ 的幅频特性贡献也非常小,这个差距对 $h_0(n)$ 的幅频特性影响也非常小,所以插值和求极限这两种方法得到的 $h_0(n)$ 性能相当。

还需要指出的是,窗函数法不是产生 $a(n)$ 的唯一方法,但无论用什么方法零值点问题都始终存在。也正是窗函数法产生的 $a(n)$ 在零值点处也为零,才使得式(3.3 - 22)中的分子、分母有着相同的变化规律,使得其商有着规则的形状,否则由于 $1/\cos\left(\dfrac{n\pi}{2D}\right)$ 的极不规则形状将导致很难得到图 3.3 - 16 所示那样平滑连续的 $h_0(n)$,其幅频特性更是与图 3.3 - 17 所示相去甚远。详细讨论见附录 B。

3. 设计步骤

综合上述几节的论述,低通原型滤波器 $h_0(n)$ 的设计分为以下几个步骤:

(1)根据实际需要确定划分的信道数 $2D$,以及低通原型滤波器的阶数 M [滤波器长度为 $(M+1)$],注意为避免陷波现象 M 应为 $2D$ 的偶数倍;

(2)用窗函数法产生 M 阶的和信道低通原型 $a(n)$,设计时 $a(n)$ 的归一化截止频率为 π/D,带宽为 $2\pi/D$,根据实际对信道滤波器的要求通过选择不同窗函数来调整过渡带宽度及通带阻带特性,并注意过渡带宽度小于 $\pi/2D$,当然也可以配合增大或减小阶数 M 来调整 $a(n)$ 的性能,但要注意 M 始终为 $2D$ 的偶数倍;

(3)设计出 $a(n)$,再利用式(3.3 - 22),即

$$h_0(n) = \frac{a(n)}{2\cos\left(\dfrac{n\pi}{2D}\right)} \quad (n = 0, \cdots, M)$$

计算出原型滤波器冲激响应 $h_0(n)$ 在非零值点上的取值,再利用式(3.3 - 27),即

$$h_0(n) = \sum_{i=n-\frac{D}{2}}^{n+\frac{D}{2}} h_0(i) \prod_{\substack{j=n-\frac{D}{2} \\ j \neq 1}}^{n+\frac{D}{2}} \frac{n-i}{i-j} \quad [n=(2k+1)D, k \text{ 为非负整数}]$$

估算出零值点处 $h_0(n)$ 的取值。也可以通过式(3.3 - 24),即

$$\lim_{n \to (2k+1)D} \frac{\sin\left[\dfrac{\pi}{D}\left(n-\dfrac{M}{2}\right)\right] W(n)}{2\pi\left(n-\dfrac{M}{2}\right)\cos\left(\dfrac{n\pi}{2D}\right)} =$$

$$\frac{W(n)}{\pi\left(n-\dfrac{M}{2}\right)}(-1)^{\frac{n-D}{2D}}\;[n=(2k+1)D,k\text{ 为非负整数}]$$

计算出零值点处 $h_0(n)$ 的取值,其中 $W(n)$ 为所选窗函数。

经过以上三步就得到了低通原型滤波器 $h_0(n)$。需要着重强调以下两点:

(1)划分信道数越大,各信道的通带越窄,组合出的和信道带宽分辨率越高,但随之带来的对原型滤波器的性能要求越高,导致原型滤波器的阶数增高从而增大运算量,所以信道数的划分要兼顾计算量;

(2)原型滤波器 $h_0(n)$ 由 $a(n)$ 推出,其滤波性能完全由 $a(n)$ 决定,所以 $a(n)$ 的设计是保证最终信道化滤波质量的关键。设计 $a(n)$ 时窗函数法并不是唯一的方法,本书也采用了频率取样法、等波纹逼近法、约束最小二乘法及余弦神经网络等方法设计 $a(n)$,但大量仿真结果证明窗函数法是相对最简单有效的方法,该方法目前已发展得非常成熟,相关参考资料非常多,这里不再赘述。

根据上述方法设计出低通原型,再调制出滤波器组,就可以高质量地实现图 3.3-1 所示的基于邻信道合并的非均匀信道化滤波。但是如果每个信道同时分别进行滤波计算,当划分信道数增多时调制滤波器组的计算量会变得相当大,耗费的硬件资源也会大大增加,因此必须解决调制滤波器组的高效实现问题。

3.3.5 基于 Windowed FFT 的高效实现结构

1. Windowed FFT 结构

基于 ACM 的非均匀信道化滤波主要计算量集中在调制滤波器组上,根据 3.2.1 节的论述复调制滤波器组可以用加窗 FFT 来高效实现,如图 3.3-18 所示。

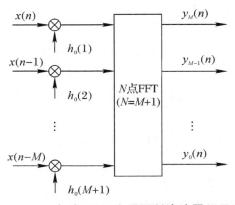

图 3.3-18　加窗 FFT 实现调制滤波器组示意图

其中，$h_0(n)$ 是用窗函数法（所用的窗函数首尾系数为零）设计出的低通滤波器。

然而，对于加窗 FFT 来说，窗（或者说低通原型）$h_0(n)$ 的长度与 FFT 的点数必须相同，而 FFT 输出的子信道数也与 FFT 的点数相同，也就是说，加窗 FFT 的低通原型 $h_0(n)$ 的长度与输出子信道数相同［若 $h_0(n)$ 的阶数为 M，FFT 的点数为 N，则有 $N = M+1$］，而根据 ACM 条件(1)，低通原型 $h_0(n)$ 的阶数（长度减 1）必须为划分信道数的偶数倍，因此加窗 FFT 不能保证的各相邻子信道输出可以随意合并以实现非均匀信道化。问题的关键在于低通原型 $h_0(n)$ 的长度与 FFT 输出的子信道数有着固定的关系，解除了这种关系也就能够设置不同低通原型阶数和 FFT 点数以满足 ACM 条件从而实现非均匀信道化。下一节将详细讨论此问题及其解决方法。

2. 频域抽取

要实现基于 ACM 的非均匀信道化，加窗 FFT 的输出子信道数和其低通原型 $h_0(n)$ 还必须满足 ACM 条件，这就产生了一个问题：ACM 条件(1)要求低通原型 $h_0(n)$ 的阶数 M 为调制滤波器组划分的信道数 $2D$ 的偶数倍，目的是避免邻信道合并时的陷波现象。而 N 点 FFT 有 N 个输出，也就是划分了 N 个信道，因此为了避免陷波现象，必须有 M 为 N 的偶数倍。另一方面，如前面所述 $N = M+1$，所以要使加窗 FFT 在邻信道合并时没有陷波现象，必须有 $(N-1)$ 为 N 的偶数倍，这显然是不可能的，不仅如此，当 N 较大时，$(N-1)/N \approx 1$，即 $(N-1)$ 约为 N 的奇数倍，因此用加窗 FFT 实现调制滤波器组，在邻信道合并时将必然出现陷波现象，且 N 越大陷波现象越严重。

为了解决这个问题，考虑作频域抽取[16]：在 FFT 的 N 个输出中做 m 倍抽取（N 能被 m 整除），即只取序号为 m 整数倍的子信道输出作为信道化输出，这就是所谓的频域抽取，此时将归一化频带 $0 \sim 2\pi$ 划分为 N/m 个信道，则 $h_0(n)$ 的阶数 M 与信道数的比值变为 Mm/N，但是由于 $N = M+1$ 的固定关系，使得比值仍然始终无法为偶数。因此必须解除低通原型阶数 M 与 FFT 点数 N 的这种固定关系才有可能使得比值为偶数。

再次考察式(3.2-4)，事实上，由于 M 阶滤波器 $h(n)$ 只在 $n = 0, \cdots, M$ 上有值，在其他点上为零，所以通过在 $h(n)$ 尾部补 a 个零，对式(3.2-4)可以做如下恒等变形：

$$y(n+1) \approx \sum_{j=0}^{M} x_n(j)h(M+1-j) = \sum_{j=0}^{M+a} x_n(j)h(M+a+1-j) \quad (3.3-28)$$

式中：a 为任意非负整数，$x_n(j) = x(n-M-a+j)$，且 $h(0)x_n(M+a) \to 0$。也就是说，信号 $x(n)$ 经过滤波器 $h(n)$ 与经过补零后的 $h(n)$ 滤波结果相同。

根据以上论述，令 $h_0(n)$ 为 M 阶低通原型，将其末尾补 a 个零，构造调制滤

波器组

$$h_k(n) = h_0(n)\mathrm{e}^{\mathrm{j}\frac{2\pi}{N}kn} \quad (N = M + a + 1, k = 0, \cdots, N-1, n = 0, \cdots, M)$$

$$(3.3-29)$$

根据式(3.3-28),信号 $x(n)$ 经过该调制滤波器组时第 k 个信道的滤波输出为

$$
\begin{aligned}
y_k(n) &= \sum_{i=0}^{M+a} x_{n-1}(i)h_k(N-i) = \sum_{i=0}^{M+a} x_{n-1}(i)h_0(N-i)\mathrm{e}^{\mathrm{j}\frac{2\pi}{N}k(N-i)} \\
&= \sum_{i=0}^{N-1} x_{n-1}(i)h_0(N-i)\mathrm{e}^{-\mathrm{j}\frac{2\pi}{N}ki}
\end{aligned}
\tag{3.3-30}
$$

式(3.3-30)实现的仍然是以 $h_0(n)$ 为低通原型的加窗 FFT,不过此时 $N = M+a+1$,由于 a 可为任意非负整数,所以解除了 $N = M+1$ 的固定关系。这样经过 m 倍频域抽取,$h_0(n)$ 的阶数 M 与信道数的比值变为

$$\frac{Mm}{N} = \frac{Mm}{M+a+1} \quad (m \text{ 为正整数,且 } N \text{ 能被 } m \text{ 整除,} a \text{ 为非负整数})$$

$$(3.3-31)$$

令上式结果为偶数则有

$$\frac{Mm}{M+a+1} = 2K \quad (K \text{ 为正整数})$$

推导出

$$M = \frac{2K(a+1)}{m-2K} \quad (K \text{ 为正整数,} m \text{ 为正整数,} a \text{ 为非负整数})$$

$$(3.3-32)$$

式中:M 不能为负数,所以 $m > 2K$,同时 m 是频域抽取倍数,所以 m 必须能够整除 $N(N = M+a+1)$。显然通过 K, m, a 的配置式(3.3-32)是有解的。例如取 $K=2, a=63, m=6$,则有 $M=128, N=192, N$ 能被 m 整除。

将 M, N, a, m, K 的关系总结为

$$
\left.
\begin{aligned}
&N = M + a + 1 \quad (a \text{ 为任意非负整数}) \\
&\frac{Mm}{N} = 2K \quad (K \text{ 为任意正整数,} m \text{ 为正整数,且 } m > 2K) \\
&N \text{ 能被 } m \text{ 整除,} \frac{N}{m} \text{ 是划分的信道数}
\end{aligned}
\right\}
\tag{3.3-33}
$$

这样就解决了 Mm/N 为偶数的问题。需要注意的是 K, a, m 分别控制加窗 FFT 的性能:K 越大 M 越大,低通原型 $h_0(n)$ 越长,其性能越好;a 越大 N 越大,作 FFT 的点数越多,计算量越大;m 越大频域抽取倍数越大,划分的信道数

越少，而 m 越小划分的信道数越少，则各信道滤波器的通带越窄，对低通原型的性能要求越高。所以对它们进行设置时要兼顾各方面性能。

这样通过对低通原型 $h_0(n)$ 末尾补零以及对 FFT 输出进行频域抽取，就解决了加窗 FFT 不满足 ACM 条件的问题，下面详细讨论频域抽取的具体实现。

对 N 点 FFT 作 m 倍频域抽取就是只取序号为 m 整数倍的信道输出结果，根据式（3.3 - 30）则有

$$y_{km}(n) = \sum_{i=0}^{N-1} x_{n-1}(i) h_0(N-i) e^{-j\frac{2\pi}{N}kmi} \quad \left(k=0,\cdots,\frac{N}{m}-1\right)$$

根据式（3.3 - 28）中设定的 $x_n(i)=x(n-M-a+i)$ 以及式（3.3 - 29）设定的 $N=M+a+1$，上式改写为

$$y_{km}(n) = \sum_{i=0}^{N-1} x(n-N+1+i) h_0(N-i) e^{-j\frac{2\pi}{N}kmi} \quad \left(k=0,\cdots,\frac{N}{m}-1\right)$$

$$(3.3-34)$$

直接实现其结构如图 3.3 - 19 所示。

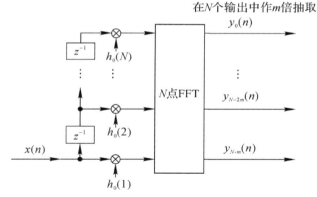

图 3.3 - 19　**频域抽取的直接实现**[$h_0(n)$ 为 M 阶低通原型，当 $n=M+1,\cdots,N$ 时 $h_0(n)=0$]

由于只需要序号为 m 整数倍的信道输出，所以有 $\left(N-\dfrac{N}{m}\right)$ 个信道的滤波计算是多余的，可以想办法去掉以减少计算量。

在式（3.3 - 32）中，令

$$x'(i)=x(n-N+1+i) h_0(N-i) \quad (i=0,\cdots,N-1) \qquad (3.3-35)$$

设 $\dfrac{N}{m}=N_0$，则有 $e^{-j\frac{2\pi}{N_0}ki}$，显然对于自变量 i，$e^{-j\frac{2\pi}{N_0}ki}$ 以 N_0 为周期，利用这个特点可以把 $x'(i)$ 分解成 m 组，即

$$y_{km}(n) = \sum_{i=0}^{m-1} \sum_{i'=0}^{N_0-1} x'(iN_0 + i') e^{-j\frac{2\pi}{N_0}ki'}$$

交换求和的顺序,有

$$y_{km}(n) = \sum_{i'=0}^{N_0-1} \left[\sum_{i=0}^{m-1} x'(iN_0 + i') \right] e^{-j\frac{2\pi}{N_0}ki'} \qquad (3.3-36)$$

根据式(3.3-36)输入数据 $x(n)$ 首先被加窗,窗函数为补零后的低通原型 $h_0(n)$(长度为 N),加窗后的数据每隔 m 点分成一组,共分为 N_0 组并分别求和,然后作 N_0 点 FFT,举例用框图说明其实现过程。取低通原型 $h_0(n)$ 长度 $M=12$,FFT 点数 $N=16$,抽取倍数 $m=4$,则 $N_0=4$,其实现框图如图 3.3-20 所示。

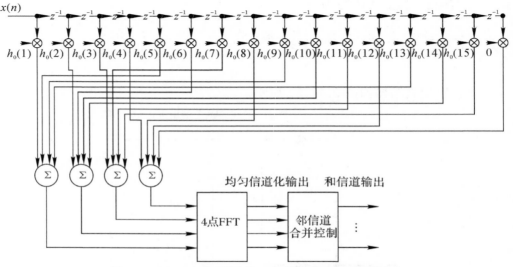

图 3.3-20　16 点 FFT 作 4 倍频域抽取的实现框图

与图 3.3-18 相比,图 3.3-19 只作了 N_0 点($N_0=N/m$)的 FFT,大幅度降低了计算量,现将频域抽取的作用总结如下:

(1)引入的频域抽取倍数 m,使得 $h_0(n)$ 的阶数 M 与划分信道数之比变为 $\dfrac{Mm}{N}$[$N=M+a+1$,a 为 $h_0(n)$ 末尾的补零数]为偶数成为可能,从而满足了邻信道合并条件;

(2)降低了对低通原型 $h_0(n)$ 带宽的要求。抽取前 N 点 FFT 输出 N 个信道,低通原型的设计带宽为 $2\pi/N$,过渡带小于 π/N,而抽取后 N 点 FFT 输出 N/m 个信道,低通原型的设计带宽增大为 $2m\pi/N$,过渡带小于 $m\pi/N$,在长度不变的情况下大大降低了对低通原型的带宽要求,从而便于设计出通带阻带性能及矩形系数更好的低通原型。

综上所述,在满足式(3.3 - 33)的前提下,可以用带 m 倍频域抽取的、以补零 $h_0(n)$ 为低通原型的 N 点加窗 FFT 来高效实现以 $h_0(n)$ 为低通原型调制滤波器组,其中 $h_0(n)$ 为满足 ACM 条件的 M 阶低通原型。

3.3.6　算法实现步骤

基于邻信道合并的非均匀信道化的实现主要由两部分组成:低通原型 $h_0(n)$ 的设计和以 $h_0(n)$ 为低通原型的、带频域抽取的加窗 FFT 的实现。详细步骤如下:

(1)根据实际需要确定划分的信道数 $2D$;

(2)根据实际需要确定和信道低通原型 $a(n)$ 的性能指标,其中归一化通带截止频率为 π/D,3 dB 带宽为 $2\pi/D$,并注意过渡带宽度小于 $\pi/2D$;

(3)根据指标要求用窗函数法产生 M 阶的和信道低通原型 $a(n)$,若采用 Kaiser 窗设计则 M 的初值可以根据下一节的表 3.3 - 1 中所示的过渡带与滤波器长度之间的关系得到,M 初值得到后根据阻带通带性能要求进行调整,并注意 M 须为 $2D$ 的整数倍;

(4)设计出 $a(n)$ 利用式(3.3 - 22)计算出原型滤波器冲激响应 $h_0(n)$ 在非零值点(零值点指 n 为 D 奇数倍的点)上的取值,再利用式(3.3 - 27)或式(3.3 - 24)估算出零值点处 $h_0(n)$ 的取值;

(5)确定频域抽取前的 FFT 点数 N,N 为信道数 $2D$ 的整数倍,注意 N 不能小于 $(M+1)$,但为了控制计算量 N 要尽量接近 $(M+1)$,另一方面,为了在 FFT 中使用蝶型结构[123]N 要为 2 的整数次幂,这就要求在第一步中将信道数 $2D$ 设置为 2 的整数次幂;

(6)确定频域抽取倍数 $m = N/2D$;

(7)对输入数据 $x(n)$ 加窗,窗函数为补零后的低通原型 $h_0(n)$(补零长度为 $N-M-1$);

(8)加窗后的数据每隔 m 点分成一组,共分为 $2D$ 组并分别求和;

(9)对 $2D$ 组求和结果作 $2D$ 点 FFT;

(10)根据各路信号带宽对 FFT 的 $2D$ 点输出进行邻信道合并。

注意:实信号在归一化频带 $0\sim2\pi$ 上有两个谱,一个主值一个镜像,主值处于 $0\sim\pi$,镜像处于 $\pi\sim2\pi$,邻信道合并时应将镜像频谱所占用的信道输出也一起合并才能得到实数输出,当然也可以只合并主主值所占用的信道然后取和信道输出的实部,但是这样输出幅度会有所降低。

实现框图如图 3.3 - 21 所示。

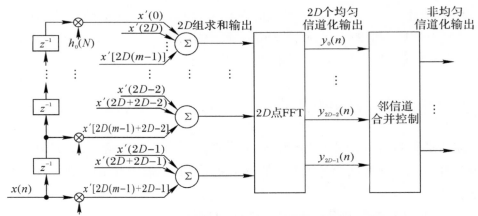

图 3.3 - 21　基于邻信道合并的非均匀信道化实现框图

其中,$x'(i) = x(n-N+1+i)h_0(N-i)$是各路数据与滤波器系数的乘积。邻信道合并控制主要是根据实际需要随时将任意相邻的两个或两个以上的信道输出相加,显然实时的组合变化可以实现动态的非均匀信道化,这是 DDC 和 TPFT 无法做到的。

3.3.7　性能分析

对于基于 ACM 的非均匀信道化方法的性能分析包括三个方面:信道化滤波性能、计算量和硬件效率(Silicon Efficiency)。

1.信道化滤波性能

信道化滤波性能包括以下五个方面:

(1)带宽分辨率。这里的带宽分辨率是指在信道过程中各信道带宽变化的最小步长。显然由于和信道均由相邻的子信道合并而成,而子信道滤波器又由低通原型调制而成,所以本书提出的基于邻信道合并的非均信道化方法的带宽分辨率为低通原型 $h_0(n)$ 的带宽。

(2)和信道滤波特性。由于和信道低通原型 $a(n)$ 使用窗函数法产生,所以和信道的滤波特性完全由选择的窗函数决定。若选择工程中常用的 Kaiser 窗,则其滤波特性见表 3.3 - 1。

表 3.3 - 1　Kaiser 窗性能[123]

β	过渡带	通带波纹/dB	阻带最小衰减/dB
2.120	$3.00\pi/N$	± 0.27	-30
4.538	$5.86\pi/N$	$\pm 0.027\,4$	-50

（续表）

β	过渡带	通带波纹/dB	阻带最小衰减/dB
6.764	$8.64\pi/N$	$\pm0.002\ 75$	-70
8.960	$11.4\pi/N$	$\pm0.000\ 275$	-90
10.056	$12.8\pi/N$	$\pm0.000\ 087$	-100

Kaiser 窗的表达式为

$$W(n)=\frac{I_0(\beta\sqrt{1-[1-2n/(N-1)]^2})}{I_0(\beta)}\quad(n=0,\cdots,N-1,N\ 为滤波器长度)$$

式中：$I_0(\cdot)$ 为第一类变形零阶贝塞尔函数；β 为窗函数的形状参数，可以自由选择，通常取 4～9。

表 3.3-1 可以看出，与其他窗函数一样，Kaiser 窗产生的滤波器其良好的通带阻带性能是以增加过渡带宽度为代价的。另一方面，窗函数法产生的滤波器不能精确地控制通带及阻带的截止频率，使得相同长度情况下窗函数产生滤波器的过渡带比频率取样法及切比雪夫等波纹逼近法要宽，这也是窗函数法的一个缺点。虽然如此，但和信道低通原型的设计只要求将过渡带控制在小于带宽的 1/4 的范围（参阅 3.3.4 节），满足这一条件窗函数法与其他方法需要的点数基本相当，举例见表 3.3-2。

表 3.3-2　实现过渡带为带宽 1/4 所需滤波器长度对比

滤波器产生方法	带宽 $\pi/8$		带宽 $\pi/16$		带宽 $\pi/64$	
	长度	阻带衰减	长度	阻带衰减	长度	阻带衰减
Kaiser 窗函数法	256 点	-90 dB	512 点	-90 dB	1 152 点	-90 dB
等波纹法	256 点	-110 dB	512 点	-110 dB	1 024 点	-90 dB
最小均方误差法	256 点	-100 dB	512 点	-100 dB	1 024 点	-85 dB

注：Kaiser 窗的 β 值取 9；以上数据由 Matlab 的 Filter Design & Analysis Tool 生成。因此，滤波器长度的问题在要求过渡带小于带宽的 1/4 的时候并不突出。

（3）低通原型滤波特性。根据 3.3.4 节的论述，低通原型 $h_0(n)$ 的通带阻带性能与和信道低通原型 $a(n)$ 一致，详见附录 C。

（4）各信道输出采样率。各信道输出采样率与输入数据采样率相同。

（5）各信道滤波群延迟。各信道的滤波群延时为 $M/2$ 个采样点。

与现有的非均匀信道化方法相比，本书提出的基于邻信道合并的非均匀信道化方法无论是其子信道的滤波性能还是其和信道的滤波性能都是良好的。设各方法采用的滤波器长度为 N，在归一化频带 0～2π 上划分信道数为 $2D$，则几种方法的滤波性能对比见表 3.3-3。

表 3.3 - 3　四种非均匀信道化方法的滤波性能对比

信道化方法	信道带宽设置及动态性能	信道滤波器设计	各信道滤波质量	各信道输出采样率	各信道滤波群延时
DDC[①]	设计时可任意设定各信道带宽，工作时不可变	各信道根据划分的信道带宽分别设计低通滤波器，可采用各种 FIR 滤波器设计方法	各信道相互独立，信道滤波质量取决于信道滤波器的设计	与输入数据采样率相同	N/2 个采样点
NPR[②]	低通原型的设计带宽必须为 π/D[⑤]，工作时各信道带宽以 π/D 为步长动态调整各信道带宽	利用传统方法产生低通 FIR 滤波器，然后通过迭代修改滤波器系数以逼近完全重构的条件[37]，滤波器通带阻带性能往往有所下降，迭代计算本身较为复杂，同时为了满足和信道通带平坦条件[38]，必须反复迭代测试，增大了低通原型的设计难度	由于低通原型设计时为近似重构，所以和信道输出存在一定程度的由于抽取、内插造成的混叠误差[16]，但提高低通原型的阻带衰减可以减小此误差	与输入数据采样率相同	大于 N/2 个采样点
TPFT[③]	各级输出信道带宽不同，最小信道带宽为 π/D，工作时不可变	与 DDC 相似，各信道单独设计滤波器，可采用各种 FIR 滤波器设计方法。由于各级上下变频后都进行半带滤波，所以各级也可采样相同的半带滤波器	信道滤波质量取决于各级信道滤波器的设计，但在整个频带上存在无法进行信道化滤波的盲区[34]	2 倍于输入数据采样率相同	各级输出群延时不同，级数越多群延时越大[34]
ACM[④]	低通原型的设计带宽必须为 π/D[⑤]，工作时各信道带宽可以 π/D 为步长动态调整各信道带宽	采用窗函数法设计低通原型，通带阻带性能良好，设计方便，和信道滤波性能与子信道滤波性能相当，不足是低通原型过渡带较宽，必须通过增加滤波器长度来降低过渡带宽度，但信道化对滤波器过渡带要求不高（1/2 低通原型带宽），所以设计时滤波器长度不会明显增加	子信道及和信道滤波质量基本相同，均取决于低通原型的设计	与输入数据采样率相同	$M/2$[⑥]

注：①DDC 数字下变频法；②基于 NPR 调制型多速率滤波器组的非均匀信道化方法；③Tuneable Pipelined Frequency Transform；④基于 ACM 的非均匀信道化方法；⑤$2D$ 为归一化频带 $0\sim2\pi$ 上划分的信道数；⑥M 为低通原型的阶数。

2. 计算量

如图 3.3 - 20 所示,该方法计算量主要集中在前半部的均匀信道化部分,即加窗 FFT,以单位时间需要进行的实数乘法次数(Real Multiplications Per Second, RMPS)为标准,设输入数据的采样率为 Rs,补零后 $h_0(n)$ 滤波器长度为 N,划分信道数为 $2D$,则加窗的运算量为 NRs RMPS,而 FFT 的运算量为(采用分裂基算法[128,139]实现)

$$\left[\frac{4}{3}\times2D\log_2 2D-\frac{38}{9}\times2D+6+(-1)\log_2 2D\cdot\frac{2}{9}\right]\text{RMPS}$$

合起来,ACM 的计算量约为

$$\Gamma_{\text{proposed}}=Rs\left[N+\frac{4}{3}\times2D\log_2 2D-\frac{38}{9}\times2D+6+(-1)\log_2 2D\cdot\frac{2}{9}\right]\text{RMPS}$$
$$(3.3-37)$$

设 Ne 为输入信号中包含的不同频段的信号数,即最后非均匀信道化有 Ne 个输出。显然 Ne 的大小只决定邻信道合并控制中的加法次数,对上述计算量没有影响。

下面与其他非均匀信道化方法计算量进行比较。

DDC 法各信道相互独立,所以输入信号中若包含 Ne 个不同频段的信号,就需要 Ne 个信道滤波器,若这些滤波器长度都为 N,则其计算量约为

$$\Gamma_{\text{DDC}}=4RsNeN \text{ RMPS}$$

文献[36]给出了基于 NPR 调制型多速率滤波器组的非均匀信道化方法的计算量估算公式

$$\Gamma_{\text{NPR}}=4Rs\left(m+\log_2 D+\frac{1}{D}\sum_{i\in\Omega}\hat{M}_i\log_2\hat{M}_i+\frac{m}{D}\sum_{i\in\Omega}\hat{M}_i\right)\text{RMPS}\quad(3.3-38)$$

式中:$\Omega\subset\{0,1,\cdots,Ne-1\}$,$\hat{M}_i=2^{\lceil\log_2 Mi\rceil-1}$,$Mi$ 为第 i 个信号所占的信道数；$\lceil\cdot\rceil$ 为取整；m 为滤波器长度与划分信道数的比值,$m=N/2D$。

$$\Gamma_{\text{NPR-worst}}=Rs(12m+8+12\log_2 D)\text{RMPS}\quad(3.3-39)$$

文献[34]并没有直接给出 TPFT 的计算量估算公式,但根据文献[33]及[34]的论述,TPFT 计算量与 DDC 计算量之比约为 $(\log_2 Ne)/Ne$,即

$$\Gamma_{\text{TPFT}}=RsN\log_2 Ne \text{ RMPS}\quad(3.3-40)$$

令滤波器长度 $N=512$,划分信道数 $2D=128$,则各方法计算量对比如图 3.3 - 22 所示。

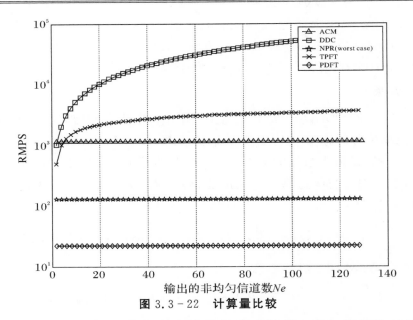

图 3.3 - 22   计算量比较

如图 3.3 - 22 所示,四种方法中计算量最少的是 NPR,其单位时间需要的实数乘法数量远小于 ACM。事实上,NPR 基于多速率滤波器组实现,包含分析滤波器组和综合滤波器组,其实现结构比 ACM 的加窗 FFT 复杂,之所以其 RMPS 少于 ACM 由于其实现结构中包含有时域抽取环节,抽取倍数为划分信道数的 1/2 即 D,这样利用多相滤波技术(包含多个不同长度的 PDFT 结构,其中分析滤波器组采用一个 D 倍抽取的 N 点 PDFT 实现其运算量见图 3.3 - 22)使得数据处理都以 1/D 倍采样率进行,所以使得 RMPS 较基本的滤波器组运算降低了 1/D,在上例中就是 1/64,当然其 RMPS 远小于其他方法。ACM 在运算量方面与 NPR 相比并不占优势。

但是一个算法的 RMPS 小并不一定表示其使用的乘法器少,也可能是器所有乘法其工作在较低的频率上,所以综合起来其单位时间进行的乘法运算较少(NPR 就属于这种情况)。另一方面,在硬件实现时不光有乘法器,加法、延迟、系数存储、本振、时序控制及逻辑控制等都要消耗硬件资源。因此,在实际硬件实现时 NPR 的硬件效率却远不及 ACM,这一点将在下面通过数据对比进行说明。

3. 硬件效率

ACM 的核心结构是一个加窗 FFT,随着 Pipelined FFT[141-143] 的提出和发展 FFT 已经具有了非常高的硬件效率,而加窗运算在 Pipelined 结构中只需要一个乘法器和若干系数存储单元就可以实现[143],这样 ACM 在硬件效率上与其他三种非均匀信道化方法相比有着非常明显的优势。

根据英国 RF Engines 公司发布的产品 datasheet 及 Xilinx 的官方网站公布的测试报告,可以获得的数据见表 3.3 - 4 和表 3.3 - 5。

表 3.3 - 4　DDC,PDFT,PFT 硬件资源消耗对比[140]

Filter Bank Type	No. of Bins	Bin Spacing kHz	Logic LUT's	RAM Bits	18bit Multipliers
Stacked DDC	256	400	317 498	436 224	N/A
	512	200	650 114	876 544	N/A
	1 024	100	1 336 754	1 761 280	N/A
Polyphase DFT(Radix2)	256	400	8 070	4 608	30
	512	200	9 169	4 793	34
	1 024	100	10 341	5 345	42
PFT(Radix2)	256	400	27 930	3 840	N/A
	512	200	32 270	6 529	N/A
	1 024	100	36 610	10 625	N/A

注:①Number of Bins 表示划分的信道数,Bin Spacing 表示各信道的间隔;②测试参数:各滤波阻带衰减为 100 dB;通带波纹为 0.1 dB;相邻信道滤波器过渡带重叠 75%;输入信号字长 14 bits;采样率为 102.4 MHz 两倍过采样;③采用芯片:Xilinx VirtexⅡ-6000,LUT's=67 584,RAM=18 432,18 bit Multipliers=144。

表 3.3 - 5　Pipelined FFT 与 Polyphase DFT 硬件资源消耗对比[144,145]

Polyphase DFT							
10 bit Input 16 bit Output	Xilinx Virtex2 150Ms/s complex			Altera Stratix 160 Ms/s complex			
Stages (Points)	CLB Slices	Multipliers	Block RAMs	LEs	ESBs		DSP Mults
					512s	4Ks	Mega	
1 024	5 366	44	22	8 313	14	20	0	88
2 048	5 879	47	39	9 005	11	29	0	94
4 096	6 275	50	64	9 683	12	94	0	100

Pipelined FFT							
12 bit Input 16 bit Output	Xilinx Virtex2 250Ms/s complex			Altera Stratix 280 Ms/s complex			
Stages (Points)	CLB Slices	Multipliers	Block RAMs	LEs	ESBs		DSP Mults
					512s	4Ks	Mega	
512	3 187	21	24	7 128	14	20	0	42
1 024	3 851	24	24	9 056	11	33	0	48
4 096	4 858	30	40	13 471	8	110	0	60
8 192	5 483	33	62	18 700	8	142	1	66

表 3.3 - 4 的数据表明 PDFT 的硬件资源消耗量要小于 DDC 和 PFT,而表 3.3 - 5 的数据表明在采样率高出约一倍的情况下实现相同点数的 PFFT 占用的硬件资源要比 PDFT 少得多。另一方面,PFFT 是 ACM 的核心结构,PDFT 是 NPR 的核心结构,PFT 是 TPFT 的核心结构,所以在这四种非均匀信道化方法中 ACM 的硬件资源消耗量最少(相同条件下要比其他三种方法少得多),且随着信道数的增加这种优势越明显。

硬件效率的对比还应考虑功耗,功耗与占用的硬件资源量和工作的频率有关。事实上 NPR 和 TPFT 的结构中只有核心部分工作在抽取后的频率上,其他辅助单元(如信号输入时用的延时器、信道合并时用的加法器及一级本振等)都工作在输入信号的采样频率或者更高的频率上,而抽取频率则通过分频得到,因此用单块 FPGA 实现时,芯片的工作频率并没有较没有时域抽取的 ACM 有所较低。另一方面,由于 ACM 占用的硬件资源量相对很少,所以综合起来在功耗上 ACM 与其他三种方法相比也是占有优势的。

综上所述,与现有的非均匀信道化方法相比,本书提出的基于 ACM 的非均匀信道化方法具有低通原型滤波器设计简单、子信道及和信道滤波性能良好、硬件效率高的特点,更能胜任复杂电磁环境下高速、多信道、大带宽的非均匀信道化要求。

3.3.8 仿真实例

仿真在 Matlab R2007b 环境下进行,仿真参数设置如下:

采样率:$f_s = 1$ Hz;划分信道数:$2D = 32$;

采用四种典型的雷达信号[14,147]进行仿真

输入信号 1:正弦信号。中心频率为 $1f_s/64$(处于两信道交界处);

输入信号 2:脉冲串。载波为正弦信号,中心频率为 $11f_s/32$,脉冲串为 13 位 Barker 码[146](循环调制),13 位 Barker 码为 $(1,1,1,1,1,-1,-1,1,1,-1,1,-1,1)$,占空比为 1:1,码速率为 $f_s/32$;

输入信号 3:线性调频信号 LFM。中心频率为 $7f_s/64$,宽为 $3f_s/32$,时宽取 $2\,048/f_s$;

输入信号 4:复正弦信号(有实部和虚部)。中心频率为 $17f_s/32$。

仿真分以下三步:

1. 产生输入信号

根据参数设置产生输入信号如图 3.3 - 23 所示。

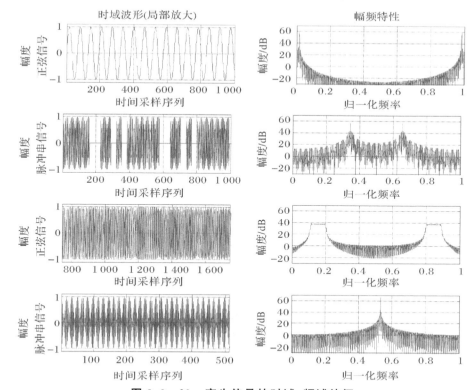

图 3.3 - 23　产生信号的时域、频域特征

可以看到第 4 个信号(复正弦信号)的幅频特性在 $0 \sim 2\pi$ 上没有镜像,且其频率处于实信号的镜像半轴内。

将 4 路信号和在一起,为了后续更好地与信道化效果对比,在各路信号合并之前先进行限制带宽的滤波(各路滤波器阶数相同为 512 阶)。经过滤波后各路信号时域、频域特征如图 3.3 - 24 所示。

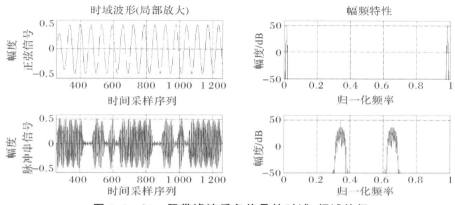

图 3.3 - 24　限带滤波后各信号的时域、频域特征

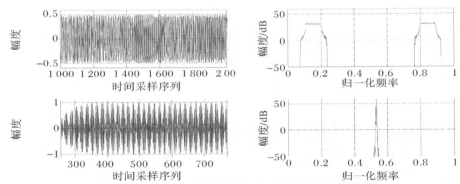

续图 3.3-24　限带滤波后各信号的时域、频域特征

将4路信号加在一起,其时域、频域特征如图3.3-25所示。

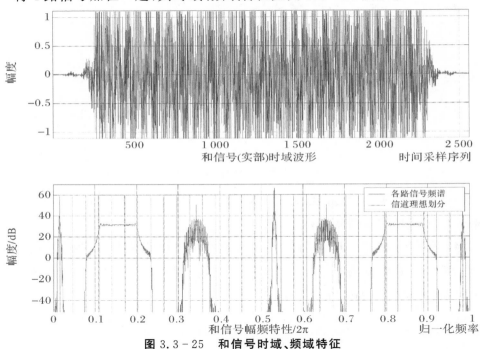

图 3.3-25　和信号时域、频域特征

可以看到,由于限带滤波各路信号产生了群延时(约256点),从和信号的幅频特性可以看到,各路信号占用信道的情况分别为:正弦信号占用第1,2,32信道;线性调频信号占用第3~9及25~31信道;调频脉冲串占用第11~13及21~23信道;复正弦信号占用第18信道。

2.产生低通原型滤波器

按照3.3.4节给出的方法设计出低通原型滤波器。设计带宽为 $f_s/32(0.031\,25f_s)$,过渡带小于 $f_s/64(0.015\,625f_s)$,阻带衰减大于 90 dB,采用 Kaiser 窗,β 值取 9,逆推时采用拉格朗日插值,得到低通原型滤波器 $h_0(n)$ 如图3.3-26所示。

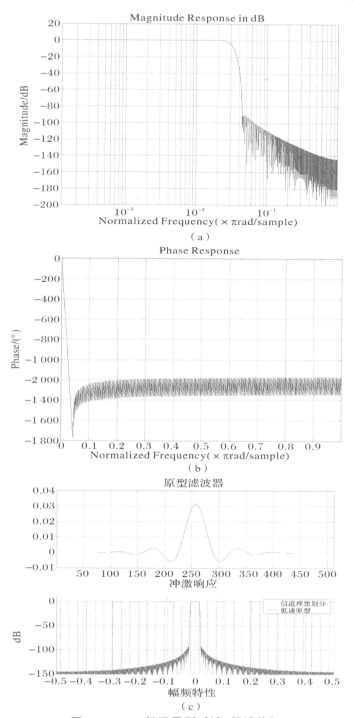

图 3.3 - 26　低通原型时域、频域特征

(a)幅频特性;(b)相频特性;(c)冲激响应及幅频响应与理想信道对比

如图 3.3-26 所示该低通原型为 448 阶（为 2D 的偶数倍）Ⅰ 型线性相位 FIR 滤波器，3 dB 带宽约为 $0.028\,90\,f_s$，过渡带宽约为 $0.008\,55\,f_s$，阻带最小衰减约为 -91 dB，通带最大波纹约为 3.8×10^{-4}，该低通原型满足信道化要求。

由此低通原型调制出 32 信道滤波器组的子信道滤波器及和信道滤波器幅频特性如图 3.3-27 所示。

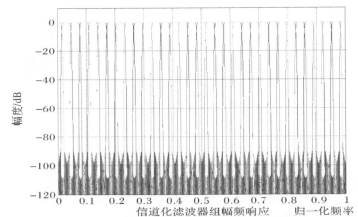

图 3.3-27　复调制滤波器组各子信道幅频特性

各和信道幅频特性如图 3.3-28 和图 3.3-29 所示。

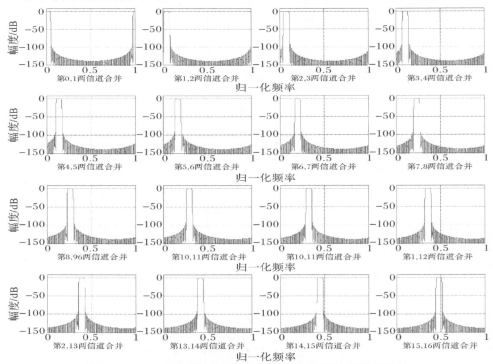

图 3.3-28　所有相邻两信道合并产生的和信道幅频特性

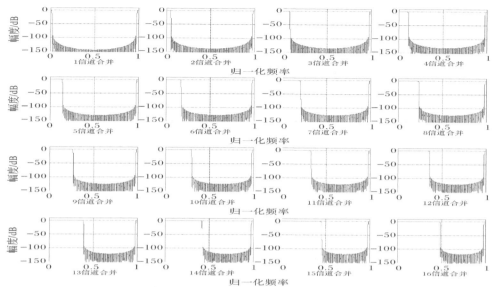

图 3.3-29 从第一个信道开始多信道合并后其和信道的幅频特性

限于篇幅并没有画出所有多信道合并的情况,它们性能相同。

3. 信道化滤波

首先确定频域抽取前 FFT 点数 N,N 为 $2D$ 的整数倍,且 $N > M + 1$,取 $N = 512$,将 $h_0(n)$ 末尾补零使其长度为 N,根据图 3.3-21 所示结构进行数据加窗重组。重组后进行 $2D$ 点 FFT,其 $2D$ 个输出即为均匀信道化输出,然后根据图 3.3-25 所示的各路信号带宽,确定邻信道合并方案如图 3.3-30 所示。

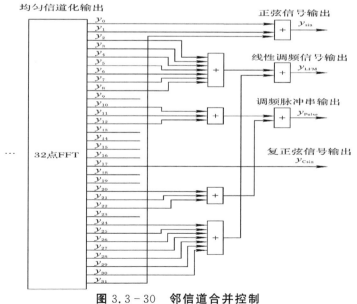

图 3.3-30 邻信道合并控制

各路和信道输出如图 3.3 - 31 所示。

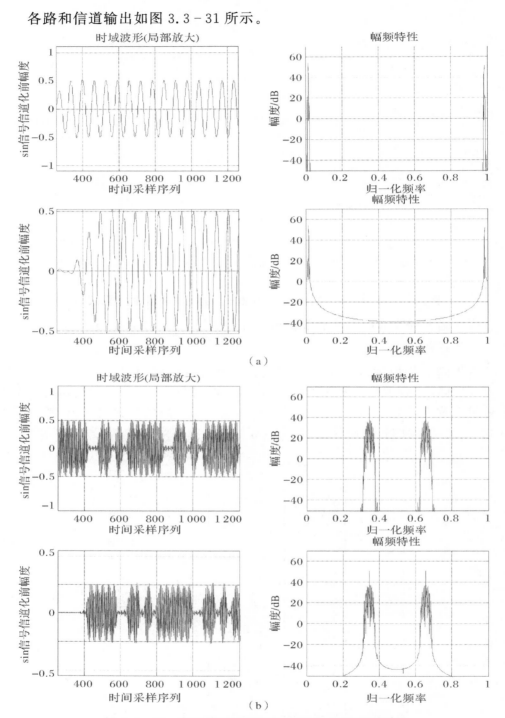

图 3.3 - 31　各路信号信道化前后时域、频域特征对比

(a)正弦信号信道化前后时域、频域特征对比;(b)调频脉冲串信号信道化前后时域、频域特征对比;

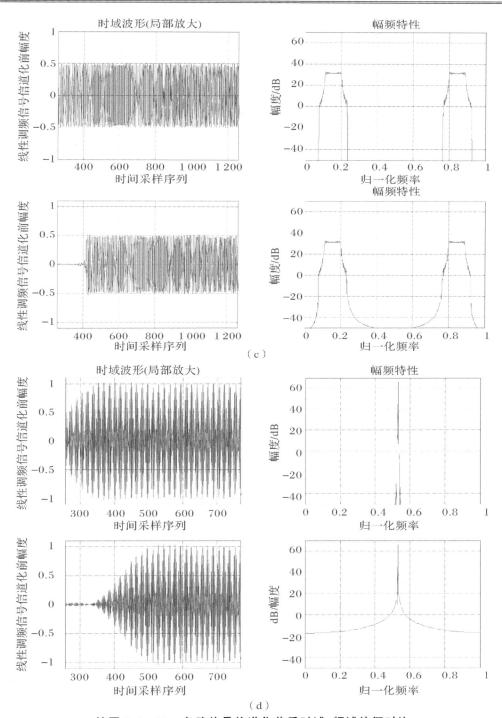

续图 3.3－31　各路信号信道化前后时域、频域特征对比

(c)线性调频信号信道化前后时域、频域特征对比；(d)复正弦信号信道化前后时域、频域特征对比

仿真结果表明,ACM 可以正确地从和信号(包含复信号)中分离出了各路信号,且无论是占用单个信道的信号,还是占用多个信道的信号,通过信道化滤波都以较高精度保留了其频域的主要信息,时域波形均产生了约 220 点延时,与3.3.7 节性能分析一致。

3.4　本章小结

本章分析解决了 Windowed FFT 的滤波误差问题,得到的主要结论如下:

(1)Windowed FFT 可以近似实现复调制滤波器组,第 n 时刻滤波输出的近似误差为 $h_0(0)x(n)$,即第 n 时刻 FFT 的滤波输出中缺少了 $h_0(0)x(n)$ 项,$x(n)$ 为第 n 时刻的输入数据;

(2)仿真结果表明,FFT 的滤波误差会导致信道话化输出的信号时域波形畸变以及影响和信道滤波器的通带平坦度,降低和信道滤波器的滤波性能;

(3)解决 Windowed FFT 滤波误差的方法很简单,就是设计低通原型时使其首末项尽可能接近于 0,或者直接在首末各补一个 0(这样会引起少量的冗余计算);

(4)除了上述的频率响应误差,FFT 滤波还存在相位超前现象,即 FFT 的滤波输出在时域上要比调制滤波器组本身的滤波输出超前一个采样周期,这种现象引起的误差随采样周期的增大而增大,在一些场合中会影响数据处理精度,解决的方法很简单,只需要在后续处理中扣除滤波延时时注意超前一个采样周期即可。

本章还提出了基于邻信道合并的非均匀信道化方法,主要结论及研究成果如下:

(1)为了保证和信道滤波性能,避免"陷波"现象,低通原型滤波器必须满足本书提出的 ACM 条件,即阶数 M 必须为划分信道数 $2D$ 的偶数倍以及满足式(3.3-15)和式(3.3-16);

(2)满足 ACM 条件的低通原型滤波器设计是一个多约束条件的 FIR 滤波器设计问题,包含对子信道低通原型滤波器的要求和和信道低通原型滤波器的要求,本书根据和信道低通原型滤波器与子信道低通原型滤波器之间的换算关系式(3.3-22),采取先设计满足条件的和信道低通原型再根据换算关系逆推出子信道低通原型滤波器的方法,很好地保证了和信道与子信道滤波性能的一致性(关于其一致性的仿真分析见附录 C);

(3)在用和信道低通原型逆推子信道低通原型时,存在零值点问题,即个别点上式(3.3-22)的分母为零,这些点的取值严重影响子信道的滤波性能,确定这些点上的取值可以采用拉格朗日插值或极限求解的方法(求解过程见附录 B),

无论采用哪种方法,其根本目的都是保证计算出的子信道低通原型滤波器 $h_0(n)$ 有着平滑的冲激响应;

(4)基于 ACM 的非均匀信道化算法核心结构是复调制滤波器组,为降低计算量其可以采用 Windowed FFT 来实现,但是 Windowed FFT 运算结构与 ACM 条件存在矛盾,归结起来就是 ACM 条件要求 Windowed FFT 的低通原型阶数 M 要为其输出信道数($M+1$)的偶数倍,为了解决此矛盾,本书采取了补零与频域抽取相结合的办法,其补零点数 a 和抽取倍数 m 满足式(3.3 – 33)即可;

(5)在 3.3.7 节中,对基于 ACM 的非均匀信道化算法的带宽分辨率、和信道滤波性能、和信道与子信道滤波性能一致性以及计算量等性能指标进行了大量的仿真分析,并与现有各非均匀信道化滤波算法进行了详细的对比,验证了该算法在计算量和带宽重组效率等方面的优越性;在 3.3.8 节通过一个仿真实例验证了该算法的有效性。

第 4 章　宽带多波束形成研究

4.1　引　　言

波束形成(Beam Forming,BF)的基本方法就是对阵列各阵元接收到的信号进行加权求和,根据权值设置的不同对不同方向入射的信号产生不同的增益,最终达到空域滤波的效果,在本书提出的雷达侦察接收机系统模型中波束形成用来实现信号的空域"稀释"。雷达侦察往往会遇到干扰、杂波和期望信号处在相同频带的情况,此时仅靠信道化滤波无法将信号和干扰、杂波区分开。考虑到期望信号和干扰、杂波通常是来自不同方向,此时借助波束形成器的空域滤波特性则可以方便地对各信号进行分离,所以波束形成技术是信道化技术适应复杂电磁环境的有效补充。

波束形成研究的核心就是通过设计不同的加权系数得到期望的波束响应。波束响应是一个关于信号入射角度和频率的二元函数,对于同一组加权系数,其波束响应除了随着信号空间入射角度的变化而变化以外,也会随着频率的变化而变化,最直观的表现为束宽随频率减小而展宽,因此当信号以非主轴方向入射时,其不同频率分量将得到不同的增益。当信号带宽大到一定程度时,这种波束响应随频率变化引起的频谱失真将不能被忽略(附录 D 从不变可加性的角度讨论带宽与这种频谱失真的关系),所以对于宽带波束形成器设计,保证其束宽的频率稳定性(即通常所说的恒定束宽问题)是核心问题。由一组加权系数实现恒定束宽理论上是不可能的,现有的宽带波束形成方法的核心思想就是将目标频带划分成若干个子带,每个子带通过一个窄带波束形成器,且各子带波束形成器的束宽及主轴指向相同,然后将各子带波束形成结果相加从而实现整个目标频带的波束形成。基于这个思想的方法存在一个统一的问题,就是其各组加权系数优化时只保证了各子带中心频率(本书称之为样本频点)的束宽恒定,而对这些样本频点之间的非样本频点的波束响应却未加限制,因此非样本频点的束宽稳定性是现有宽带波束形成器设计有待解决的一个问题。

　　数字多波束形成(Digital Multiple Beamforming)就是在一套阵列天线上通过加权系数设置同时形成多个波束指向,多波束形成可以实现空间多个方向入射信号的同时接收和分离。要使侦察接收机使用波束形成实现信号的空域稀释,则多波束形成是必然选择。多波束形成的基本方法就是一个波束指向使用一组波束形成加权系数,这种方法在需要形成的波束数较多时计算量较大,尤其是实现宽带的多波束形成这种方法产生的计算量无法适应雷达侦察快速反应的要求,利用一些快速运算结构降低计算量是多波束形成首要解决的问题。

　　本章首先对二阶锥规划(SOCP)在时域 FIR 宽带波束形成器系数优化中的应用进行了详细研究,并对其非样本频点上的恒定束宽问题进行了分析解决。另一方面,提出了基于 FFT 运算结构的宽带多波束形成的快速算法,并对该算法实现涉及的问题进行了分析解决。

4.2　波束形成的数学模型及空时等效性分析

4.2.1　窄带信号与宽带信号的定义

　　根据信号带宽的不同可将信号分为窄带信号和宽带信号,通常用以下两种标准来定义窄带信号,不满足条件的即为宽带信号。

1. 相对带宽

$$\frac{B}{f_c} \ll 1 \qquad\qquad (4.2-1)$$

式中:B 为信号的带宽;f_c 为信号的中心频率。定义 B/f_c 为相对带宽,当其满足上式时即为窄带信号,否则为宽带信号。这是窄带信号的直观定义,也是窄带信号可以有效地表示为其复解析形式的充分条件。一般情况下取 $B/f_c < 0.1$。

2. 相干距离

$$\frac{v}{B} \gg L \qquad\qquad (4.2-2)$$

式中:v 为信号空间传播速度;L 为阵列孔径。定义 v/B 为相干距离,当其满足上式时信号为窄带信号,而相对于该信号,阵列为相干阵,各阵元输出满足不变可加性。阵列信号处理中多用该标准。关于不变相加性的讨论见附录 D。

对于波束形成,窄带信号可以被等效为一个单频复正弦信号,而宽带信号则不能,这是区分窄带和宽带信号实际意义所在。

4.2.2　阵列接收信号的基本数学模型及性能参数分析

设空间分布有 M 个各向同性阵元组成基阵(见图 4.2-1),信号 $s(t)$ 以某角度入射到该阵,则相对于参考阵元 p_0,其他阵元将产生不同的时延。

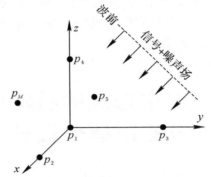

图 4.2-1　M 阵元基阵接收信号示意图

将各阵元接收到的信号加权相加,可得

$$y(t) = \sum_{i=1}^{M} s(t-\tau_i) W_i \qquad (4.2-3)$$

式中:W_i 为各阵元的加权系数;τ_i 为信号到达各阵元所产生的相对时延。对式(4.2-3)求傅里叶变换得到

$$Y(f) = \sum_{i=1}^{M} S(f) e^{-j2\pi f \tau_i} W_i = S(f) \sum_{i=1}^{M} e^{-j2\pi f \tau_i} W_i \qquad (4.2-4)$$

式中:$S(f)$ 为信号 $s(t)$ 的频谱。当阵元相对位置设计合理时,信号从不同角度入射将产生不同的时延组合 τ_i,波束形成就是设计一组加权系数使得式(4.2-4)对特定的时延组合(方向)产生最大增益,而对其他时延组合(方向)产生抑制,从而接收预期方向的信号,同时抑制其他方向的干扰和信号。这种效果与时域滤波类似,因此波束形成也称作空域滤波。

将基阵放入球坐标系中,具体分析时延与入射角度及阵元相对位置的关系,同时给出几个波束形成中常用的几个概念。

假设平面波点源信号从球面角 $\theta=(\vartheta,\varphi)$ 入射到基阵,其中 ϑ 与 φ 分别是 θ 的水平方位角与垂直俯仰角,如图 4.2-2 所示。

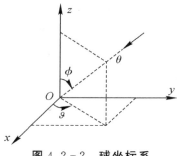

图 4.2 - 2　球坐标系

定义信号入射角度的单位向量为

$$\boldsymbol{I}(\theta) = -[\sin\varphi\cos\vartheta, \sin\varphi\sin\vartheta, \cos\varphi] \tag{4.2-5}$$

各阵元的三维坐标为

$$\boldsymbol{p}_m = [p_{xm}, p_{ym}, p_{zm}] \quad (m = 1, 2, 3, \cdots, M) \tag{4.2-6}$$

则信号到第 m 号阵元产生的时延为

$$\tau_m(\theta) = \boldsymbol{I}(\theta)\boldsymbol{p}_m^{\mathrm{T}}/v \quad (m = 1, 2, 3, \cdots, M) \tag{4.2-7}$$

式中:$(\cdot)^{\mathrm{T}}$ 表示转置;v 为信号空间传播速度。令

$$\boldsymbol{a}(f, \theta) = [\mathrm{e}^{-\mathrm{j}2\pi f\tau_1(\theta)}, \mathrm{e}^{-\mathrm{j}2\pi f\tau_2(\theta)}, \cdots, \mathrm{e}^{-\mathrm{j}2\pi f\tau_M(\theta)}] \tag{4.2-8}$$

$$\boldsymbol{W} = [W_1, W_2, W_3, \cdots, W_M] \tag{4.2-9}$$

$$P(f, \theta) = \sum_{i=1}^{M} \mathrm{e}^{-\mathrm{j}2\pi f\tau_i} W_i = a(f, \theta)\boldsymbol{W}^{\mathrm{T}} \tag{4.2-10}$$

式中:$\boldsymbol{a}(f, \theta)$ 称作阵列流形向量(Array Manifold Vector, AMV),$P(f, \theta)$ 称作波束响应,这样阵列输出可以表示为

$$Y(f) = S(f)P(f, \theta) \tag{4.2-11}$$

波束响应直接决定了阵列输出信号的质量,而波束响应由阵列流形和加权系数两个部分决定,其中阵列流形由阵列阵元排列的空间几何形状及各阵元的方向性决定,阵元排列确定后再设计加权系数来形成。为了便于设计加权系数,通常均匀地排列阵元,比如均匀线阵、圆阵、面阵等。其中均匀线阵是最为简单也是应用最为广泛的阵形,它是波束形成研究的基础,适合于均匀线阵的系数设计方法,通常可以方便地推广到其他均匀面阵,本书的所有研究都是基于均匀线阵的。现在对均匀线阵的数学模型加以说明。

均匀线阵(ULA)的阵元排列如图 4.2 - 3 所示。

如图 4.2 - 3 所示,均匀线阵的分析可以在二维坐标系中进行。

信号到第 m 号阵元产生的时延为

$$\tau_m(\theta) = (m-1)\tau \tag{4.2-12}$$

式中:$\tau = \dfrac{d\sin\theta}{v}$,$\theta \in [-90°, 90°]$ 或 $\theta \in \left[-\dfrac{\pi}{2}, \dfrac{\pi}{2}\right]$ 称为角度的主值区间,且相对

于法线,顺时针为正角度,逆时针为负角度。

阵列流形为

$$\boldsymbol{a}(f,\theta)=\left[1,\mathrm{e}^{-\mathrm{j}2\pi f\tau},\cdots,\mathrm{e}^{-\mathrm{j}2\pi f(M-1)\tau}\right] \qquad (4.2-13)$$

由于 $v=f\lambda$,所以有 $\tau=\dfrac{d\sin\theta}{f\lambda}$,代入式(4.2-13)中得到

$$\boldsymbol{a}(\lambda,\theta)=\left[1,\mathrm{e}^{-\mathrm{j}2\pi\frac{d\sin\theta}{\lambda}},\cdots,\mathrm{e}^{-\mathrm{j}2\pi(M-1)\frac{d\sin\theta}{\lambda}}\right] \qquad (4.2-14)$$

在均匀线阵波束形成中更多用到的是式(4.2-14)的形式。相应的波束响应为

$$P(\lambda,\theta)=\boldsymbol{a}(\lambda,\theta)\boldsymbol{W}^{\mathrm{T}}=\sum_{i=1}^{M}W_{i}\mathrm{e}^{-\mathrm{j}2\pi(i-1)\frac{d\sin\theta}{\lambda}} \qquad (4.2-15)$$

而均匀线阵的输出为

$$Y(f)=S(f)P(\lambda,\theta)=S(f)\sum_{i=1}^{M}W_{i}\mathrm{e}^{-\mathrm{j}2\pi(i-1)\frac{d\sin\theta}{\lambda}} \qquad (4.2-16)$$

这里要注意波束响应中的 λ 与信号频率响应中的 f 满足 $v=f\lambda$ 的关系。

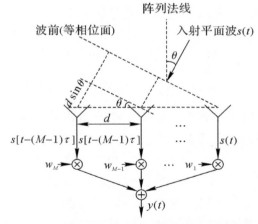

图4.2-3 均匀线阵(ULA)空间位置示意图

描述波束形成器的主要性能参数如下。

1. 波束图

波束响应是波束形成器对某方向某频率平面波信号的响应,它反映了波束形成器的空间响应特性。与时域滤波器的频率响应类似,波束响应也包括幅度和相位两部分。对于窄带波束形成,由于输入信号等效于一个单频复正弦信号,波束响应的相位特性不会引起信号时域波形的畸变,所以通常只考察其波束响应的幅度,也就是方向增益。波束图是波束响应幅度的图形表示,根据式(4.2-15)可知其有角度和波长(频率)两个宗量,在窄带情况下,通常只考察波束图关于角度的变化情况,即 $|P(\theta)|$,所以也称作波束形成的方向图。与时域滤波器的幅

频响应相同,波束图通常以 $20\lg|P(\theta)|$ 作图。

波束图描述了波束形成器的方向选择性(或者称作空间分辨率),它有几个基本性能指标,以均匀加权 ULA 阵的波束图为例,对这几个基本性能指标进行说明。

首先给出均匀加权 ULA 阵的波束响应幅度特性,将加权系数 $\boldsymbol{W}=[1,1,1,1,1,1,1,1]$ 代入式(4.2-15)可以得到

$$|P(\lambda,\theta)|=\sum_{i=1}^{M}\mathrm{e}^{-\mathrm{j}2\pi(i-1)\frac{d\sin\theta}{\lambda}}=\left|\frac{\sin[\pi dM\sin(\theta)/\lambda]}{\sin[\pi d\sin(\theta)/\lambda]}\right| \qquad (4.2-17)$$

取 $d=\lambda/2$,得到波束图 4.2-4。

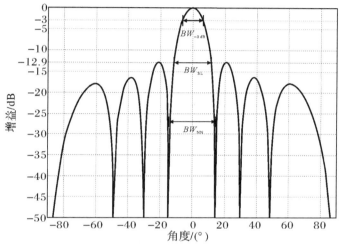

图 4.2-4　均匀加权 ULA 阵的波束图

在波束图中主峰值方向称作波束主轴方向(Main Response Axis,MRA)。在主轴两边与主轴最近的两零点(谷值)方位所夹部分称为波束主瓣。非主瓣所在的波束部分称为波束旁瓣。用对数表示的最高旁瓣值与期望方向主瓣值之差称为旁瓣级(Sidelobe Level)。在图 4.2-4 中旁瓣级大约为 -13 dB。

空间分辨率的一个决定性指标就是主瓣宽度,图 4.2-4 中显示了主瓣宽度的三种表示方法:

1)半功率束宽,也称作 -3 dB 带宽 $BW_{-3\,\text{dB}}$,即波束主瓣功率下降到 -3 dB 时的两方向间夹角;

2)旁瓣级束宽 BW_{SL},即波束主瓣功率下降到与旁瓣级相等时的两方向间夹角;

3)零点束宽 BW_{NN},即波束主瓣峰值左右第一次出现零点的两方向间夹角。

主瓣宽度越窄波束形成器的空间分辨率越好,旁瓣级越低波束形成器对其他方向的干扰与噪声抑制能力越强,理想的波束图类似冲激函数一样,只对期望

方向有增益,而对其他方向增益为零。其中主瓣宽度与旁瓣级是相互制约的,所以实际波束图设计时总是兼顾两方面性能取其折中。

2. 阵增益

阵增益不同于方向增益,其定义是波束输出信噪比 SNR_{out} 与输入信噪比 SNR_{in} 之比,即

$$G = \frac{SNR_{out}}{SNR_{in}}, \text{ 或 } G = 10\lg\frac{SNR_{out}}{SNR_{in}} \qquad (4.2-18)$$

在窄带情况下,阵增益有更为具体的表达式。将阵列流形向量记作 $\boldsymbol{a} = \boldsymbol{a}(f, \theta)$,并加入噪声,得到输入信号表达式为

$$\boldsymbol{x} = \boldsymbol{a}s(t) + \boldsymbol{n} \qquad (4.2-19)$$

设信号功率为 σ_s^2,噪声功率为 σ_n^2,则输入信号协方差矩阵为

$$\boldsymbol{R}_x = E\{\boldsymbol{x}^H\boldsymbol{x}\} = \sigma_s^2\boldsymbol{a}^H\boldsymbol{a} + \sigma_n^2\boldsymbol{\rho}_n \qquad (4.2-20)$$

式中:$\boldsymbol{\rho}_n$ 为归一化噪声协方差矩阵。

阵列输出的向量形式为

$$\boldsymbol{y} = \boldsymbol{W}\boldsymbol{x}^H = \boldsymbol{W}\boldsymbol{a}^Hs(t) + \boldsymbol{W}\boldsymbol{n}^H \qquad (4.2-21)$$

阵列输出的功率为

$$\sigma_y^2 = E\{yy^*\} = \boldsymbol{W}\boldsymbol{R}_x\boldsymbol{W}^H = \sigma_s^2\boldsymbol{W}\boldsymbol{a}^H\boldsymbol{a}\boldsymbol{W}^H + \sigma_n^2\boldsymbol{W}\boldsymbol{\rho}_n\boldsymbol{W}^H = \sigma_{ys}^2 + \sigma_{yn}^2 \quad (4.2-22)$$

式中:σ_{ys}^2 和 σ_{yn}^2 分别为阵列输出的信号功率和噪声功率,这样阵列输出的信噪比可以表示为

$$SNR_{out} = \frac{\sigma_{ys}^2}{\sigma_{yn}^2} = \frac{\sigma_s^2\boldsymbol{W}\boldsymbol{a}^H\boldsymbol{a}\boldsymbol{W}^H}{\sigma_n^2\boldsymbol{W}\boldsymbol{\rho}_n\boldsymbol{W}^H} = \frac{\sigma_s^2|\boldsymbol{W}\boldsymbol{a}^H|^2}{\sigma_n^2\boldsymbol{W}\boldsymbol{\rho}_n\boldsymbol{W}^H} \qquad (4.2-23)$$

而阵列输入信噪比为

$$SNR_{in} = \frac{\sigma_s^2}{\sigma_n^2} \qquad (4.2-24)$$

阵增益为

$$G = \frac{SNR_{out}}{SNR_{in}} = \frac{\sigma_n^2}{\sigma_s^2} \cdot \frac{\sigma_s^2|\boldsymbol{W}\boldsymbol{a}^H|^2}{\sigma_n^2\boldsymbol{W}\boldsymbol{\rho}_n\boldsymbol{W}^H} = \frac{|\boldsymbol{W}\boldsymbol{a}^H|^2}{\boldsymbol{W}\boldsymbol{\rho}_n\boldsymbol{W}^H} \qquad (4.2-25)$$

通常希望输出信号功率谱与输入信号功率谱相同,即 $\sigma_{ys}^2 = \sigma_s^2$,所以有

$$\sigma_s^2\boldsymbol{W}\boldsymbol{a}^H\boldsymbol{a}\boldsymbol{W}^H = \sigma_s^2 \qquad (4.2-26)$$

要使上式成立,必须有

$$|\boldsymbol{W}\boldsymbol{a}^H| = 1 \qquad (4.2-27)$$

在窄带情况下,主轴方向上有

$$\boldsymbol{W}\boldsymbol{a}^H = \sum_{i=1}^M w_i e^{j2\pi f_c\tau_i} e^{-j2\pi f_c\tau_i} = \sum_{i=1}^M w_i \qquad (4.2-28)$$

因此,要使信号无失真输出,加权系数中的幅度加权因子必须满足

$$\sum_{i=1}^{M} w_i = 1 \qquad (4.2-29)$$

即幅度加权因子必须归一化。另一方面,由于 $\|\boldsymbol{a}\|^2 = M$,所以有

$$|\boldsymbol{W}\boldsymbol{a}^{\mathrm{H}}|^2 \leqslant \|\boldsymbol{W}\|^2 \|\boldsymbol{a}\|^2 = M \|\boldsymbol{W}\|^2 \qquad (4.2-30)$$

进而有

$$\|\boldsymbol{W}\|^2 \geqslant \frac{1}{M} \Rightarrow \|\boldsymbol{w}\|^2 \geqslant \frac{1}{M} \qquad (4.2-31)$$

若噪声为空间白噪声,则有 $\boldsymbol{\rho}_n = \boldsymbol{I}$,此时阵增益为

$$G_W = \frac{|\boldsymbol{W}\boldsymbol{a}^{\mathrm{H}}|^2}{\boldsymbol{W}\boldsymbol{I}\boldsymbol{W}^{\mathrm{H}}} = \frac{1}{\|\boldsymbol{W}\|^2} \qquad (4.2-32)$$

称作白噪声阵增益(White Noise Array Gain)。又:

$$\|\boldsymbol{W}\|^2 = \boldsymbol{W}\boldsymbol{W}^{\mathrm{H}} = \sum_{i=1}^{M} w_i \mathrm{e}^{\mathrm{j}2\pi f_c \tau_i} w_i \mathrm{e}^{-\mathrm{j}2\pi f_c \tau_i} = \sum_{i=1}^{M} w_i^2 \qquad (4.2-33)$$

代入式(4.2-32)得

$$G_W = \frac{|\boldsymbol{W}\boldsymbol{a}^{\mathrm{H}}|^2}{\boldsymbol{W}\boldsymbol{I}\boldsymbol{W}^{\mathrm{H}}} = \frac{1}{\displaystyle\sum_{i=1}^{M} w_i^2} \qquad (4.2-34)$$

在本书的后续章节中,均以式(4.2-34)的对数形式来计算窄带情况下的白噪声阵增益,即 $10\lg G_W$。需要注意的是,式(4.2-34)计算的是当信号从波束图主轴方向入射时的阵增益,当信号非主轴方向入射时 $|\boldsymbol{W}\boldsymbol{a}^{\mathrm{H}}| < 1$,所以该式得到的是阵增益的最大值。

3. 稳健性

实际应用中,由于阵元相对位置标定误差以及接收通道幅相误差等,造成波束形成器的实际波束响应与设计波束响应存在偏差,最终导致空域滤波性能的下降。而设计出的波束形成器受这些误差影响的程度称之为波束形成器的稳健性。稳健性越好波束形成器的波束响应受这些误差的影响越小,反之越大,通常以灵敏度函数来表征波束形成器的稳健性。现在对这些误差对波束响应的影响进行推导并给出灵敏度函数的定义。

设阵元相对位置为 $\boldsymbol{p}_i$,标定误差为 $\Delta\boldsymbol{p}_i$,第 i 号阵元的实际位置为

$$\widetilde{\boldsymbol{p}}_i = \boldsymbol{p}_i + \Delta\boldsymbol{p}_i \qquad (4.2-35)$$

接收通道幅相误差可以纳入加权系数的幅相误差,令设计加权系数为 $W_i = w_i \mathrm{e}^{\mathrm{j}\varphi_i}$,幅度加权误差为 Δw_i,相位误差为 $\Delta\varphi_i$,则实际的加权系数为

$$\widetilde{W}_i = (w_i + \Delta w_i) \mathrm{e}^{\mathrm{j}(\varphi_i + \Delta\varphi_i)} \qquad (4.2-36)$$

假设 $\Delta \boldsymbol{p}_i$、Δw_i、$\Delta \varphi_i (i=1,2,3,\cdots,M)$ 是统计独立的零均值的高斯随机变量,且 Δw_i 的方差为 σ_w^2,$\Delta \varphi_i$ 的方差为 σ_φ^2,$\Delta \boldsymbol{p}_i$ 在 x,y,z 轴上的方差均为 σ_p^2,则根据式(4.2-5)到式(4.2-10),实际的波束响应为

$$\widetilde{P}(f,\theta) = \sum_{i=1}^{M} e^{-j\frac{2\pi \boldsymbol{I}(\theta)(\boldsymbol{p}_i+\Delta \boldsymbol{p}_i)^T}{\lambda}}(w_i+\Delta w_i)e^{j(\varphi_i+\Delta \varphi_i)} \qquad (4.2-37)$$

根据文献[152]的描述,当各误差方差较小时,实际波束响应的幅度平方期望可以写成

$$E\{|\widetilde{P}(f,\theta)|^2\} = |P(f,\theta)|^2 e^{-[\sigma_\varphi^2+(2\pi\sigma_p/\lambda)^2]} + \sum_{i=1}^{M} w_i^2[\sigma_w^2+\sigma_\varphi^2+(2\pi\sigma_p/\lambda)^2] \qquad (4.2-38)$$

定义灵敏度函数为

$$T_{se} = \sum_{i=1}^{M} w_i^2 = \|\boldsymbol{w}\|^2 \qquad (4.2-39)$$

代入式(4.2-38)得到

$$E\{|\widetilde{P}(f,\theta)|^2\} = |P(f,\theta)|^2 e^{-[\sigma_\varphi^2+(2\pi\sigma_p/\lambda)^2]} + \|\boldsymbol{w}\|^2[\sigma_w^2+\sigma_\varphi^2+(2\pi\sigma_p/\lambda)^2] \qquad (4.2-40)$$

上式分为两部分:第一部分为设计波束响应幅度平方乘以一个衰减因子,其影响是使各方位波束响应整体减小,但这并不影响阵增益。第二部分是灵敏度函数(加权系数的幅度加权因子范数)乘以各误差方差之和,其影响是波束旁瓣响应的期望值增加,对波束响应的性能影响较大。

从第二部分的结构可以看出,灵敏度函数越小,波束响应受误差影响越小,即稳健性越高。值得注意的是,灵敏度函数与白噪声阵增益成倒数关系,因此阵列在空间白噪声背景中的阵增益也可以用来检测波束形成的稳健性。

4.2.3　窄带波束优化的统一模型

根据前面的论述波束形成的主要性能指标包括主瓣宽度、旁瓣级、阵增益和稳健性等。这些性能指标是相互制约的关系,它们不可能同时达到最优,强调主瓣形状的波束形成称作期望主瓣波束形成,强调旁瓣级的波束形成称为旁瓣控制波束形成,而强调阵增益和稳健性的波束形成称为稳健波束形成。这些波束形成方法在追求某个性能指标同时无法精确控制其他性能指标,为了能够方便的在四个性能之间找到最佳折中解,文献[59]构造了多约束波束设计问题作为窄带波束形成的统一优化模型,即

$$\min \mu_p \quad (p=1,2,3,4) \qquad (4.2-41a)$$

s. t.

$$\| \boldsymbol{P}_d(\theta_{\mathrm{ML}}) - \boldsymbol{P}(\theta_{\mathrm{ML}}) \|_{q_1} \leqslant \mu_1 \qquad (4.2-41\mathrm{b})$$

$$\| \boldsymbol{P}(\theta_{\mathrm{SL}}) \|_{q_2} \leqslant \mu_2 \qquad (4.2-41\mathrm{c})$$

$$\boldsymbol{W}\boldsymbol{R}\boldsymbol{W}^H \leqslant \mu_3 \qquad (4.2-41\mathrm{d})$$

$$\| \boldsymbol{w} \|^2 \leqslant \mu_4 \qquad (4.2-41\mathrm{e})$$

式中：θ_{ML} 为主瓣区的角度采样值集合；$\boldsymbol{P}_d(\theta_{\mathrm{ML}})$ 为期望的主瓣区波束响应；θ_{SL} 为旁瓣区的角度采样值集合；$\boldsymbol{R}$ 为数据协方差矩阵。约束式(4.2-41b)用于控制波束主瓣响应，$q_1 = 1, 2$ 或 ∞，但最常见的是取 2，表示设计波束响应 $\boldsymbol{P}(\theta_{\mathrm{ML}})$ 以最小均方准则逼近期望波束响应 $\boldsymbol{P}_d(\theta_{\mathrm{ML}})$，若 $\mu_1 = 0$，则约束式(4.2-41b)退化为等式约束 $\boldsymbol{P}(\theta_{\mathrm{ML}}) = \boldsymbol{P}_d(\theta_{\mathrm{ML}})$。约束式(4.2-41c)用于控制旁瓣响应，$q_2 = 1, 2$ 或 ∞，比较常见的是取 ∞，表示约束旁瓣级对应的旁瓣级为 $20\lg\mu_2$ dB，若取则表示约束均方旁瓣。约束式(4.2-41d)用于控制波束输出功率。约束式(4.2-41e)通过控制波束加权向量范数提高稳健性，μ_4 设定得越小，波束形成器的稳健性越强。设计时 μ_p 在 $p = 1, 2, 3, 4$ 中任意选三个作为用户设定约束值，另外一个是优化目标，其中各约束值不能取得太小，否则可能造成优化问题无解。

　　这种多约束优化问题可以方便地转化为二阶锥规划来求解，但是在设定约束值时很可能造成优化问题无解的情况，为了避免这种情况，本书采用如下步骤来选取约束值。

　　(1)首先考虑在两个性能之间进行优化的问题，例如设定 μ_4，记作 $\mu_{4\mathrm{opt}}$，求解出 μ_2 的最小值 $\mu_{2\min}$，考察 $\mu_{2\min}$ 的满意程度，若满意则选定 $\mu_{2\min}$ 为 $\mu_{2\mathrm{opt}}$，若不满意选取一个满意值作为 $\mu_{2\mathrm{opt}}$，来求解 μ_4 的最小值 $\mu_{4\min}$，考察 $\mu_{4\min}$ 的满意程度，如此反复直到得到一组满意的折中解，记作 $\hat{\mu}_{2\mathrm{opt}}$ 和 $\hat{\mu}_{4\mathrm{opt}}$。

　　(2)增加一个约束，例如式(4.2-45b)，利用 $\hat{\mu}_{2\mathrm{opt}}$ 和 $\hat{\mu}_{4\mathrm{opt}}$，求解 μ_1 的最小值，记作 $\mu_{1\min}$，考察其满意程度，若满意，则选定 $\mu_{1\min}$ 为 $\mu_{1\mathrm{opt}}$，若不满意，选取一个较满意值作为 $\mu_{1\mathrm{opt}}$，固定 $\hat{\mu}_{2\mathrm{opt}}$ 和 $\hat{\mu}_{4\mathrm{opt}}$ 当中的一个，求解另一个值的最小值，再考察新的优化解的满意程度(这个过程可能造成无解，若无解，则增大其中一到两个，再计算)，如此反复直到得到一组满意的折中解 $\hat{\mu}_{1\mathrm{opt}}$、$\hat{\mu}_{2\mathrm{opt}}$ 和 $\hat{\mu}_{4\mathrm{opt}}$。

　　(3)再增加一个约束，重复此过程，直到得到四个性能之间的最佳折中解。

　　以上求解过程看起来复杂，实际中往往只需调整两到三次就能得到满意的折中解。需要说明的是，对于侦察信号，数据的协方差矩阵通常是未知的，只能通过谱估计方法近似得到，所以约束式(4.2-41d)很难得到确切的表达式，另一方面根据 4.1.3 节论述，μ_4 设定得越小波束形成器的白噪声阵增益也越高，所以约束式(4.2-41e)已经起到了控制阵增益的作用，因此本书在设计时只采用约束式(4.2-41b)、(4.2-41c)、(4.2-41e)。统一模型的设计实例见 3.4.3 节。

4.2.4　空时等效性分析

1.波束响应与时域滤波器频率响应的对应关系

ULA 的波束响应可以表示为

$$P(\lambda,\theta)=\sum_{i=0}^{M-1}W_i\mathrm{e}^{-\mathrm{j}2\pi\sin\theta\frac{id}{\lambda}}=\sum_{i=0}^{M-1}W_i\mathrm{e}^{-\mathrm{j}2\pi\frac{\sin\theta}{\lambda}id} \qquad (4.2-42)$$

式中:M 为阵元数;λ 为入射信号的波长;d 为阵元间距。

时域滤波器的离散傅里叶变换(DTFT)为

$$H(f)=\sum_{i=0}^{M-1}h(iT)\mathrm{e}^{-\mathrm{j}2\pi fiT} \qquad (4.2-43)$$

式中:T 为采样周期。事实上时域滤波器的系数不会随着信号采样周期变化而变化,即 $h(iT)=h(i)$,这样才能确保其在各种采样周期下都有相同的归一化滤波性能,所以时域滤波器的频谱可以表示为

$$H(f)=\sum_{i=0}^{M-1}h(i)\mathrm{e}^{-\mathrm{j}2\pi fiT} \qquad (4.2-44)$$

比较式(4.2-46)和式(2.3.1.3),可以得到对应关系为

$$W_i\leftrightarrow h(i),\frac{\sin\theta}{\lambda}\leftrightarrow f,d\leftrightarrow T \qquad (4.2-45)$$

对应的 $\frac{\sin\theta}{\lambda}$ 称之为入射信号的空间频率,阵元间距 d 称之为空间采样周期,$\frac{1}{d}$ 称之为空间采样频率。DTFT 得到的是 $h(i)$ 的频谱,波束响应得到 W_i 关于空间频率 $\frac{\sin\theta}{\lambda}$ 的谱,进而可以得到关于入射角 θ 的方向图。要使 W_i 在 $\theta\in\left[-\dfrac{\pi}{2},\dfrac{\pi}{2}\right]$ 上的方向图具有良好的方向选择性,等效于使 $h(i)$ 在采样周期为 T 的情况下,在 $f\in\left[-\dfrac{1}{\lambda},\dfrac{1}{\lambda}\right]$ 上的频谱具有良好的频率选择性,这就是波束形成中空时等效性的基本描述(见表 4.2-1)。

表 4.2-1　空时等效性对应关系[42]

时间	时间信号	时间采样	频率	离散傅里叶变换	频谱	频域滤波
空间	空间激励	空间采样	空间频率	空间离散傅里叶变换	阵列响应(方向图)	空域滤波

根据空时等效性,波束形成可以等效为时域滤波器的设计,因此时域滤波器设计中的很多方法都可以用来实现波束形成。例如,设入射信号波长 $\lambda=0.5\ \mathrm{m}$,

入射角度 $\theta=\pi/6$，8 元均匀线阵阵元间距 $d=0.25$ m，使该阵在入射方向上形成波束等效于在采样率 $1/d=10$ Hz 的情况下，构造一个长度为 8，中心频率为 $\dfrac{\sin\theta}{\lambda}=\dfrac{\sin\pi/6}{0.5}=1$ Hz 的时域滤波器。采用 Chebyshev 逼近法（等波纹逼近法），设计得到 FIR 低通滤波器 $h_o(i)$，然后将其调制到中心频率为 1 Hz 处，即 $h(i)=h_o(i)\mathrm{e}^{\mathrm{j}2\pi id}$。$h(i)$ 的频谱以及 W_i 的方向图如图 4.2-5 所示。

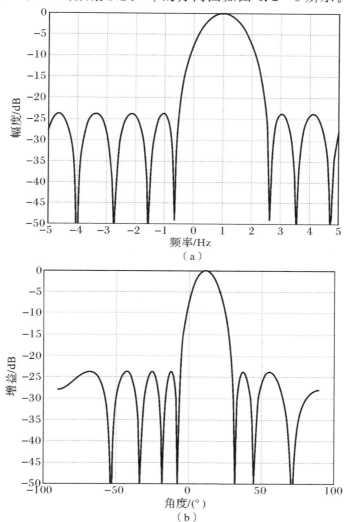

图 4.2-5　波束形成可以等效为时域滤波器设计示例

（a）$h(i)$ 的频谱；（b）W_i 的方向图

2. 空间采样定理

时间采样必须满足奈奎斯特采样定理，对应的空间采样必须满足空间采样定理:空间采样频率必须大于入射信号的最大空间频率的 2 倍,即 $\dfrac{1}{d} \geqslant \dfrac{2\sin\theta}{\lambda} \Leftrightarrow$

$d \leqslant \dfrac{\lambda}{2\sin\theta}$。否则就会在角度的主值区间 $[-90°, 90°]$ 上产生栅瓣进而造成角度模糊。现在对栅瓣产生的根本原因进行推导。

考察波束响应表达式(4.2-1),令 $A(\theta) = \pi\dfrac{2d\sin\theta}{\lambda}$,则有

$$P(\lambda,\theta) = \sum_{i=0}^{M-1} W_i \mathrm{e}^{-jiA(\theta)} \tag{4.2-46}$$

由于 $\sin\theta$ 在 $\left[-\dfrac{\pi}{2}, \dfrac{\pi}{2}\right]$ 上是单调递增且是奇对称的,所以 $A(\theta)$ 在 $\theta \in$ $\left[-\dfrac{\pi}{2}, \dfrac{\pi}{2}\right]$ 上也是单调递增且是奇对称的。对于 $\theta_o \in \left(0, \dfrac{\pi}{2}\right)$,当 $d = \dfrac{\lambda}{2\sin\theta_o}$ 时有 $\dfrac{2d\sin\theta_o}{\lambda} = 1$,进而有 $A(\theta_o) = \pi$,此时必然有

$$\begin{cases} A(\theta_o + \Delta\theta) = A(-\theta_o + \Delta\theta) + 2\pi \\ A(\theta_o - \Delta\theta) = A(-\theta_o - \Delta\theta) + 2\pi \end{cases} \quad \left(0 \leqslant \Delta\theta \leqslant \dfrac{\pi}{2} - \theta_o\right) \tag{4.2-47}$$

代入式(4.2-46)得到

$$\left.\begin{aligned}
P(\lambda, \theta_o + \Delta\theta) &= \sum_{i=0}^{M-1} W_i \mathrm{e}^{-jiA(\theta_o + \Delta\theta)} \\
&= \sum_{i=0}^{M-1} W_i \mathrm{e}^{-ji[A(-\theta_o + \Delta\theta) + 2\pi]} = \sum_{i=0}^{M-1} W_i \mathrm{e}^{-ji[A(-\theta_o + \Delta\theta)]} \\
&= P(\lambda, -\theta_o + \Delta\theta) \\
P(\lambda, \theta_o - \Delta\theta) &= \sum_{i=0}^{M-1} W_i \mathrm{e}^{-jiA(\theta_o - \Delta\theta)} \\
&= \sum_{i=0}^{M-1} W_i \mathrm{e}^{-ji[A(-\theta_o - \Delta\theta) + 2\pi]} = \sum_{i=0}^{M-1} W_i \mathrm{e}^{-ji[A(-\theta_o - \Delta\theta)]} \\
&= P(\lambda, -\theta_o - \Delta\theta)
\end{aligned}\right\} \tag{4.2-48}$$

也就是说 $P(\lambda,\theta)$ 在角度区间 $\left[-\dfrac{\pi}{2}, -\theta_o\right]$ 和 $\left[2\theta_o - \dfrac{\pi}{2}, \theta_o\right]$ 以及 $\left[-\theta_o, -2\theta_o + \dfrac{\pi}{2}\right]$

和 $\left[\theta_o, \dfrac{\pi}{2}\right]$ 分别形成了周期延拓,如图 4.2-6 所示。

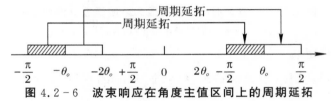

图 4.2-6　波束响应在角度主值区间上的周期延拓

合并相邻区域,得到 $P(\lambda,\theta)$ 在角度区间 $\left[2\theta_o - \dfrac{\pi}{2}, \dfrac{\pi}{2}\right]$ 上的取值与其在

$\left[-\dfrac{\pi}{2}, -2\theta_o + \dfrac{\pi}{2}\right]$ 上取值形成了周期延拓的关系,此时若 W_i 形成波束主瓣存在于两个区域中的任何一个都会在另一个区域产生周期延拓,即所谓的栅瓣,从而造成角度模糊,无法确定得到的信号其入射角度是哪一个主瓣指向的角度。当然,如果观察的角度限制在 $[-\theta_o, \theta_o]$ 内,也不会看见栅瓣,所以 $[-\theta_o, \theta_o]$ 为 $d = \dfrac{\lambda}{2\sin\theta_o}$ 时无模糊观察角度范围。不难证明当 d 增大时对应的无模糊角度范围会随之减小,反之则增大。

综上所述可以得到以下结论:$d \leqslant \dfrac{\lambda}{2\sin\theta_o}$ 时,波束响应 $P(\lambda,\theta)$ 在角度区间 $[-\theta_o, \theta_o]$ 上不会产生栅瓣;$d < \dfrac{\lambda}{2}$ 时,波束响应 $P(\lambda,\theta)$ 在角度主值区间 $\left[-\dfrac{\pi}{2}, \dfrac{\pi}{2}\right]$ 上均不不会产生栅瓣。这正是空间采样定理的内容。

进一步推导后得到如下定量计算的公式:

(1)阵列允许的无模糊入射角度区间为 $[-\theta_o, \theta_o]$,其中

$$\theta_o = \arcsin\left(\frac{\lambda}{2d}\right), 0 < \theta_o < \frac{\pi}{2} \tag{4.2-49}$$

(2)相邻栅瓣间距为

$$\Delta\theta = 2\theta_o \tag{4.2-50}$$

下面举例说明当空间采样定理未得到时产生栅瓣的情况,同时验证推论公式的正确性。将图 4.2 - 5 所示的示例中的阵元间距改为 $d = 2\lambda$,则其必然在主值区间上产生栅瓣,其无模糊入射角度区间约为 $[-14.5°, 14.5°]$。得到的方向图如下图 4.2 - 7 所示。

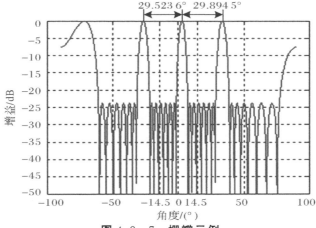

图 4.2 - 7　栅瓣示例

4.3 基于 SOCP 的宽带束形成器设计

4.3.1 宽带波束形成的基本方法

宽带信号不能像窄带信号那样等效成一个单频复正弦信号,所以式(4.2-19)中的频率(波长)不再是个固定的数,此时加权系数已不是一个复常数,而是一个频率响应函数。这个频率响应函数的幅度不随频率变化,相位随频率线性变化,采样形成快拍数据后,幅度控制可以由幅度加权因子来实现,线性相位可以由 FIR 滤波器来实现。所以宽带波束形成的基本方法如图 4.3-1 所示。

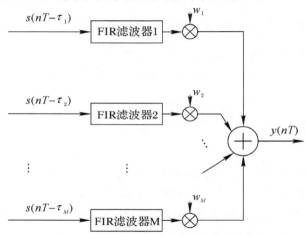

图 4.3-1　宽带波束形成器的基本结构

图中 T 为快拍采样周期,FIR 滤波器的频率响应为

$$H_i(f) = e^{j2\pi f \tau'_i} \quad (i=1,2,3,\cdots,M) \tag{4.3-1}$$

设 FIR 滤波器的系数为 $h_i(n)$,波束形成输出为

$$y(nT) = \sum_{i=1}^{M} w_i s(nT - \tau_i) * h_i(n) \tag{4.3-2}$$

输出频谱为

$$Y(f) = S(f) \sum_{i=1}^{M} w_i e^{-j2\pi f \tau_i} e^{j2\pi f \tau'_i} \tag{4.3-3}$$

阵列的波束响应为

$$P(f, \tau) = \sum_{i=1}^{M} w_i e^{-j2\pi f \tau_i} e^{j2\pi f \tau'_i} \tag{4.3-4}$$

波束的指向由 FIR 滤波器的群延时 τ_i' 决定,当 $\tau_i' = \tau_i$ 时得到最大输出。而波束图的主瓣宽度、旁瓣级等仍然由幅度加权因子 w_i 决定。

进一步给出 ULA 阵的宽带波束响应

$$P(\lambda,\theta) = \sum_{i=1}^{M} w_i \mathrm{e}^{-\mathrm{j}2\pi\frac{d\sin\theta}{\lambda}} \mathrm{e}^{\mathrm{j}2\pi\frac{d\sin\theta'}{\lambda}} \qquad (4.3-5)$$

式中:θ' 为阵列预设波束指向;λ 为取值包含信号带宽内所有频率对应的波长。

4.3.2　恒定束宽问题分析

当确定了预设的波束指向,FIR 滤波器的群延时也随之确定,其设计并不困难,所以宽带波束形成的核心与窄带波束形成一样仍然是幅度加权因子的设计。然而波束响应是个二元函数,其不仅随角度 θ 变化,还随频率 f(或波长 λ)变化,在窄带波束形成中信号等效为单频复正弦信号,其加权系数设计时将频率 f(或波长 λ)设为固定值,只考虑波束响应随角度 θ 变化的情况,而宽带波束形成则还要考虑波束响应随频率 f(或波长 λ)变化的情况。理想的波束形成应只具有方向选择性而不具有频率选择性,所以宽带波束响应应不随频率的变化而变化,即具有恒定束宽,这样才能保证在带宽内对信号各频率分量具有相同的增益,否则将造成信号频率信息的丢失,时域波形畸变。

以 ULA 阵为例考察波束响应随波长变化的情况。根据式(4.3-5)有

$$P(\lambda,\theta) = \sum_{i=1}^{M} w_i \mathrm{e}^{-\mathrm{j}2\pi\frac{(\sin\theta-\sin\theta')}{\lambda}id} \qquad (4.3-6)$$

根据空时等效性[式(4.2-4)],当空间采样间隔 d 确定,波长 λ 变化将会导致空间频率尺度的变化,因此当幅度加权因子确定后其形成的波束图必然会随着波长 λ 变化而拉伸或压缩,压缩时还可能出现栅瓣。图 4.3-2 所示为一个波束图随波长 λ 变化的实例。

图 4.3-2 表明,对于一组确定的幅度加权因子,波束主瓣宽度随着信号波长的增加而展宽,随着信号波长的减少而变窄,且当窄到 d/λ 不满足空间采样定理时就会产生栅瓣。当信号从波束主轴方向入射,即 $\theta=\theta'$ 时,波束响应的增益尚不随频率变化,但从主瓣内的其他角度入射时波束响应对不同频率分量将会产生不同的增益,从而最终导致信号波形的畸变。

理论上使得波束响应幅度不随频率变化的幅度加权因子是不存在的,所以通过设计一组确定的幅度加权因子来实现恒定带宽是不可能的,图 4.3-1 所示的基本结构是无法实现恒定束宽的宽带波束形成的。只能将宽带信号划分为若干子带,再针对每个子带分别进行窄带波束形成,为了保证对非主轴方向入射的

信号的各个子带有相同的增益,要求各窄带波束形成其有着相同(或允许误差范围内相近)的方向图,然后将各结果加起来近似地合成原来的宽带信号,目前已有的恒定束宽波束设计均基于这个思想。

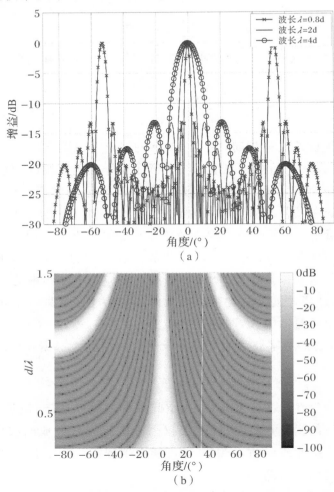

图 4.3-2　ULA 阵方向图随波长变化举例(16 阵元,加 Dolph-Chebyshev 窗)

(a)方向图;(b)波束灰度图

4.3.3　频域 DFT 宽带波束形成器

频域 DFT 宽带波束形成的基本思路是先利用 DFT 的滤波功能将宽带信号分割成若干子带,再分别对每个子带进行相同角度的窄带波束形成,然后将各窄带波束形成的结果加起来合成原来的宽带信号,基于上一节的讨论这是实现宽带波束形成最直接的方法,其实现框图如图 4.3-3 所示。

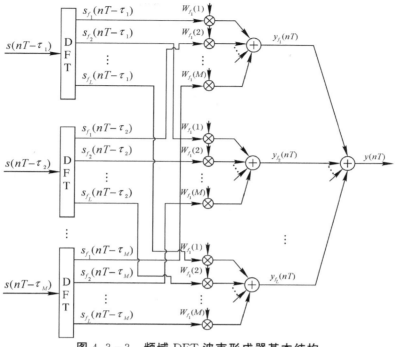

图 4.3 - 3　频域 DFT 波束形成器基本结构

图(4.3 - 3)中,阵元数目为 M,划分的子带数为 L,系统采样周期为 T。 $s_{f_i}(nT - \tau_j)$ 表示第 j 个阵元的第 i 个子带输出,$W_{f_i}(j)$ 表示针对第 i 个子带的窄带波束形成器的第 j 个加权系数,$y_{f_i}(nT)$ 表示第 i 个子带的窄带波束形成输出。选择 DFT 来分割子带是因为其具有快速算法 FFT,可以减少计算量。各量之间的数学关系为

$$s_{f_i}(nT - \tau_j) = \sum_{l=0}^{L-1} s\big[(n-l)T - \tau_j\big] e^{-j(i-1)\frac{2\pi}{L}(n-l)T}$$
$$(i = 1, 2, 3, \cdots, L; j = 1, 2, 3, \cdots, M) \qquad (4.3 - 7)$$

$$y_{f_i}(nT) = \sum_{j=1}^{M} s_{f_i}(nT - \tau_j) W_{f_i}(j) \qquad (i = 1, 2, 3, \cdots, L) \qquad (4.3 - 8)$$

$$y(nT) = \frac{1}{L} \sum_{i=1}^{L} y_{f_i}(nT) \qquad (4.3 - 9)$$

这种方法的核心工作有两个:①针对各子带中心频率设计窄带波束形成器,并使得每个窄带波束形成器都有相同或误差允许范围内相近的方向图;②尽可能提高 DFT 的滤波性能。子带波束形成器的设计通常可以利用各种误差逼近法使得各子带方向图向目标方向图逼近,这属于窄带波束形成器设计,目前已经发展得非常成熟,在文献[59]的第五章有非常详细的介绍,这里不再赘述。另一方面,为改善 DFT 的滤波性能可以在 DFT 之前对数据进行加窗,从而提高通带阻带特性,但是相邻子带滤波器之间过渡带造成的频率信息损失是始终无法避免的,

这将造成最后合成信号的波形畸变,同时用 DFT 来实现调制滤波器组本身还存在滤波误差及相位超前现象(相关分析可以参考非均匀信道化的有关章节),这也会影响其波束形成的质量。DFT 的滤波性能差是这种方法存在的主要缺点。

4.3.4　时域 FIR 宽带波束形成器

1.基本结构

考察图 4.3－3 中的阵元 1,其接收信号实际经过的处理流程如图 4.3－4 所示。

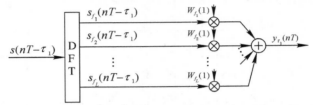

图 4.3－4　单个阵元(以阵元 1 为例)接收信号经过的处理流程

假设 DFT 实现的滤波器组具有理想的滤波性能,且各子带带宽均满足式(4.2－2)所示的窄带条件时,则 DFT 的各滤波输出可近似为信号在该滤波器中心频点上的频率分量,因此图 4.3－4 所示的处理流程等效于对信号的一组频率分量进行复加权求和,在频域里表示为

$$Y_{\tau_1}(f) = \sum_{i=1}^{L} S(f_i) W_{f_i}(1) \tag{4.3－10}$$

由于各频率分量之间没有频谱重叠,所以式(4.3－10)又等效于

$$Y_{\tau_1}(f_i) = S(f_i) W_{f_i}(1) \quad i=1,2,3,\cdots,L \tag{4.3－11}$$

此时设计一个 FIR 滤波器,使得它在频点 $f_i(i=1,2,3,\cdots,L)$ 处的频率响应为 $W_{f_i}(1)(i=1,2,3,\cdots,L)$,则式(4.3－11)可由信号通过此 FIR 滤波器来实现。这样波束形成器的结构如图 4.3－5 所示。

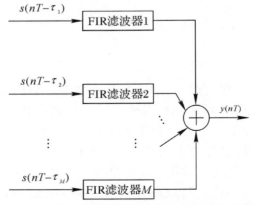

图 4.3－5　时域 FIR 宽带波束形成器基本结构

图 4.3－5 中 FIR 滤波器与图 4.3－1 中的 FIR 滤波器的作用是不同的,它是为了实现对应频点处的复加权,其频率响应具有的特征为

$$H_j(f_i) = W_{f_i}(j) \qquad (i=1,2,3,\cdots,L;j=1,2,3,\cdots,M) \quad (4.3-12)$$

理想的情况下,当划分的子带数 $L \to \infty$ 时,等效于分别对信号的每个频率分量进行窄带波束形成,只要每个窄带波束形成器具有相同方向图,则可以准确地实现恒定束宽的宽带波束形成。因此划分的子带数越多波束形成的误差越小,其误差主要来源于那些没有进行窄带波束形成的频点(在本书中称之为非针对频点),而误差的大小则由 FIR 滤波器在这些频点上的频率响应决定。

时域 FIR 宽带波束形成器没有对信号进行滤波分割的过程,所以其避免了由子带滤波器性能引起的误差,其误差主要由图 4.3－5 中的 FIR 滤波器在非针对频点上的频率响应决定,这个误差实际上等效于窄带波束形成本身的近似误差(见附录),子带带宽越窄这个误差越小。但是必须注意子带带宽越窄意味着划分子带数越多,其带来的代价就是对应的窄带波束形成器越多,FIR 滤波器的阶数越高,最终导致计算量增加,消耗的软硬件资源增加。

2. 分步设计法

设计时域 FIR 宽带波束形成器最直接的方法就是分布设计法,即首先针对各子带中心频率设计相应的具有恒定束宽的窄带波束形成器,然后分别设计具有式(4.3－12)频率响应特征的 FIR 滤波器。具体步骤如下:

(1) 确定目标频带,并在目标频带内划分子带(可不均匀划分);

(2) 确定期望波束响应 $\boldsymbol{P}_d(\theta_{\mathrm{ML}})$(通常采用 Dolph － Chebyshev 加权来设计期望波束),然后针对各子带中心频率,利用式(4.2－45)的优化模型设计各窄带波束形成器,设计时根据实际要求确定优化指标 μ_p;

(3) 得到各窄带波束形成器的加权系数后,根据式(4.3－12)确定各 FIR 滤波器的频率响应特征,根据此特征设计各 FIR 滤波器,设计时注意 FIR 滤波器的通带应与目标频带一致。其中各子带波束形成器和各 FIR 滤波器的设计都可以转换成二阶锥规划问题(Second-order Cone Programming)[155],然后利用 Sturm 开发的 Matlab 工具箱 Sedumi[156] 快速获得最优解。

4.3.5　基于 SOCP 的稳健旁瓣控制主瓣最小误差逼近波束设计

Dolph － Chebyshev 加权可以实现给定束宽的波束响应,可以用来设计各子带波束形成器,但是仿真结果表明,在不同的阵元间距与波长比 (d/λ) 下,其束

宽的恒定性并不理想,且除束宽以外其他性能也难以控制。为了使得各子带波束形成器有相同的束宽同时又兼顾其他性能指标(旁瓣级、稳健性等),一种方便有效的方法就是采用式(4.2-45)的统一优化模型,以相同的期望响应及参数进行波束设计。

所谓稳健旁瓣控制主瓣最小误差逼近是指在给定旁瓣级 μ_2 和系数范数上界 μ_4 的情况下使主瓣逼近期望波束的误差最小,这是一种各方面性能兼顾的约束方案,用式(4.2-45)的统一优化模型表示为(不考虑条件 d,相关讨论见 4.1.4 节)

$$\min\mu_1 \tag{4.3-13a}$$

s. t.

$$\| \boldsymbol{P}_d(\theta_{\mathrm{ML}}) - \boldsymbol{P}(\theta_{\mathrm{ML}}) \|_{q_1} \leqslant \mu_1 \tag{4.3-13b}$$

$$\| \boldsymbol{P}(\theta_{\mathrm{SL}}) \|_{q_2} \leqslant \mu_2 \tag{4.3-13c}$$

$$\| \boldsymbol{w} \|^2 \leqslant \mu_4 \tag{4.3-13e}$$

SOCP 是一种二阶锥约束下的凸规划,该类问题可以方便用 Sedumi 函数求得最优解,把多约束的波束优化问题转换成 SOCP 形式然后用 Sedumi 求解是目前最常用的波束优化方法。

取 $q_1=q_2=2$,令 $\mu'_4=\sqrt{\mu_4}$,则可以将式(4.3-13b)、(4.3-13c)、(4.3-13e)约束表示为二阶锥

$$\begin{bmatrix} \mu_1 \\ \boldsymbol{P}_d^{\mathrm{T}}(\theta_{\mathrm{ML}}) - \boldsymbol{P}^{\mathrm{T}}(\theta_{\mathrm{ML}}) \end{bmatrix} \in \boldsymbol{Q}\mathrm{cone}_1^{l_1} \tag{4.3-14b}$$

$$\begin{bmatrix} \mu_2 \\ \boldsymbol{P}^{\mathrm{T}}(\theta_{\mathrm{SL}}) \end{bmatrix} \in \boldsymbol{Q}\mathrm{cone}_2^{l_2} \tag{4.3-14c}$$

$$\begin{bmatrix} \mu'_4 \\ \boldsymbol{w}^{\mathrm{T}} \end{bmatrix} \in \boldsymbol{Q}\mathrm{cone}_4^{l_4} \tag{4.3-14d}$$

式中:$Q\mathrm{cone}_i^l$ 表示 l 维复数空间 $\boldsymbol{C}^{l\times1}$ 的二阶锥,定义为

$$Q\mathrm{cone}_i^l \triangleq \left\{ \begin{bmatrix} t \\ \boldsymbol{x} \end{bmatrix} \middle| t\in\mathbf{R}, \boldsymbol{x}\in\boldsymbol{C}^{(l-1)\times1}, \| \boldsymbol{x} \|\leqslant t \right\} \tag{4.3-15}$$

式中:i 为二阶锥的序号;$\mathbf{R}$ 为实数集。$l_1=\mathrm{ML}+1,l_2=\mathrm{SL}+1,l_4=M+1$,ML 为主瓣区角度采样个数;SL 为旁瓣区角度采样个数;M 为加权系数个数(阵元个数);θ_{ML} 为主瓣区角度采样集合;θ_{SL} 为旁瓣区角度采样集合;$\boldsymbol{P}_d(\theta_{\mathrm{ML}})$ 为期望波束响应在主瓣区的采样值,是一个 ML×1 维的列向量。令

$$\boldsymbol{y}=[\mu_1 \ \boldsymbol{w}] \tag{4.3-16}$$

为优化变量,其中 $\boldsymbol{w}$ 是窄带波束形成器加权系数的幅度加权因子向量,其维数为 M。

$$\boldsymbol{b}=\begin{bmatrix} 1 & \boldsymbol{0}^{1\times M} \end{bmatrix} \tag{4.3-17}$$

$$\boldsymbol{e}(\lambda,\theta_o)=\begin{bmatrix} 1,\mathrm{e}^{\mathrm{j}2\pi\frac{d\sin\theta_o}{\lambda}},\mathrm{e}^{\mathrm{j}2\pi2\frac{d\sin\theta_o}{\lambda}},\cdots,\mathrm{e}^{\mathrm{j}2\pi(M-1)\frac{d\sin\theta_o}{\lambda}} \end{bmatrix} \tag{4.3-18}$$

为加权系数的导向因子向量,θ_o 为波束指向;

$$\boldsymbol{W}=\boldsymbol{e}(\lambda,\theta_o).\times\boldsymbol{w} \tag{4.3-19}$$

为加权系数向量,.×表示点乘,即对应元素相乘;

$$\boldsymbol{a}(\lambda,\theta)=\begin{bmatrix} 1,\mathrm{e}^{-\mathrm{j}2\pi\frac{d\sin\theta}{\lambda}},\mathrm{e}^{-\mathrm{j}2\pi2\frac{d\sin\theta}{\lambda}},\cdots,\mathrm{e}^{-\mathrm{j}2\pi(M-1)\frac{d\sin\theta}{\lambda}} \end{bmatrix} \tag{4.3-20}$$

为阵列流形向量,则有

$$\boldsymbol{a}^{\mathrm{ML}\times M}=\begin{bmatrix} \boldsymbol{a}(\lambda,\theta_1) \\ \boldsymbol{a}(\lambda,\theta_2) \\ \vdots \\ \boldsymbol{a}(\lambda,\theta_{\mathrm{ML}}) \end{bmatrix}=\begin{bmatrix} 1,\mathrm{e}^{-\mathrm{j}2\pi\frac{d\sin\theta_1}{\lambda}},\mathrm{e}^{-\mathrm{j}2\pi2\frac{d\sin\theta_1}{\lambda}},\cdots,\mathrm{e}^{-\mathrm{j}2\pi(M-1)\frac{d\sin\theta_1}{\lambda}} \\ 1,\mathrm{e}^{-\mathrm{j}2\pi\frac{d\sin\theta_2}{\lambda}},\mathrm{e}^{-\mathrm{j}2\pi2\frac{d\sin\theta_2}{\lambda}},\cdots,\mathrm{e}^{-\mathrm{j}2\pi(M-1)\frac{d\sin\theta_2}{\lambda}} \\ \vdots \\ 1,\mathrm{e}^{-\mathrm{j}2\pi\frac{d\sin\theta_{\mathrm{ML}}}{\lambda}},\mathrm{e}^{-\mathrm{j}2\pi2\frac{d\sin\theta_{\mathrm{ML}}}{\lambda}},\cdots,\mathrm{e}^{-\mathrm{j}2\pi(M-1)\frac{d\sin\theta_{\mathrm{ML}}}{\lambda}} \end{bmatrix} \tag{4.3-21}$$

为主瓣区阵列流形矩阵,$\theta_m\in\theta_{\mathrm{ML}}$,$m=1,2,3,\cdots,\mathrm{ML}$;

$$\boldsymbol{a}^{\mathrm{SL}\times M}=\begin{bmatrix} \boldsymbol{a}(\lambda,\theta_1) \\ \boldsymbol{a}(\lambda,\theta_2) \\ \vdots \\ \boldsymbol{a}(\lambda,\theta_{\mathrm{SL}}) \end{bmatrix}=\begin{bmatrix} 1,\mathrm{e}^{-\mathrm{j}2\pi\frac{d\sin\theta_1}{\lambda}},\mathrm{e}^{-\mathrm{j}2\pi2\frac{d\sin\theta_1}{\lambda}},\cdots,\mathrm{e}^{-\mathrm{j}2\pi(M-1)\frac{d\sin\theta_1}{\lambda}} \\ 1,\mathrm{e}^{-\mathrm{j}2\pi\frac{d\sin\theta_2}{\lambda}},\mathrm{e}^{-\mathrm{j}2\pi2\frac{d\sin\theta_2}{\lambda}},\cdots,\mathrm{e}^{-\mathrm{j}2\pi(M-1)\frac{d\sin\theta_2}{\lambda}} \\ \vdots \\ 1,\mathrm{e}^{-\mathrm{j}2\pi\frac{d\sin\theta_{\mathrm{SL}}}{\lambda}},\mathrm{e}^{-\mathrm{j}2\pi2\frac{d\sin\theta_{\mathrm{SL}}}{\lambda}},\cdots,\mathrm{e}^{-\mathrm{j}2\pi(M-1)\frac{d\sin\theta_{\mathrm{SL}}}{\lambda}} \end{bmatrix} \tag{4.3-22}$$

为旁瓣区阵列流形矩阵,$\theta_s\in\theta_{\mathrm{SL}}$,$s=1,2,3,\cdots,\mathrm{SL}$;

$$\boldsymbol{P}(\theta_{\mathrm{ML}})=\boldsymbol{a}^{\mathrm{ML}\times M}\boldsymbol{W}^{\mathrm{T}}=\begin{bmatrix} \boldsymbol{a}(\lambda,\theta_1).\times\boldsymbol{e}(\lambda,\theta_o) \\ \boldsymbol{a}(\lambda,\theta_2).\times\boldsymbol{e}(\lambda,\theta_o) \\ \vdots \\ \boldsymbol{a}(\lambda,\theta_{\mathrm{ML}}).\times\boldsymbol{e}(\lambda,\theta_o) \end{bmatrix}\boldsymbol{w}^{\mathrm{T}}=A_1^{\mathrm{ML}\times M}\boldsymbol{w}^{\mathrm{T}} \tag{4.3-23}$$

为主瓣区波束响应,它是一个 ML×1 维的列向量;

$$\boldsymbol{P}(\theta_{\mathrm{SL}})=\boldsymbol{a}^{\mathrm{SL}\times M}\boldsymbol{W}^{\mathrm{T}}=\begin{bmatrix} \boldsymbol{a}(\lambda,\theta_1).\times\boldsymbol{e}(\lambda,\theta_o) \\ \boldsymbol{a}(\lambda,\theta_2).\times\boldsymbol{e}(\lambda,\theta_o) \\ \vdots \\ \boldsymbol{a}(\lambda,\theta_{\mathrm{SL}}).\times\boldsymbol{e}(\lambda,\theta_o) \end{bmatrix}\boldsymbol{w}^{\mathrm{T}}=A_2^{\mathrm{SL}\times M}\boldsymbol{w}^{\mathrm{T}} \tag{4.3-24}$$

为旁瓣区波束响应,它是一个 SL×1 维的列向量。

这样式(4.3-13)的优化问题转化为二阶锥规划问题的具体表示形式为

$$\min\boldsymbol{b}\boldsymbol{y}^{\mathrm{T}} \tag{4.3-25a}$$

s. t.

$$\begin{bmatrix} 0 \\ \boldsymbol{P}_d^{\mathrm{T}}(\theta_{\mathrm{ML}}) \end{bmatrix} - \begin{bmatrix} -1 & \boldsymbol{0}^{1\times M} \\ 0 & A_1^{\mathrm{ML}\times M} \end{bmatrix} \boldsymbol{y}^{\mathrm{T}} \in Q\mathrm{cone}_1^{\mathrm{ML}+1} \qquad (4.3-25\mathrm{b})$$

$$\begin{bmatrix} \mu_2 \\ \boldsymbol{0}^{\mathrm{SL}\times 1} \end{bmatrix} - \begin{bmatrix} 0 & \boldsymbol{0}^{1\times M} \\ 0 & -A_2^{\mathrm{SL}\times M} \end{bmatrix} \boldsymbol{y}^{\mathrm{T}} \in Q\mathrm{cone}_2^{\mathrm{SL}+1} \qquad (4.3-25\mathrm{c})$$

$$\begin{bmatrix} \mu_4' \\ \boldsymbol{0}^{M\times 1} \end{bmatrix} - \begin{bmatrix} 0 & \boldsymbol{0}^{1\times M} \\ \boldsymbol{0}^{M\times 1} & -\boldsymbol{I}^{M\times M} \end{bmatrix} \boldsymbol{y}^{\mathrm{T}} \in Q\mathrm{cone}_4^{M+1} \qquad (4.3-25\mathrm{d})$$

由 Sturm 开发的 Sedumi 工具箱可以方便地求解式(4.3-25)所示的二阶锥规划问题。在 Sedumi 中,标准的对称锥优化问题形式定义为

$$\max \tilde{\boldsymbol{b}} \boldsymbol{y}^{\mathrm{T}} \qquad (4.3-26\mathrm{a})$$

s. t.

$$\tilde{\boldsymbol{c}}^{\mathrm{T}} - \tilde{\boldsymbol{A}} \boldsymbol{y}^{\mathrm{T}} \in \boldsymbol{K} \qquad (4.3-26\mathrm{b})$$

式中:$\boldsymbol{y}$ 为包含优化变量的行向量;$\tilde{\boldsymbol{b}}$ 和 $\tilde{\boldsymbol{c}}$ 为任意行向量;$\tilde{\boldsymbol{A}}$ 为任意矩阵,$\tilde{\boldsymbol{b}}$、$\tilde{\boldsymbol{c}}$ 和 $\tilde{\boldsymbol{A}}$ 的维数必须匹配(在 Sedumi 的 1.0.2 版本中 $\tilde{\boldsymbol{b}}$、$\tilde{\boldsymbol{c}}$ 和 $\tilde{\boldsymbol{A}}$ 必须为实数,在 1.0.5 以上版本中它们可以为复数,本书使用的是 1.3 版本)。$\boldsymbol{K}$ 是一个对称锥集合,正实数集、零锥以及二阶锥都是对称锥的子集,所以除了二阶锥规划 Sedumi 还能求解线性规划和半定规划问题。

要使用 Sedumi 求解,必须将式(4.3-25)对应地转化成式(4.3-26)的形式,这样就有

$$\tilde{\boldsymbol{b}} = -\boldsymbol{b} \qquad (4.3-27\mathrm{a})$$

$$\tilde{\boldsymbol{c}}_1 = \begin{bmatrix} 0 & \boldsymbol{P}_d(\theta_{\mathrm{ML}}) \end{bmatrix}, \quad \tilde{\boldsymbol{c}}_2 = \begin{bmatrix} \mu_2 & \boldsymbol{0}^{1\times \mathrm{SL}} \end{bmatrix}, \quad \tilde{\boldsymbol{c}}_3 = \begin{bmatrix} \mu_4' & \boldsymbol{0}^{1\times M} \end{bmatrix};$$

$$\tilde{\boldsymbol{c}}^{\mathrm{T}} = \begin{bmatrix} \tilde{\boldsymbol{c}}_1 & \tilde{\boldsymbol{c}}_2 & \tilde{\boldsymbol{c}}_3 \end{bmatrix}^{\mathrm{T}} \qquad (4.3-27\mathrm{b})$$

$$\tilde{\boldsymbol{A}}_1 = \begin{bmatrix} -1 & \boldsymbol{0}^{1\times M} \\ 0 & A_1^{\mathrm{ML}\times M} \end{bmatrix}, \quad \tilde{\boldsymbol{A}}_2 = \begin{bmatrix} 0 & \boldsymbol{0}^{1\times M} \\ 0 & -A_2^{\mathrm{SL}\times M} \end{bmatrix}, \quad \tilde{\boldsymbol{A}}_3 = \begin{bmatrix} 0 & \boldsymbol{0}^{1\times M} \\ \boldsymbol{0}^{M\times 1} & -\boldsymbol{I}^{M\times M} \end{bmatrix};$$

$$\tilde{\boldsymbol{A}} = \begin{bmatrix} \tilde{\boldsymbol{A}}_1^{\mathrm{T}} & \tilde{\boldsymbol{A}}_2^{\mathrm{T}} & \tilde{\boldsymbol{A}}_3^{\mathrm{T}} \end{bmatrix}^{\mathrm{T}} \qquad (4.3-27\mathrm{c})$$

在 Sedumi 中对称锥集合 $\boldsymbol{K}$ 被定义为一个结构,它包括 $\boldsymbol{K}.f$、$\boldsymbol{K}.l$、$\boldsymbol{K}.q$ 等,分别表示零锥约束、正实数集约束和二阶锥约束的维数,对于式(4.3-25)则没有零锥约束、正实数集约束,只有三个二阶锥约束,其维数分别为 ML+1、SL+1 和 M+1,因此有

$$\boldsymbol{K}.f = 0, \quad \boldsymbol{K}.l = 0, \quad \boldsymbol{K}.q = [\mathrm{ML}+1, \mathrm{SL}+1, M+1] \qquad (4.3-27\mathrm{d})$$

然后将 $\tilde{\boldsymbol{A}}$、$\tilde{\boldsymbol{b}}$、$\tilde{\boldsymbol{c}}$ 和 $\boldsymbol{K}$ 直接代入 Sedumi 函数即可得到优化变量 $\boldsymbol{y}$ 的优化结果。

为了进一步精确控制主瓣、旁瓣区角度采样点上的波束响应,也可以将各角度采样点上的波束响应单独作为一个二阶锥约束,其中主瓣区各点响应还可以加上权值来分配优化误差以进一步提高 3 dB 束宽内的逼近精度。具体的优化模型为

$$\min \mu_1 \qquad (4.3-28\mathrm{a})$$

s. t.

$$\sum_{m=1}^{ML} \lambda_m \delta_m \leqslant \mu_1 \qquad (4.3-28b)$$

$$\| \boldsymbol{P}_d(\theta_m) - \boldsymbol{P}(\theta_m) \|_2 \leqslant \delta_m, \theta_m \in \theta_{ML}, m=1,2,3,\cdots ML \quad (4.3-28c)$$

$$\| \boldsymbol{P}(\theta_s) \|_2 \leqslant \mu_2, \theta_s \in \theta_{SL}, s=1,2,3,\cdots SL \qquad (4.3-28d)$$

$$\| \boldsymbol{w} \| \leqslant \sqrt{\mu_4} \qquad (4.3-28e)$$

需要注意的是式(4.3-28b)是对称锥约束里的一个一维正实数集约束 $\boldsymbol{R}_+^1$，其他为二阶锥规划形式，具体约束表达式为

$$\min \boldsymbol{b}\boldsymbol{y}^T \qquad (4.3-29a)$$

s. t.

$$[0] - [-1 \quad \boldsymbol{\lambda}^{1\times ML} \quad \boldsymbol{0}^{1\times M}]\boldsymbol{y}^T \in \boldsymbol{R}_+^1 \qquad (4.3-29b)$$

$$\begin{bmatrix} \delta_m \\ P_d(\theta_m) \end{bmatrix} - \begin{bmatrix} 0 & \boldsymbol{0}^{1\times ML} & \boldsymbol{0}^{1\times M} \\ 0 & \boldsymbol{0}^{1\times ML} & \boldsymbol{a}(\theta_m) \end{bmatrix}\boldsymbol{y}^T \in Q\mathrm{cone}_1^2 \quad m=1,2,3,\cdots ML \quad (4.3-29c)$$

$$\begin{bmatrix} \mu_2 \\ 0 \end{bmatrix} - \begin{bmatrix} 0 & \boldsymbol{0}^{1\times ML} & \boldsymbol{0}^{1\times M} \\ 0 & \boldsymbol{0}^{1\times ML} & -\boldsymbol{a}(\theta_s) \end{bmatrix}\boldsymbol{y}^T \in Q\mathrm{cone}_2^2 \quad s=1,2,3,\cdots SL \quad (4.3-29d)$$

$$\begin{bmatrix} \mu'_4 \\ \boldsymbol{0}^{M\times 1} \end{bmatrix} - \begin{bmatrix} 0 & 0^{1\times ML} & \boldsymbol{0}^{1\times M} \\ \boldsymbol{0}^{M\times 1} & 0^{M\times ML} & -\boldsymbol{I}^{M\times M} \end{bmatrix}\boldsymbol{y}^T \in Q\mathrm{cone}_4^{M+1} \qquad (4.3-29e)$$

式中：

$$\boldsymbol{b} = [1 \quad \boldsymbol{0}^{1\times ML} \quad \boldsymbol{0}^{1\times M}] \qquad (4.3-30)$$

$$\boldsymbol{a}(\theta) = [1 \quad \mathrm{e}^{-j2\pi\frac{d\sin\theta}{\lambda}} \quad \mathrm{e}^{-j2\pi 2\frac{d\sin\theta}{\lambda}} \cdots \mathrm{e}^{-j2\pi(M-1)\frac{d\sin\theta}{\lambda}}] \qquad (4.3-31)$$

优化向量

$$\boldsymbol{y} = [\mu_1 \quad \boldsymbol{\delta} \quad \boldsymbol{w}] \qquad (4.3-32)$$

式中：$\delta = [\delta_1 \ \delta_2 \cdots \delta_{ML}]$。

误差加权向量 $\lambda = [\lambda_1 \ \lambda_2 \cdots \lambda_{ML}]$，为事先设定的值，一般取 $\sum_{m=1}^{ML}\lambda_m=1$，优化指标 μ_2, μ_4 也为事先设定值，且 $\mu'_4 = \sqrt{\mu_4}$。

将式(4.3-29)转换成式(4.3-26)的形式有

$$\tilde{\boldsymbol{b}} = -\boldsymbol{b} \qquad (4.3-33a)$$

$$\left.\begin{array}{l} \tilde{\boldsymbol{c}}_0 = [0]; \ \tilde{\boldsymbol{c}}_{1m} = [\delta_m \quad P_d(\theta_m)], m=1,2,3,\cdots ML; \\ \tilde{\boldsymbol{c}}_{2s} = [\mu_2 \ 0], s=1,2,3,\cdots SL; \tilde{\boldsymbol{c}}_3 = [\mu'_4 \quad \boldsymbol{0}^{1\times M}]; \\ \tilde{\boldsymbol{c}}^T = [\tilde{\boldsymbol{c}}_0 \quad \tilde{\boldsymbol{c}}_{11} \quad \tilde{\boldsymbol{c}}_{12}\cdots\tilde{\boldsymbol{c}}_{1ML} \quad \tilde{\boldsymbol{c}}_{21} \quad \tilde{\boldsymbol{c}}_{22}\cdots\tilde{\boldsymbol{c}}_{2SL} \quad \tilde{\boldsymbol{c}}_3]^T \end{array}\right\} \quad (4.3-33b)$$

$$\tilde{\boldsymbol{A}}_0 = [-1 \quad \boldsymbol{\lambda}^{1\times ML} \quad \boldsymbol{0}^{1\times M}]$$

$$\tilde{\boldsymbol{A}}_{1m} = \begin{bmatrix} 0 & \boldsymbol{0}^{1\times ML} & \boldsymbol{0}^{1\times M} \\ 0 & \boldsymbol{0}^{1\times ML} & \boldsymbol{a}(\theta_m) \end{bmatrix}, m=1,2,3,\cdots ML$$

$$\widetilde{\boldsymbol{A}}_{2s}=\begin{bmatrix}0 & \mathbf{0}^{1\times\mathrm{ML}} & \mathbf{0}^{1\times M}\\ 0 & \mathbf{0}^{1\times\mathrm{ML}} & -\boldsymbol{a}(\theta_s)\end{bmatrix},s=1,2,3,\cdots\mathrm{SL}$$

$$\widetilde{\boldsymbol{A}}_3=\begin{bmatrix}0 & \mathbf{0}^{1\times\mathrm{ML}} & \mathbf{0}^{1\times M}\\ \mathbf{0}^{M\times1} & \mathbf{0}^{M\times\mathrm{ML}} & -\boldsymbol{I}^{M\times M}\end{bmatrix}$$

$$\widetilde{\boldsymbol{A}}=[\widetilde{\boldsymbol{A}}_0^{\mathrm{T}}\quad\widetilde{\boldsymbol{A}}_1^{\mathrm{T}}\quad\widetilde{\boldsymbol{A}}_2^{\mathrm{T}}\quad\widetilde{\boldsymbol{A}}_3^{\mathrm{T}}]^{\mathrm{T}} \qquad (4.3-33c)$$

锥集合 $\boldsymbol{K}$ 中包含一个一维正实数集约束、$(\mathrm{ML}+\mathrm{SL})$个二维二阶锥约束和一个$(M+1)$维二阶锥约束,因此有

$$\boldsymbol{K}.f=0,\boldsymbol{K}.l=1,\boldsymbol{K}.q=[\mathbf{2}^{1\times\mathrm{ML}}\quad\mathbf{2}^{1\times\mathrm{SL}}\quad M+1] \qquad (4.3-33d)$$

将 $\widetilde{\boldsymbol{A}}$、$\widetilde{\boldsymbol{b}}$、$\widetilde{\boldsymbol{c}}$ 和 $\boldsymbol{K}$ 直接代入 Sedumi 函数即可得到优化变量 $\boldsymbol{y}$ 的优化结果。

下面仿真验证用 SOCP 方法及 Sedumi 工具箱求解得到的各子带波束形成器的性能,并与 Dolphy-Chebyshev 加权产生的子带波束形成器进行比较。

参数设置如下:阵元数 $M=12$,信号占用归一化频带为$[0.175,0.375]$,阵元间距 d 为归一化频率 0.375 对应波长 λ 的 $1/2$,此时在归一化频率 0.175 上 $d/\lambda=1/4$,在信号归一化带宽内均匀划分为 40 个窄带,将 $d/\lambda=1/4$、零点束宽 $BW_{\mathrm{NN}}=30°$时的 Dolphy-Chebyshev 加权生成的波束主瓣响应作为期望主瓣响应,取主瓣区角度采样数 $\mathrm{ML}=64$,权系数暂取 $\lambda^{1\times ML}=\mathbf{1}^{1\times ML}$,旁瓣区角度采样数 $\mathrm{SL}=32$,旁瓣级约束 $\mu_2=10^{-1.2}=-24\ \mathrm{dB}$,白噪声增益(加权系数范数) $\mu_4=0.5$,波束指向法线方向即 $\theta_o=0°$,利用本节所述方法计算出不同频率下的子带波束形成加权系数,各子带波束形成器的性能如图 4.3-6 所示。

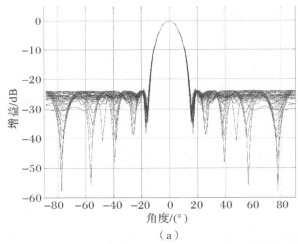

图 4.3-6　SOCP 与 Dolph-Chebyshev 加权生成的子带波束性能对比
(a)SOCP 2D 波束图

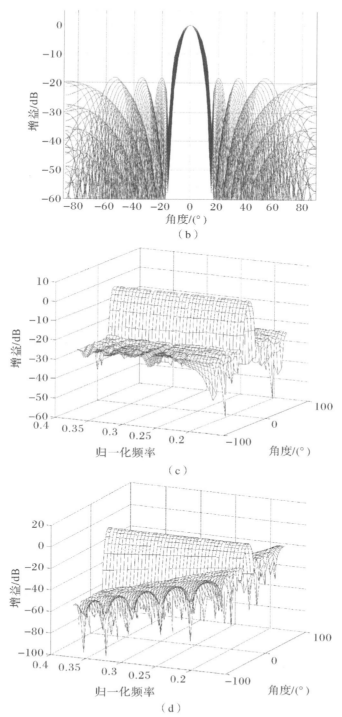

续图 4.3 - 6 SOCP 与 Dolph - Chebyshev 加权生成的子带波束性能对比
（b）Dolphy - Chebyshev 2D 波束图；（c）SOCP 3D 波束图；（d）Dolphy - Chebyshev 3D 波束图

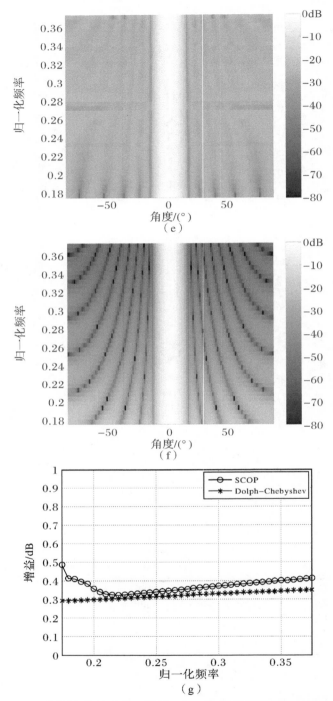

续图 4.3－6 SOCP 与 Dolph－Chebyshev 加权生成的子带波束性能对比

（e）SOCP 波束响应灰度图；（f）Dolphy－Chebyshev 加权波束响应灰度图；

（g）白噪声增益（系数范数）对比

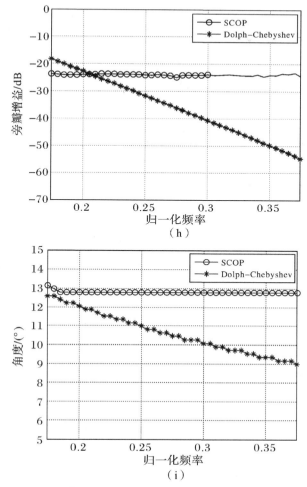

续图 4.3-6　SOCP 与 Dolph-Chebyshev 加权生成的子带波束性能对比

（h）旁瓣级对比；（i）3 dB 束宽对比

　　仿真结果表明，与 Dolph-Chebyshev 加权法相比，SOCP 方法更好地保证了指定频带内指定频点上的束宽稳定性，各频点上的 3 dB 束宽相差均小于 10^{-3} 度[见图 4.3-6(j)]，另一方面，各子带波束形成的稳健性和旁瓣级也更为接近说明该方法可以更为准确地控制各方面性能，在设计时也就能更好地做到各方面性能的兼顾。

4.3.6　基于 SOCP 的通带约束最低阻带 FIR 滤波器设计

　　给定频率响应 FIR 滤波器设计最直接的方法就是频率响应不变法[159]，即直接通过离散傅里叶反变换（IDFT）由给定频率响应得到 FIR 滤波器的冲激响应,这种方法可以非常精确地保证设计出的 FIR 滤波器在给定频点处的频率响应与期望值完全相等,但是该方法最大的问题就是阻带衰减不够,且在给定频率响应情况下只能得到长度对应相等的唯一 FIR 滤波器,其各方面性能都无法调整。借鉴基于 SOCP 的波束设计方法,文献[154]将 FIR 滤波器的通带和阻带分开优化,并将优化问题转化为 SOCP 问题求解,既保证了通带对给定频率响应的逼近精度,又大大降低了阻带衰减,同时各方面性能可以通过改变各优化指标进行调整,克服了频率响应不变法的诸多不足。

将信号覆盖的频带划分为 L 个子带(在归一化频带上进行划分),每个子带对应的中心频率为 $f_i, i=1,2,3,\cdots,L$,设阵列含有 M 个阵元,第 j 个阵元对应的 FIR 滤波器系数为 $h_j(n), n=0,1,2\cdots,N-1, N$ 为滤波器长度。首先利用上节方法设计得到子带中心频率为 f_i 的子带波束形成加权系数 $W_{f_i}(j), j=1,2,3,\cdots,M$,设第 j 个阵元 FIR 滤波器的期望频率响应为 $H_{dj}(f_i), i=1,2,3,\cdots,L$,则根据式(4.3-12)有

$$H_{dj}(f_i)=W_{f_i}(j) \quad (i=1,2,3,\cdots,L;j=1,2,3,\cdots,M) \quad (4.3-34)$$

将第 j 个阵元 FIR 滤波器的设计表述为优化问题,有

$$\min \mu_2 \quad (4.3-35a)$$

s. t.

$$\| H_j(F_{PB})-H_{dj}(F_{PB}) \| \leqslant \mu_1 \quad (4.3-35b)$$

$$\| H_j(F_{SB}) \| \leqslant \mu_2 \quad (4.3-35c)$$

式中:H_j 为第 j 个阵元 FIR 滤波器的频率响应向量;H_{dj} 为其期望频率响应向量;F_{PB}、F_{SB} 分别为通带采样频点集合和阻带采样频点集合,通带和阻带频率采样间隔可以相等也可以不等,本书取其不等。式(4.3-35)是指定通带逼近精度来寻求阻带衰减最大,因此本书将这种优化方案称之为通带约束最低阻带设计法,当然也可以采用不同的约束方案,具体讨论见参考文献[154]。

根据 DTFT 的定义,有

$$H_j(f_i)=\sum_{n=0}^{N-1} h_j(n)e^{-j2\pi nf_i} \quad (4.3-36)$$

定义下列向量和矩阵

$$W_{f_i}=[W_{f_i}(1),W_{f_i}(2),\cdots,W_{f_i}(M)] \quad (4.3-37)$$

$$\boldsymbol{e}_{\mathrm{PB}}^{L\times N}=\begin{bmatrix}1,\mathrm{e}^{-\mathrm{j}2\pi f_1},\mathrm{e}^{-\mathrm{j}2\pi 2 f_1},\cdots,\mathrm{e}^{-\mathrm{j}2\pi(N-1)f_1}\\1,\mathrm{e}^{-\mathrm{j}2\pi f_2},\mathrm{e}^{-\mathrm{j}2\pi 2 f_2},\cdots,\mathrm{e}^{-\mathrm{j}2\pi(N-1)f_2}\\\vdots\\1,\mathrm{e}^{-\mathrm{j}2\pi f_L},\mathrm{e}^{-\mathrm{j}2\pi 2 f_L},\cdots,\mathrm{e}^{-\mathrm{j}2\pi(N-1)f_L}\end{bmatrix}\tag{4.3-38}$$

$$\boldsymbol{e}_{\mathrm{SB}}^{S\times N}=\begin{bmatrix}1,\mathrm{e}^{-\mathrm{j}2\pi f_1},\mathrm{e}^{-\mathrm{j}2\pi 2 f_1},\cdots,\mathrm{e}^{-\mathrm{j}2\pi(N-1)f_1}\\1,\mathrm{e}^{-\mathrm{j}2\pi f_2},\mathrm{e}^{-\mathrm{j}2\pi 2 f_2},\cdots,\mathrm{e}^{-\mathrm{j}2\pi(N-1)f_2}\\\vdots\\1,\mathrm{e}^{-\mathrm{j}2\pi f_S},\mathrm{e}^{-\mathrm{j}2\pi 2 f_S},\cdots,\mathrm{e}^{-\mathrm{j}2\pi(N-1)f_S}\end{bmatrix}\tag{4.3-39}$$

$$\boldsymbol{y}=\begin{bmatrix}\mu_2,h_j(0),h_j(1),\cdots,h_j(N-1)\end{bmatrix}\tag{4.3-40}$$

$$\boldsymbol{b}=\begin{bmatrix}1,\boldsymbol{0}^{1\times N}\end{bmatrix}\tag{4.3-41}$$

式中：$\boldsymbol{W}_{f_i}$ 为中心频率为 f_i 的子带波束形成器加权系数；$\boldsymbol{e}_{\mathrm{PB}}^{L\times N}$、$\boldsymbol{e}_{\mathrm{SB}}^{S\times N}$ 分别为通带和阻带的 DTFT 旋转因子矩阵；L、S 分别为通带和阻带频率采样点数；$\boldsymbol{y}$ 为优化向量，其中包含阻带衰减量 μ_2 和 FIR 滤波器系数 $h_j(n)$。将式（4.3 – 35）转换为二阶锥规划问题形式为

$$\min \boldsymbol{b}\boldsymbol{y}^{\mathrm{T}}\tag{4.3-42a}$$

s. t.

$$\begin{bmatrix}\mu_1\\\boldsymbol{H}_{dj}^{\mathrm{T}}(\boldsymbol{F}_{\mathrm{PB}})\end{bmatrix}-\begin{bmatrix}0&\boldsymbol{0}^{1\times N}\\0&\boldsymbol{e}_{\mathrm{PB}}^{L\times N}\end{bmatrix}\boldsymbol{y}^{\mathrm{T}}\in Q\mathrm{cone}_1^{L+1}\tag{4.3-42b}$$

$$\begin{bmatrix}0\\\boldsymbol{0}^{S\times 1}\end{bmatrix}-\begin{bmatrix}-1&\boldsymbol{0}^{1\times N}\\0&-\boldsymbol{e}_{\mathrm{SB}}^{S\times N}\end{bmatrix}\boldsymbol{y}^{\mathrm{T}}\in Q\mathrm{cone}_2^{S+1}\tag{4.3-42c}$$

对应的 Sedumi 的标准输入参数为

$$\tilde{\boldsymbol{b}}=-\boldsymbol{b}\tag{4.3-43a}$$

$$\tilde{\boldsymbol{c}}_1=\begin{bmatrix}0&\boldsymbol{H}_{dj}(\boldsymbol{F}_{\mathrm{PB}})\end{bmatrix},\quad \tilde{\boldsymbol{c}}_2=\begin{bmatrix}0&\boldsymbol{0}^{1\times S}\end{bmatrix}$$

$$\tilde{\boldsymbol{c}}^{\mathrm{T}}=\begin{bmatrix}\tilde{\boldsymbol{c}}_1&\tilde{\boldsymbol{c}}_2\end{bmatrix}^{\mathrm{T}}\tag{4.3-43b}$$

$$\widetilde{\boldsymbol{A}}_1=\begin{bmatrix}0&\boldsymbol{0}^{1\times N}\\0&\boldsymbol{e}_{\mathrm{PB}}^{L\times N}\end{bmatrix},\widetilde{\boldsymbol{A}}_2=\begin{bmatrix}-1&\boldsymbol{0}^{1\times N}\\0&-\boldsymbol{e}_{\mathrm{SB}}^{S\times N}\end{bmatrix};$$

$$\widetilde{\boldsymbol{A}}=\begin{bmatrix}\widetilde{\boldsymbol{A}}_1^{\mathrm{T}}&\widetilde{\boldsymbol{A}}_2^{\mathrm{T}}\end{bmatrix}^{\mathrm{T}}\tag{4.3-43c}$$

$$\boldsymbol{K}.f=0,\boldsymbol{K}.l=0,\boldsymbol{K}.q=\begin{bmatrix}L+1&S+1\end{bmatrix}\tag{4.3-43d}$$

将 $\widetilde{\boldsymbol{A}}$、$\tilde{\boldsymbol{b}}$、$\tilde{\boldsymbol{c}}$ 和 $\boldsymbol{K}$ 直接代入 Sedumi 函数，即可得到优化变量 $\boldsymbol{y}$ 的优化结果。

根据图 4.3 – 6 所示例子中各子带波束形成器的加权系数，结合式（4.3 – 34）

构造各阵元 FIR 滤波器的期望频率响应,取通带逼近误差 $\mu_1=10^{-2.5}=-50$ dB,通带均匀采样 83 个频点,其中包含各子带中心频率,阻带均匀采样 125 个频点,取 FIR 滤波器长度为 $N=201$,得到各阵元 FIR 滤波器频率响应如图 4.3-7 所示(以 7 阵元 FIR 为例,并与频率响应不变法进行比较)。

仿真结果表明,基于 SOCP 的 FIR 滤波器设计方法在保证通带逼近精度的情况下能够获得更大的阻带衰减。将设计出的各阵元 FIR 滤波器通带中各采样频点的频率响应按式(4.3-34)还原出各频点对应的子带波束形成加权系数,得到的各子带波束响应性能如图 4.3-8 所示。

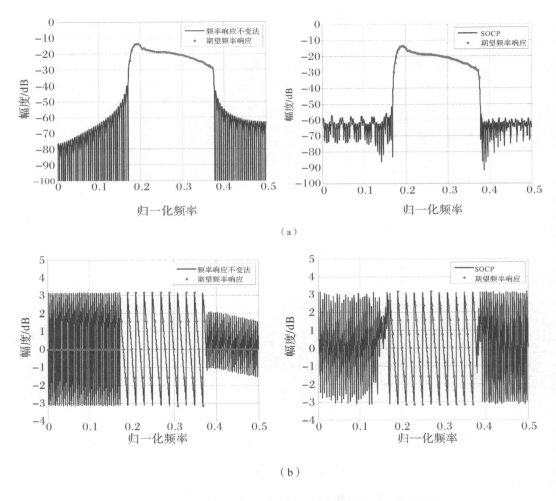

图 4.3-7 基于 SOCP 设计出的第 7 号阵元 FIR 滤波器的频率响应(与频率响应不变法对比)

(a)幅频响应;(b)相频响应

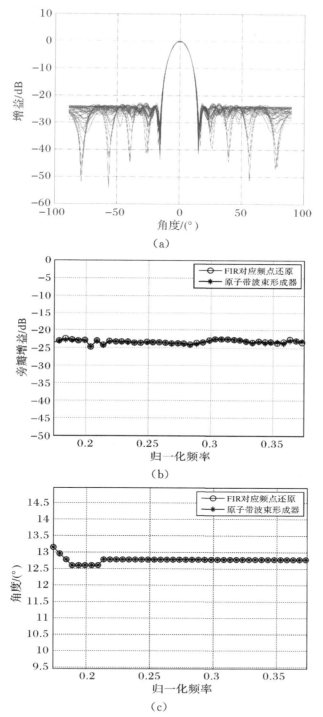

图 4.3-8　**各阵元 FIR 滤波器还原出的各子带波束响应**
（a）波束图；（b）旁瓣级；（c）3 dB 束宽

仿真结果表明,设计出的 FIR 滤波器各子带中心频点处准确还原出了各子带波束响应。

4.3.7 非样本频点上恒定束宽问题分析与解决

1. 非样本点束宽频率稳定性分析

束宽的频率稳定性是指宽带波束形成器的波束宽度在带宽内随频率变化的情况,束宽在各频点上的变化越小频率稳定性越好,使束宽方向内入射的信号频谱产生的畸变越小。本书用各频点上 3 dB 束宽的方差来恒量波束形成器在该族频点上的束宽稳定性。3 dB 束宽的方差定义为

$$\sigma_{3\,dB}^2 = \frac{1}{L} \sum_{i=1}^{L} (BW_{3\,dB}(f_i) - \overline{BW}_{3\,dB})^2 \qquad (4.3-44)$$

式中:$\overline{BW}_{3\,dB} = \dfrac{\sum\limits_{i=1}^{L} BW_{3\,dB}(f_i)}{L}$,为各频点上 3 dB 束宽的均值。理想的情况下各频点上的 3 dB 束宽应该相等,$\sigma_{3\,dB}^2$ 应为 0,因此 $\sigma_{3\,dB}^2$ 越小说明在给定的频点集合上束宽的稳定性越好,反之则越差。

图 4.3-8(c)的仿真结果中 $\sigma_{3\,dB}^2 = 3.215\,6 \times 10^{-5}$,非常接近于零,可见基于 SOCP 的波束设计和 FIR 滤波器设计方法可以非常准确地实现样本频点(各子带中心频点)上的恒定束宽。但是 FIR 滤波器的频率响应是连续的,除了这些样本频点以外,还必须考察它们之间的频点上束宽的变化。对于图 4.3-8 的示例,在样本频点之间均匀地取 5 个频点,得到对应的波束图如图 4.3-9 所示。

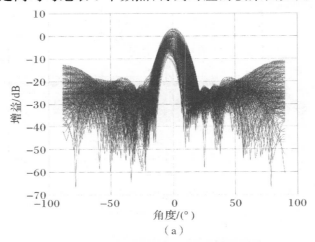

图 4.3-9　非样本频点上的束宽变化情况
(a)非样本频点波束图

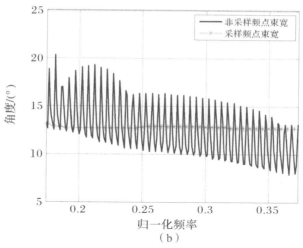

续图 4.3-9　非样本频点上的束宽变化情况

（b）各非样本频点上的束宽

此时 $\sigma^2_{3\,\text{dB}} = 3.604\,6$，显然束宽的频率稳定性相对于样本频点明显变差，同时，各非样本频点上的波束图不仅出现了主瓣的形变，旁瓣级也明显升高，造成这种现象的原因是整个优化过程只针对样本频点进行，而它们之间的频点未作任何限制，在这些未加控制的频点上出现了图 4.3-10 所示的情况（以第 7 号阵元 FIR 滤波器为例）。

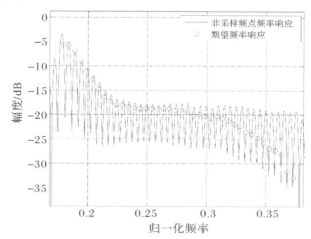

图 4.3-10　第 7 号阵元 FIR 滤波器非样本频点频率响应通带放大图

非样本频点上的频率响应（幅度）本应该与其周围的样本频点相近但却出现了震荡的现象，震荡幅度越大这些非样本频点上的频率响应按照式（4.3-12）组成波束形成器的波束响应与样本频点的波束响应相差越大，导致整个通带上的束宽稳定性下降。

2. 非样本频点上频率响应平滑

为了平滑非样本频点上的频率响应,本书进行了大量仿真,最后得到下述结论和解决办法:

(1)增大样本频点的密度并不能消除其间非样本频点上频率响应的幅度震荡,在滤波器长度不变时,增大样本频点的密度甚至会导致震荡幅度增大;

(2)适当改变通带样本频点数量与阻带样本频点数量的比例可以一定程度地减小非样本频点上频率响应的幅度震荡,但效果并不明显,束宽相对变化率仍然很大;

(3)给期望频率响应加上线性相位,并适当调整通带样本点数,可以大幅度减小甚至消除非样本频点频率响应的幅度震荡,明显改善非样本频点的束宽相对变化率提高整个通带上的束宽稳定性。

给期望频率响应加上线性相位,具体是指在式(4.3-34)右边乘以一个线性相位,即

$$H_{dj}(f_i)=W_{f_i}(m)\mathrm{e}^{-\mathrm{j}2\pi f_i\frac{N-1}{2}} \quad (i=1,2,3,\cdots,L;m=1,2,3,\cdots,M)$$

$$(4.3-45)$$

式中:N 为滤波器长度。加入该线性相位后频点 f_i 上的波束响应为

$$P(\lambda_i,\theta)=\mathrm{e}^{-\mathrm{j}2\pi f_i\frac{N-1}{2}}\sum_{m=1}^{M}W_{f_i}(m)\mathrm{e}^{-\mathrm{j}2\pi(m-1)\frac{d\sin\theta}{\lambda_i}} \quad (4.3-46)$$

式中:λ_i 为 f_i 对应的波长。可以看到线性相位并不会改变该频点上的波束图,且不难证明线性相位最终只是使得输出产生$(N-1)/2$ 个采样周期的群延时。取 $N=201$,给期望响应加入线性相位以后图 4.3-10 中非样本频点上的震荡基本消除,最终在非样本频点上的束宽稳定也大大改善,如图 4.3-11 所示。

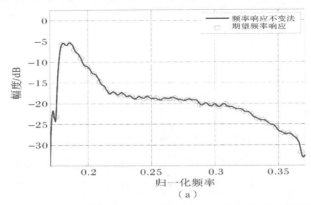

图 4.3-11　加入线性相位后非样本频点上的束宽变化情况

(a)非样本频点频率响应通带放大图

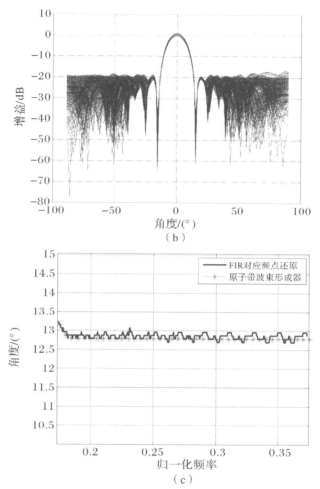

续图 4.3-11　加入线性相位后非样本频点上的束宽变化情况

(b)非样本频点上的波束图；(c)非样本频点上的束宽

此时 $\sigma^2_{3\,\mathrm{dB}}=6.808\,6\times10^{-4}$，可见加入线性相位很好地消除了非样本频点上的幅度震荡，大大改善了束宽的频率稳定性。

3. 阻带衰减改善

阵元 FIR 滤波器设计中的另一个问题就是阻带衰减，大量仿真结果表明给期望频率响应适当加入一些过渡带点可以增大阻带衰减，然而过渡带点的幅度是人为确定的，没有定量计算的公式作为取值的依据，同时由于每个阵元滤波器的期望频率响应又各不相同，因此为了尽可能改善阻带衰减只有反复取不同的幅值进行测试，不仅效率低且当需要两到三个过渡带点时往往很难获得对阻带衰减有明显改善的过渡带点组合。为了解决这个问题，本书首先利用频率响应不变法根据期望频率响应设计得到 FIR 滤波器的初值,然后用 DTFT 计算出一到两个此 FIR 滤波器的过渡带点作为期望频率响应的过渡带点,然后再利用 SOCP 方法对含有过渡带点的期望频率响应进行拟合,大量仿真结果表明最终得到的 FIR 滤波器既保证了给定频点上的拟合精度,又明显改善了阻带衰减。以图 4.3 - 7 所示的 7 号阵元 FIR 滤波器设计为例,说明该方法的步骤和效果。

(1)根据各子带波束形成器加权系数和式(4.3 - 34)构造期望频率响应(取 $N=201$,加入线性相位);

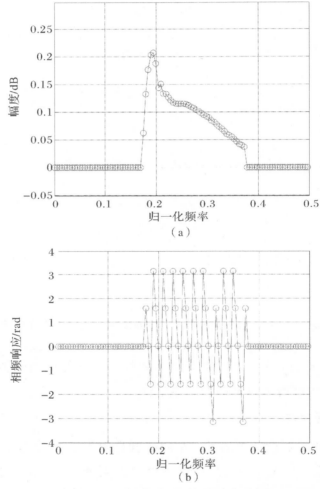

图 4.3 - 12　第 7 号阵元 FIR 滤波器的期望频率响应

(a)幅频响应;(b)相频响应

(2)用频率响应不变法获得 FIR 滤波器初值;

(3)用 DTFT 在初值 FIR 滤波器通带与第一个零点之间取一到两个点作为

期望响应的过渡带点；

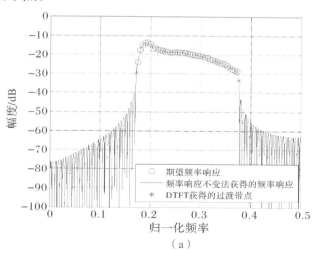

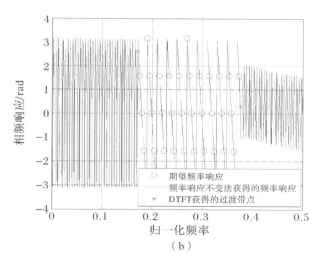

图 4.3 - 13　用 DTFT 计算出的过渡带点（在通带与第一个零点之间取一点）

（a）幅频响应；（b）相频响应

（4）用 SOCP 方法拟合含过渡带点的期望频率响应得到高阻带衰减的阵元 FIR 滤波器。

仿真结果表明，加入过渡带后阻带衰减得到了明显改善，各阵元滤波器阻带衰减普遍增加 10 dB 以上。事实上可以用 DTFT 以更小的频率采样间隔对初值 FIR 滤波器的频率响应进行采样（其中包含原期望响应频点）来重新构造期望频率响应，这样可以在初值滤波器的通带与第一个零点之间获得更多的过渡带点，最终获得更大的阻带衰减。

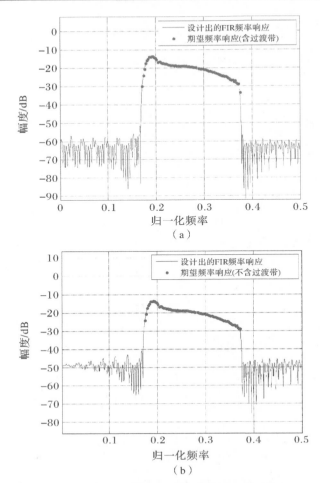

图 4.3 - 14 加入过渡带点前后衰减对比

(a)加入过渡带点;(b)无过渡带点

基于 SOCP 的 FIR 宽带波束形成的设计过程中涉及到很多参数,考察并总结设计出的波束形成器的性能随这些参数变化的情况将有助于在不同设计要求下迅速确定参数,提高设计效率。设计过程涉及到的参数主要包括以下 4 种。

(1)阵元数 M;

(2)目标频带划分的子带数 L,它决定着阵元滤波器设计时期望频率响应的频域采样点数;

(3)子带波束设计时需要确定的参数有期望束宽 BW_{NN}(零点束宽),旁瓣级 μ_2,主瓣区角度采样点数 ML,旁瓣区角度采样点数 SL,以及白噪声增益(系数范数)μ_4;

(4)阵元 FIR 滤波器设计时需要确定的参数有通带逼近误差 μ_{FIR},通带采样点数 ML_{FIR}(含期望频率响应),阻带采样点数 SL_{FIR},以及滤波器长度 N。

其中各子带波束形成器的性能是整个宽带波束形成器性能的基础,而阵元

FIR 滤波器设计的最终目标就是尽可能使采样频点上的频率响应按照式(4.3 - 34)还原出的各子带波束形成器的性能与原设计出的子带波束形成器性能相同,同时使非采样频点上的频率响应对应的波束形成器性能与采样频点尽可能相近。各子带波束形成器的设计性能决定了整个 FIR 宽带波束形成器性能的最好情况,但是高性能的子带波束形成器必须要由高性能的阵元 FIR 滤波器来实现才能获得整个 FIR 宽带波束形成器的高性能,因此考察参数与性能之间关系分三个步骤进行:首先考察子带波束设计参数与性能之间的关系,然后考察阵元 FIR 滤波器设计的参数与性能之间关系,最后总结出获得整体高性能的参数组合。考察的方式为取不同参数值进行仿真,从大量仿真数据中总结出性能随参数变化的规律。

4.3.8　子带波束设计的参数与性能关系仿真分析

子带波束形成器的性能可由三个量来描述:各子带波束形成器的 3 dB 束宽方差 $\sigma_{3\,dB}^2$、平均旁瓣级和平均白噪声增益。它们分别决定整个宽带波束形成器的三个性能:束宽频率稳定性、方向选择性和稳健性。

在归一化带宽 $[0.1, 0.4]$ 上进行考察,各参数初值设置如下:$M = 12, L = 40, BW_{NN} = 30°, \mu_2 = 10^{-1.2} = -24\ dB, ML = 64, SL = 32, \mu_4 = 0.5$。取阵元间距为归一化频率 0.1 对应的半波长,期望波束响应由 Dolph - Chebyshev 加权法产生,仿真时每次取一个参数变化,其余参数保持初值,仿真数据整理分析如图 4.3 - 15 所示。

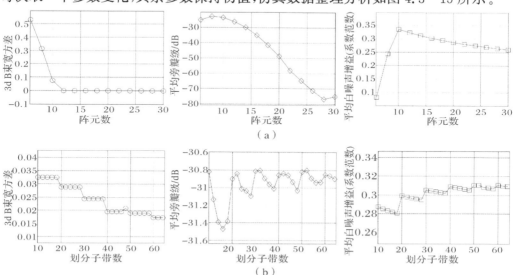

图 4.3 - 15　波束形成器性能随各参数变化曲线

(a)波束形成器性能随阵元数 M 变化曲线;

(b)波束形成器性能随划分子带数 L 变化曲线(取 $\mu_2 = 10^{-1.6} = -32\ dB$)

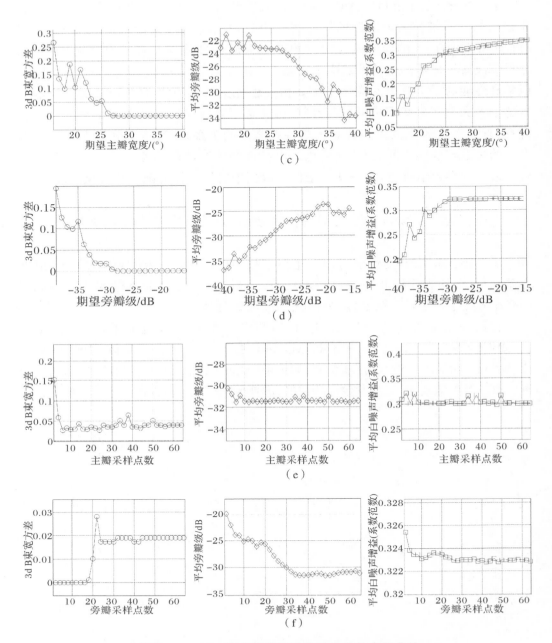

续图 4.3 - 15　波束形成器性能随各参数变化曲线

(c)波束形成器性能随期望主瓣宽度 BW$_{NN}$ 变化曲线；

(d)波束形成器性能随期望旁瓣级 μ_2 变化曲线；

(e)波束形成器性能随主瓣采样点数 ML 变化曲线(取 $\mu_2=10^{-1.6}=-32$ dB)；

(f)波束形成器性能随旁瓣采样点数 SL 变化曲线(取 $\mu_2=10^{-1.6}=-32$ dB)；

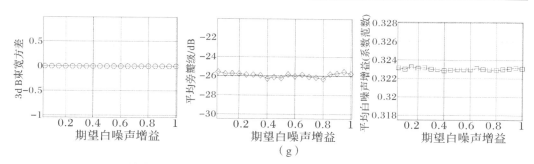

续图 4.3 - 15　波束形成器性能随各参数变化曲线

(g)波束形成器性能随期望白噪声增益(系数范数)μ_4 变化曲线

从仿真数据中可以总结出性能随参数变化的规律如表 4.3 - 1 所示。

表 4.3 - 1　波束设计中参数与性能关系

参　　数	3 dB 束宽方差	平均旁瓣级	平均白噪声增益	其他性能
阵元数 M ↑	↓	↓	↓	增大计算量,增大设备规模
划分子带数 L ↑	↓	≈	↑	增加优化计算量,降低设计效率
期望主瓣宽度 BW_{NN} ↑	↓	↓	↑	降低阵列的方向选择性
期望旁瓣级 μ_2 ↓	↑	↓	↓	
主瓣采样点数 ML ↑	↓	≈	≈	增加优化计算量,降低设计效率
旁瓣采样点数 SL ↑	↑	↓	≈	增加优化计算量,降低设计效率
期望白噪声增益 μ_4 ↓	≈	≈	≈	

注:"↑""↓""≈"分别表示数值的升高、降低和基本不变。

需要说明的是,每种性能都受制于多个参数,且受影响的程度也因参数而异,所以当设计时遇到需要牺牲某种性能去补偿另一种性能时,应选择对前者影响较小而对后者影响显著的参数去修改;另外,当阵元数量确定时,各种性能不可能通过修改参数而无限制提高,它们既相互制约又存在一定极限值,很难得到这些极限的理论值,表 4.3 - 2 给出了不同阵元数量下的一组参数配置及其所获得的性能指标,它们是本书在大量仿真数据中筛选出的各方面性能兼顾较好的几组参数。

表 4.3-2　不同阵元数量下的参考参数配置(波束设计)

阵元数	L	BW_{NN} /(°)	μ_2 /dB	ML	SL	μ_4	平均 3 dB 束宽/(°)	平均旁瓣级 /dB	平均白噪声增益/dB	3 dB 束宽方差 $\sigma_{3\,dB}^2$
4	40	45	−5	50	25	0.5	25.598 5	−4.442 8	0.543 5	0.446 74
8	40	36	−13.6	60	30	0.5	16.748 7	−14.893 5	0.429 7	$3.479\ 0\times10^{-4}$
12	40	32	−25	40	36	0.5	12.979 0	−25.018 7	0.351 4	$1.937\ 7\times10^{-4}$
16	40	31	−37	80	64	0.5	10.889 9	−36.273 6	0.405 6	$5.493\ 1\times10^{-5}$
20	40	30	−45	70	64	0.5	9.629 9	−46.420 8	0.291 4	$1.927\ 4\times10^{-4}$
24	40	29	−56	90	80	0.5	8.729 9	−55.972 7	0.280 2	$4.444\ 3\times10^{-5}$
28	40	29	−66	100	88	0.5	8.010 0	−66.870 8	0.270 1	$3.951\ 2\times10^{-4}$

注:由于划分子带数 L 受阵列孔径限制,为保证各子带带宽满足式(4.2-2),划分子带数通常事先确定,设计时不能随意改动,所以表中各划分子带数 L 设置相同。另一方面,由于设计中白噪声增益参数对优化结果影响不明显,所以表中各白噪声增益设置相同。

4.3.9　阵元 FIR 滤波器设计参数与性能关系仿真分析

阵元滤波器设计的性能主要由三个量描述:通带内各频点的 3 dB 束宽方差 $\sigma_{3\,dB}^2$,平均旁瓣级和平均阻带衰减。其中通带各频点包括了采样频点(子带中心频率)和非采样频点,它们的 3 dB 束宽方差 $\sigma_{3\,dB}^2$ 决定了整个 FIR 宽带波束形成器在通带内的束宽稳定性。

仍然在归一化带宽 $[0.1,0.4]$ 上进行考察,子带波束设计的各参数设置如下: $M=12,L=40,BW_{NN}=30°,\mu_2=10^{-1.15}=-23$ dB,ML$=64$,SL$=32,\mu_4=0.5$。阵元滤波器设计的参数初值设置如下: $\mu_{FIR}=10^{-2.5}=-50$ dB,ML$_{FIR}=70$,SL$_{FIR}=125,N=256$,相邻采样频点之间均匀取 5 个频点作为非采样频点。仿真时每次取一个参数变化,其余参数保持初值,仿真数据整理分析如图 4.3-16 所示。

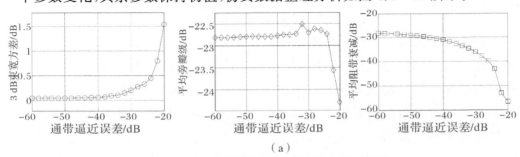

（a）

图 4.3-16　阵元滤波器性能随各参数变化曲线

(a)阵元滤波器性能随通带逼近误差 μ_{FIR} 变化曲线

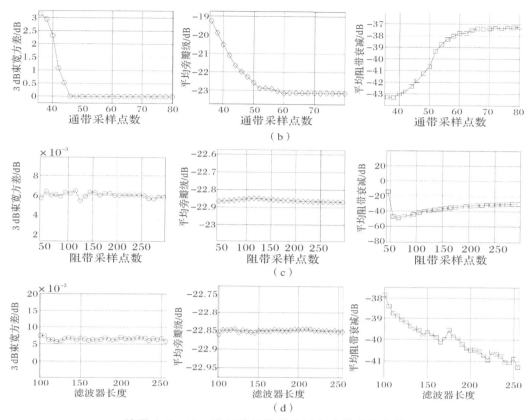

续图 4.3 - 16　阵元滤波器性能随各参数变化曲线

(b)阵元滤波器性能随通带采样点数 ML_{FIR} 变化曲线;

(c)阵元滤波器性能随阻带采样点数 SL_{FIR} 变化曲线;

(d)阵元滤波器性能随滤波器长度 N 变化曲线

从仿真数据中可以总结出性能随参数变化的规律如表 4.3 - 3 所示。

表 4.3 - 3　阵元滤波器设计中参数与性能关系

参　数	3 dB 束宽方差	平均旁瓣级	平均阻带衰减	其他性能
通带逼近误差 μ_{FIR} ↓	↓	↓	↑	—
通带采样点数 ML_{FIR} ↑	↓	↓	↑	增加优化计算量,降低设计效率
阻带采样点数 SL_{FIR} ↑	≈	≈	≈	增加优化计算量,降低设计效率
滤波器长度 N ↑	≈	≈	↓	增加优化计算量,降低设计效率

注:"↑""↓""≈"分别表示数值的升高、降低和基本不变。

根据表 4.3 − 3 所示关系，设计时可以首先通过调整通带逼近误差 μ_{FIR} 和通带采样点数 ML_{FIR} 获得较好的波束响应性能，然后再调整滤波器长度 N 来增加阻带衰减，调整时注意兼顾计算量的增加，必要时还可适当增加 μ_{FIR} 和减少 ML_{FIR} 来提高阻带衰减。根据表 4.3 − 2 的参数配置设计出不同阵元数下的各子带波束形成器，然后从大量仿真数据中总结出的各方面性能兼顾较好的阵元滤波器参数配置如表 4.3 − 4 所示。

表 4.3 − 4 不同阵元数量下的参考参数配置(阵元滤波器设计)

阵元数	$\mu_{FIR}/$ dB	ML_{FIR}	SL_{FIR}	N	平均 3 dB 束宽/(°)	平均旁瓣级/dB	平均阻带衰减/dB	3 dB 束宽方差 $\sigma_{3\,dB}^2$
4	−20	25	125	180	25.701 0	−4.316 5	−43.706 9	0.504 5
8	−30	28	120	190	16.903 3	−14.355 8	−44.660 8	0.008 3
12	−40	33	110	196	13.180 0	−25.571 9	−46.267 8	0.008 5
16	−42	36	108	196	10.957 1	−35.639 1	−53.683 3	0.006 6
20	−46	40	104	198	9.704 8	−44.373 5	−55.527 6	0.005 7
24	−50	43	100	200	8.732 1	−49.764 0	−59.996 0	0.003 3
28	−56	46	90	200	8.114 3	−53.918 1	−59.700 9	0.002 7

仿真结果表明，当参数设置合适时阵元滤波器可以在通带上很好地继承原子带波束形成器各性能，并且具有较低的阻带衰减。

综上所述，基于 SOCP 分布设计法使得设计出的 FIR 宽带波束形成器可以具有良好束宽频率稳定性，同时保证与窄带波束形成相当的方向选择性。FIR 宽带波束形成器已成为目前应用最为广泛的宽带波束形成器之一。需要指出的是，分布设计法的优点是设计简便、计算量小，但它只能获得两个步骤各自的最优解，不能保证最后综合的结果是全局最优的，也就是说，分布设计法不能兼顾到波束设计时的参数设置对后面阵元滤波器设计的影响，这就是表 4.3 − 4 与表 4.3 − 2 中的性能指标值存在一定差异的原因，因此文献[67]提出了 FIR 宽带波束形成器的全局优化设计方法，该方法将宽带波束响应直接表述成滤波器系数的函数，针对各指标构造凸优化问题，直接求解滤波器系数，从而能严格控制波束形成器的旁瓣级和阻带衰减。其缺点是计算量较分布设计法明显增加，而对波束形成器束宽的频率稳定性改善并不明显。由于本节重点讨论波束形成器的恒定束宽问题，所以对此方法不再赘述。

4.4　基于 FFT 的宽带多波束形成快速运算结构

4.4.1　多波束形成的基本方法

多波束形成可以实现阵列的方向宽开,这与频率宽开对于侦察数字接收机的意义同样重要。多波束形成最基本的方法就是一个波束指向对应一个波束形成器,即每一个波束指向都用一个单独的如图 4.3-3 或图 4.3-5 所示的波束形成器来实现。当然这样做最大的缺点就是计算量会显著增加,如果需要形成 K 个波束指向则计算量就会是单波束时的 K 倍,当 K 值较大时其产生的功耗将是十分巨大的。多波束形成首要要解决的问题是计算量的问题

4.4.2　基于 FFT 的快速运算结构

基于 FFT 的快速算法是针对频域 DFT 宽带波束形成器提出的,其原理是先对各子带进行基于 FFT 的窄带多波束形成,然后将相同波束指向的窄带波束形成输出相加合并成该方向的宽带波束形成输出,即将图 3.3-1 中的每个子带波束形成器换成基于 FFT 的窄带多波束形成器,如图 4.4-1 所示。

为了克服 DFT 宽带波束形成子带的非理想分割造成的误差,图 4.4-1 中利用了第 3 章的 ACM 技术对其前端子带分割滤波器组进行了改进,具体原理不再赘述,对基于 FFT 的窄带多波束形成原理论述如下。

首先明确,阵列的加权系数由幅度加权因子和导向因子组成,其中幅度加权因子控制波束形状,导向因子则控制波束指向,改变波束指向只需改变导向因子。由于基于 DFT 的宽带波束形成器首先将输入划分为若干子带,每个子带独立实现波束形成,所以根据式(4.2-20),第 l 个子带指向第 k 个角度的加权系数组应表示为

$$W_{f_l}^{\theta_k}(i)=w_{f_l}(i)d_{f_l}^{\theta_k}(i)\quad(i=1,2,\cdots,M;l=1,2,\cdots,L;k=1,2,\cdots,K)$$

$$(4.4-1)$$

式中：$w_{f_l}(i)$ 为幅度加权因子，是一个实常数，控制波束形状不影响波束指向，而导向因子具体表示为

$$d_{f_l}^{\theta_k}(i) = e^{j2\pi(i-1)\frac{d\sin\theta_k}{\lambda_l}} \quad (i=1,2,\cdots,M; l=1,2,\cdots,L; k=1,2,\cdots,K)$$

$$(4.4-2)$$

式中：λ_l 为第 l 个子带中心频率 f_l 对应的波长。

设定一个小于 1 的正常数 $\Delta_{\sin\theta}$，并使所有子带的相邻波束指向满足

$$\Delta_{\sin\theta} = \sin\theta_k - \sin\theta_{k-1} \quad (k=2,3,\cdots,K) \qquad (4.4-3)$$

则有

$$d_{f_l}^{\theta_k}(i) = e^{j2\pi(i-1)\frac{d\sin\theta_k}{\lambda_l}} = e^{j2\pi(i-1)\frac{d(\sin\theta_{k-1}+\Delta_{\sin\theta})}{\lambda_l}} = d_{f_l}^{\theta_{k-1}}(i) e^{j2\pi(i-1)\frac{d\Delta_{\sin\theta}}{\lambda_l}}$$

$$= e^{j2\pi(i-1)\frac{d[(k-1)\Delta_{\sin\theta}+\sin\theta_1]}{\lambda_l}} \quad (k=1,2,\cdots,K) \qquad (4.4-4)$$

进而有

$$W_{f_l}^{\theta_k}(i) = w_{f_l}(i) d_{f_l}^{\theta_k}(i) = w_{f_l}(i) e^{j2\pi(i-1)\frac{d\sin\theta_k}{\lambda_l}}$$

$$= w_{f_l}(i) e^{j2\pi(i-1)\frac{d[(k-1)\Delta_{\sin\theta}+\sin\theta_1]}{\lambda_l}} \quad (k=1,2,\cdots,K) \qquad (4.4-5)$$

根据式（4.2-3），此时第 l 个子带指向第 k 个角度的波束形成输出为

$$y_{f_l}^{\theta_k}(nt) = \sum_{i=1}^{M} s(nt-\tau_i) W_{f_l}^{\theta_k}(i) \qquad (4.4-6)$$

将式（4.4-5）代入式（4.4-6）有

$$y_{f_l}^{\theta_k}(nt) = \sum_{i=1}^{M} s(nt-\tau_i) w_{f_l}(i) e^{j2\pi(i-1)\frac{d[(k-1)\Delta_{\sin\theta}+\sin\theta_1]}{\lambda_l}} \qquad (4.4-7)$$

若对参数作如下设置

$$\left.\begin{array}{l} M = K \\ \dfrac{d\Delta_{\sin\theta}}{\lambda_l} \approx \dfrac{1}{K} \quad (l=1,2,\cdots,L) \end{array}\right\} \qquad (4.4-8)$$

有

$$y_{f_l}^{\theta_k}(nt) = \sum_{i=1}^{M} s(nt-\tau_i) w_{f_l}(i) e^{j2\pi(i-1)\frac{\sin\theta_1}{\lambda_l}} e^{j2\pi(i-1)\frac{(k-1)}{K}} \qquad (4.4-9)$$

而 FFT 运算表达式为

$$S(k) = \sum_{i=0}^{N-1} s(i) e^{-j2\pi i \frac{k}{N}} \quad (k=0,1,2,\cdots,N-1) \qquad (4.4-10)$$

式中：$s(i)$ 为信号序列；N 为信号序列的长度。

同时，令 $s(i-1) = s(nt-\tau_i) w_{f_l}(i) e^{j2\pi(i-1)\frac{\sin\theta_1}{\lambda_l}}$ 代入式（4.4-9），可得

$$y_{f_l}^{\theta_k}(nt) = \sum_{i=0}^{K-1} s(i) e^{j2\pi i \frac{k}{K}} \quad (k=0,1,\cdots,K-1) \qquad (4.4-11)$$

可以看到式(4.4-11)与式(4.4-10)在旋转因子的指数上相差一个负号，要使两式具有相同形式，可做如下等价变换：

$$y_{f_l}^{\theta_k}(nt) = \sum_{i=0}^{K-1} s(i) e^{-j2\pi i \frac{k}{K}} \quad (k=0,1,\cdots,K-1) \qquad (4.4-12)$$

注意这个等价变换使得 $y_{f_l}^{\theta_k}(nt)$ 与 θ_k 的对应关系发生了变化，原因如下：

$$-K \Leftrightarrow -\Delta_{\sin\theta} \Leftrightarrow -[\sin\theta_k - \sin\theta_{k-1}] \Leftrightarrow \sin(-\theta_k) - \sin(-\theta_{k-1})$$

因此式(4.4-9)等价于对序列 $s(nt-\tau_i) w_{f_l}(i) e^{j2\pi(i-1)\frac{\sin\theta_1}{\lambda_l}}$ 进行 FFT 变换，变换以后得到的输出 $y_{f_l}^{\theta_k}(nt)$ 对应的波束指向为 $-\theta_k$[事实上如果在图 4.2-3 中保持顺时针为正角度，改以最右侧阵元作为参考阵元，则有 $d_{f_l}^{\theta_k}(i) = e^{-j2\pi(i-1)\frac{d\sin\theta_k}{\lambda_l}}$，此时 $y_{f_l}^{\theta_k}(nt)$ 与 θ_k 的对应关系不变]。而 $s(nt-\tau_i) w_{f_l}(i) e^{j2\pi(i-1)\frac{\sin\theta_1}{\lambda_l}}$ 表示对各阵元输出的各子带信号分别乘以加权系数 $w_{f_l}(i) e^{j2\pi(i-1)\frac{\sin\theta_1}{\lambda_l}}$，令

$$W_{f_l}(i) = w_{f_l}(i) e^{j2\pi(i-1)\frac{\sin\theta_1}{\lambda_l}} \qquad (4.4-13)$$

则窄带多波束形成的 FFT 快速运算结构如图 4.4-1 所示。

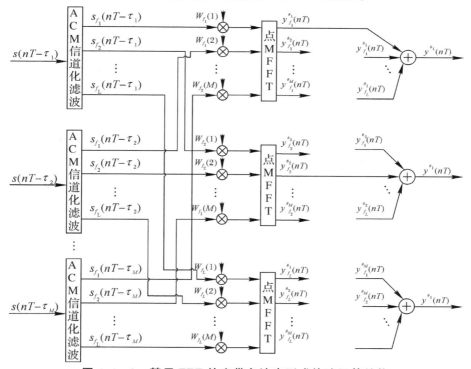

图 4.4-1　基于 FFT 的宽带多波束形成快速运算结构

需要指出的是，图 4.4-1 所示的 FFT 多波束形成器其形成的波束指向数等于 FFT 的点数，而 FFT 点数又等于阵元个数，所以最多只能形成与阵元个数

相同的波束指向,这是这种结构的一个固有缺点。同时其存在子带波束指向偏差问题和"溢出"问题,这两个问题限制了该结构的有效工作带宽。后续内容将讨论产生这些问题的原因及解决方法。

1.子带间波束指向偏差问题

根据上节论述,为了满足 FFT 的运算结构,各子带相邻波束指向角度的正弦值之差 $\Delta_{\sin\theta}$ 应为常数,但是根据式(4.4-8)$\Delta_{\sin\theta}$ 的取值为

$$\Delta_{\sin\theta}\approx\frac{\lambda_l}{Kd} \qquad (4.4-14)$$

由于阵元数 M 固定不变,所以 $K=M$ 也固定不变,显然各子带波长 λ_l 相差越大式(4.4-14)的近似关系误差越大。另一方面,根据式(4.4-3),FFT 运算后各波束指向的角度值为

$$\theta_k=\arcsin[(k-1)\Delta_{\sin\theta}+\sin\theta_1] \quad (k=2,3,\cdots,K) \qquad (4.4-15)$$

此时,各子带波束同一指向的偏差越大,各子带波束形成器对同一方向的增益差就越大,最终在各子带同指向输出合并时造成信号波形的畸变。

例如,取 $\theta_1=-90°$,$d/\lambda_{\min}=0.5$,$d/\lambda_{\max}=0.3$,$\lambda_{\min}$、$\lambda_{\max}$ 分别为中心频率最高和最低的子带对应的波长,$K=M=12$,则有 $\Delta_{\sin\theta}^{\lambda_{\min}}=0.1667$,$\Delta_{\sin\theta}^{\lambda_{\max}}=0.2083$,此时由式(4.4-15)得到该两个子带的第二个波束指向的角度值为 $\theta_2^{\lambda_{\min}}=-56.4427°$,$\theta_2^{\lambda_{\max}}=-46.2382°$,波束指向相差了约10°,若它们的 3 dB 束宽小于 20°,则这两个子带在同一方向上的最大增益差将达到 3 dB 以上,其合并出的信号必然发生严重的畸变。

子带波束指向偏差是由于不同子带对应的波长不同引起的,子带波长相差越小则最终造成的波束指向偏差就越小。在上例中,$d/\lambda_{\max}=0.48$,则最终得到 $|\theta_2^{\lambda_{\min}}-\theta_2^{\lambda_{\max}}|=-0.7131°$,这样子带波束图将几乎重叠,在同方向的增益差也大大减小。要减小子带波长差只有减小波束形成器覆盖的带宽,因此这种子带波束指向偏差,限制了基于 FFT 的多波束形成器的有效工作带宽。

2."溢出"问题

在式(4.4-15)中,$\Delta_{\sin\theta}$ 的取值很可能造成$(k-1)\Delta_{\sin\theta}+\sin\theta_1>1(k=1,2,3,\cdots,K)$的情况,例如,取 $\theta_1=-90°$,$d/\lambda=0.3$,$K=M=12$,则根据式(4.4-14)得到 $\Delta_{\sin\theta}=0.2778$,当 $k=9,10,11,12$ 时,$(k-1)\Delta_{\sin\theta}+\sin\theta_1$ 的取值分别为 1.2222,1.5000,1.7778,2.0556。此时,在 FFT 的这些输出上无法用式(4.4-15)计算出它们对应的波束指向。本书将这种现象称之为"溢出"。子带波束形成器在"溢出"的波束指向上会产生角度模糊(即波束图存在多个峰值),所以这些指向对应的 FFT 输出不可用,造成了该子带有效波束指向的减少,等效地增加了冗

余计算,具体讨论如下。

当第 l 个子带的第 k 个波束指向发生"溢出"时有 $(k-1)\Delta_{\sin\theta}+\sin\theta_1>1$,令
$$A_k=(k-1)\Delta_{\sin\theta}+\sin\theta_1 \tag{4.4-16}$$
则有 $A_k\sin90°=(k-1)\Delta_{\sin\theta}+\sin\theta_1$,代入式(4.4-4)中得到其导向因子等价变形为
$$d_{f_l}^{\theta_k}(i)=\mathrm{e}^{\mathrm{j}2\pi(i-1)\frac{dA_k}{\lambda_l}\sin90°} \tag{4.4-17}$$

显然这仍然是一个导向因子,只不过波束指向为90°,波长变为 λ_l/A_k,由于 A_k 是个大于1的数,所以当第 l 个子带的第 k 个波束指向发生"溢出"时,其对应的子带波束图等于一个波束指向为90°、中心频率对应波长为 λ_l/A_k 的子带的波束图。A_k 的取值可能导致 $\frac{dA_k}{\lambda_l}>\frac{1}{2}$,从而不满足空间采样定理,所以分以下两种情况产生"溢出"时波束图的特点:

(1) $\frac{dA_k}{\lambda}\leqslant\frac{1}{2}$。这种情况下波束指向 $\theta_k=90°$,根据空间采样定理此时 $\pm90°$ 范围内无栅瓣;

(2) $\frac{dA_k}{\lambda}>\frac{1}{2}$。这种情况相当于波长不满足空间采样定理,所以在 $\pm90°$ 范围内将出现栅瓣,此时对应该指向的 FFT 输出由于存在角度模糊(即分不清信号是从主瓣方向还是栅瓣方向进入)而不可用。

就如本节这个例子,$k=9,10,11,12$ 时的波束图如图 4.2-1 所示(为了更好地观察栅瓣的位置,用极坐标表示)。

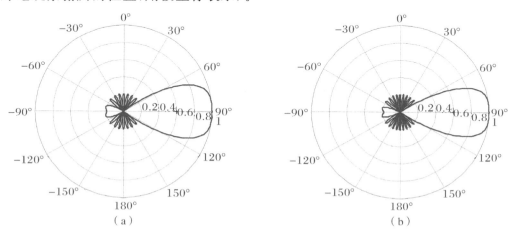

图 4.4-2　存在"溢出"问题的 FFT 输出对应的波束图

(a)$k=9$,$A_9=1.222\,2$,$dA_9/\lambda=0.366\,7$;(b)$k=10$,$A_{10}=1.500\,0$,$dA_{10}/\lambda=0.450\,0$

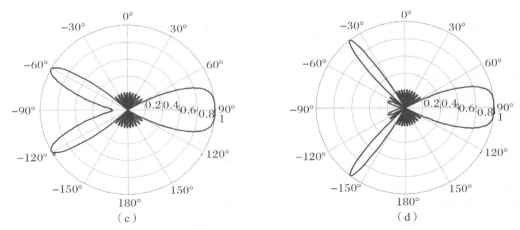

续图 4.4－2　存在"溢出"问题的 FFT 输出对应的波束图

(c)$k=11$,$A_{11}=1.7778$,$dA_{11}/\lambda=0.5333$;(d)$k=12$,$A_{12}=2.0556$,$dA_{12}/\lambda=0.6167$

既存在"溢出"问题又满足$\dfrac{dA_k}{\lambda}\leqslant\dfrac{1}{2}$的 FFT 输出,虽然不会产生角度模糊但其波束总是指向90°,同样会造成多波束形成器有效波束指向的减少,只是其输出仍然可以作为90°指向的波束形成输出来使用。所以"溢出"问题会造成多波束形成器的有效波束指向减少,同时等效地造成冗余计算。

下面具体讨论"溢出"对有效波束指向的影响。一个存在"溢出"问题的多波束形成器的有效波束指向数为

$$K_{\text{valid}}=K-K_{\text{overflow}} \tag{4.4－18}$$

式中:K 为 FFT 点数;K_{overflow}为产生"溢出"的 FFT 输出个数。注意对于"溢出"但$\dfrac{dA_k}{\lambda}\leqslant\dfrac{1}{2}$的情况应对式(4.4－18)加 1,因为此时"溢出"的 FFT 输出都指向90°且无角度模糊。

图 4.4－3 显示了不同$\dfrac{d}{\lambda}$和 K 情况下的 A_k、$\dfrac{dA_k}{\lambda}$和 K_{valid}的取值情况($\theta_1=-90°$,图中K_{valid}^a等表示$d/\lambda=a$时的K_{valid})。

结合图 4.4－3 所示的仿真结果可得出如下结论:

(1)$d/\lambda=0.5$的子带不会产生溢出。这一点也可以通过公式证明,将式(4.4－14)代入 A_k 的表达式,则当$k=K$时有(取$\theta_1=-90°$)

$$A_k=(K-1)\frac{\lambda}{dK}+\sin\theta_1=2\frac{(K-1)}{K}-1 \tag{4.4－19}$$

由于$\dfrac{(K-1)}{K}<1$代入上式,所以此时 A_k 也必然小于 1,不会产生"溢出"。

因此 $d/\lambda=0.5$ 时有效波束指向数与 FFT 点数相同,即 $K_{\text{valid}}=K$,此时没有不可用输出,效率最高;

(2)d/λ 越接近 0.5 产生"溢出"的 FFT 点越少;

(3)d/λ 越小产生"溢出"(即 $A_k>1$)的点越多,同时"溢出"的 FFT 输出出现栅瓣$\left(\text{即}\dfrac{dA_k}{\lambda}\geqslant 0.5\right)$的也越多;

(4)增大 FFT 点数 K 可以增加有效波束指向的绝对数量,但无效波束指向数随之增大。

(5)"溢出"问题导致了有效波束指向数与有效带宽的矛盾,从而限制波束形成器的有效带宽。由于只有所有子带的相同指向输出相加才能得到最终该指向上的宽带波束形成结果,所以其 d/λ 最小的子带的有效波束指向数决定了整个多波束形成器所能形成的有效波束指向数,即整个多波束形成器的有效波束指向数为

$$K_{\text{valid}}=K_{\text{valid}}^{\min}\leqslant K_{\text{valid}}^{0.5}=K \qquad (4.4-20)$$

$d/\lambda=0.5$ 的子带是中心频率最高的子带,所以式(4.4-20)间接表明中心频率最低的子带与 $d/\lambda=0.5$ 的子带越接近,整个波束形成器的有效波束指向越多,也就是说要增加波束形成器的有效波束指向必须减小其有效带宽。

(6)联合式(4.4-14)、式(4.4-16)和无"溢出"条件式 $(k-1)\Delta_{\sin\theta}+\sin\theta_1\leqslant 1$ 可以得到,基于 FFT 的多波束形成器的无"溢出"频带为

$$\left[\frac{v(K-1)}{2dK},\frac{v}{2d}\right] \qquad (4.4-21)$$

式中:v 为信号空间传播速度。显然,当 K 减小时 $\dfrac{(K-1)}{K}$ 减小,无"溢出"频带的带宽增大,当 $K=2$ 时 $\dfrac{(K-1)}{K}=\dfrac{1}{2}$,此时无"溢出"频带的带宽取得最大值 $\dfrac{v}{4d}$,根据式(4.2-8)FFT 点数 K 与阵元数 M 相等,所以此时要求阵元数也为 2,而 2 个阵元的波束形成器其波束图的方向选择性非常差,所以在工程中是不常用的,通常 K 都取 8 以上。当 $K=8$ 时,无"溢出"频带为 $\left[\dfrac{7}{8}\times\dfrac{v}{2d},\dfrac{v}{2d}\right]$,带宽仅为最高频率的 1/8,其覆盖的频带位置和带宽大小往往难以满足宽带波束形成器的要求,所以基于 FFT 的多波束形成要用于宽带波束形成往往要以产生"溢出"为代价来增大带宽和改变频带覆盖位置。

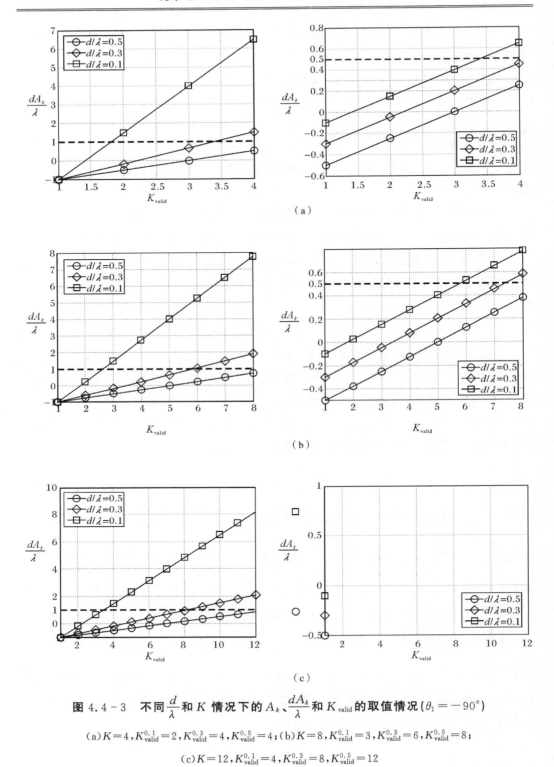

图 4.4－3　不同 $\dfrac{d}{\lambda}$ 和 K 情况下的 A_k、$\dfrac{dA_k}{\lambda}$ 和 K_{valid} 的取值情况（$\theta_1 = -90°$）

(a)$K=4$，$K_{\text{valid}}^{0.1}=2$，$K_{\text{valid}}^{0.3}=4$，$K_{\text{valid}}^{0.5}=4$；(b)$K=8$，$K_{\text{valid}}^{0.1}=3$，$K_{\text{valid}}^{0.3}=6$，$K_{\text{valid}}^{0.5}=8$；

(c)$K=12$，$K_{\text{valid}}^{0.1}=4$，$K_{\text{valid}}^{0.3}=8$，$K_{\text{valid}}^{0.5}=12$

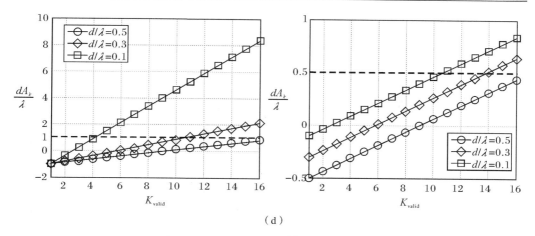

（d）

续图 4.4 - 3　不同 $\dfrac{d}{\lambda}$ 和 K 情况下的 A_k、$\dfrac{dA_k}{\lambda}$ 和 K_{valid} 的取值情况（$\theta_1 = -90°$）

（d）$K=16$，$K_{\text{valid}}^{0.1}=5$，$K_{\text{valid}}^{0.3}=11$，$K_{\text{valid}}^{0.5}=16$

综上所述，"溢出"问题限制了基于 FFT 的多波束形成器的有效带宽，减少了有效波束指向数，从而造成了计算量的浪费。

3. 补零

根据式（4.4 - 14）可知，由于 $K=M$ 的固定关系（即阵元个数与 FFT 点数之间的固定关系，如图 4.4 - 1 所示）使得各子带的 $\Delta_{\sin\theta}$ 取值会随各子带波长的不同而变化，最终导致各子带生成的多波束指向出现相对的偏差。进一步考察式（4.4 - 14）可知，如果 K 的取值能够随着子带波长的变化而变化，则可以使得各子带的 $\Delta_{\sin\theta}$ 相等，从而解决子带间的波束指向偏差问题。要打破 $K=M$ 这种固有关系又不改变图 4.4 - 1 所示的 FFT 快速运算的结构最简单有效的方法就是就是补零，即将各子带波束形成加权系数后补若干个零再进行 FFT 运算。由于补零个数是任意的，所以这种补零 FFT 可以有效解除阵元个数与 FFT 点数之间的固有关系，从而使得 K 的取值可以根据各子带波长灵活设置，最终实现各子带的 $\Delta_{\sin\theta}$ 保持不变。具体分析如下。

设共划分 L 个子带，第 l 个子带的波长为 λ_l，且 $\lambda_l \geqslant \lambda_L (l=1,2,3,\cdots,L)$，其中 λ_L 为中心频率最高的子带对应的波长，补零后第 l 个子带的 FFT 点数为 K_l，根据式（4.4 - 14）有

$$\Delta_{\sin\theta}^{\lambda_l} = \frac{\lambda_l}{dK_l} \quad (l=1,2,3,\cdots,L) \tag{4.4 - 22}$$

以 $\Delta_{\sin\theta}^{\lambda_L}$ 为标准，使 $\Delta_{\sin\theta}^{\lambda_l} = \Delta_{\sin\theta}^{\lambda_L}$，$(l=1,2,3,\cdots,L-1)$，则有

$$K_l = \frac{\lambda_l}{d\,\Delta_{\sin\theta}^L} = \frac{\lambda_l}{d\,\dfrac{\lambda_L}{dK_L}} = K_L\,\frac{\lambda_l}{\lambda_L} \quad (l=1,2,3,\cdots,L) \qquad (4.4-23)$$

按上式设置各子带 FFT 点数则可以实现各子带的 $\Delta_{\sin\theta}$ 取值相等从而消除子带间波束指向偏差。

这里有两方面问题需要注意：

(1)设定的 K_L 需保证 $K_L \geqslant M$，这样才能保证子带加权系数都参与 FFT 运算，从而保持子带波束形成器的性能与设计的一致。

(2)作为 FFT 点数 K_l 必须为整数，但是式(4.4-23)的结果并不一定总是整数，所以需对其结果取整，取整将舍去小数部分，这将产生误差，使得 $\Delta_{\sin\theta}^{\lambda_l} \neq \Delta_{\sin\theta}^{\lambda_L}$，但考虑到 $K_l \gg 1$，所以其小数部分对结果的贡献是相对很小的，所以取整造成的误差可以忽略。例如在归一化频带 $[0.1,0.4]$ 上均匀划分 40 个子带，$L=40$，阵元间距 d 为归一化频率 0.4 对应的半波长，取 $K_{40}=32$，则 $\Delta_{\sin\theta}^{\lambda_{40}}=1/16$，根据式(4.4-23)计算出各子带 K_l，取整后代入式(4.4-22)算出各子带的 $\Delta_{\sin\theta}^{\lambda_l}$，最后得到的 $|\Delta_{\sin\theta}^{\lambda_l} - \Delta_{\sin\theta}^{\lambda_L}|$ 最大值为 0.001 7，根据式(4.4-3)，0.001 7 可能产生的最大角度偏差为 0.098 5°，可见取整产生的误差是非常小的，基本可以忽略。总之，利用式(4.4-23)取整得到其他子带的补零 FFT 点数，最终就可以使各子带的 $\Delta_{\sin\theta}^{\lambda_l}$ 都等于 $\Delta_{\sin\theta}^{\lambda_L}$，从而消除各子带的波束指向偏差。

补零的根本作用是可以在阵元数 M 不变的情况下灵活地改变 FFT 点数 K，根据式(4.4-21)可知，改变 K 并不能消除"溢出"现象，所以补零不能消除"溢出"现象，但是补零可以等效地解除"溢出"问题对多波束形成器有效带宽的限制，具体分析如下。

由于 $\lambda_l \geqslant \lambda_L$，所以根据式(4.4-23)可知 $K_l \geqslant K_L$，即 K_L 为最小值，此时若 K_l 满足式(4.2.3-4)则在相同的初始角度 θ_1 下各子带前 K_L 个波束指向必然相等，所以 K_L 对应子带具有的有效波束指向数 $K_{\text{valid}}^{d/\lambda_L}$ 决定了整个波束形成器的有效波束指向 K_{valid}，即 $K_{\text{valid}}=K_{\text{valid}}^{d/\lambda_L}$。也就是说，补零后整个波束形成器的有效波束指向数与 K_L 对应子带($d/\lambda_L=0.5$)的 FFT 点数相同，即 $K_{\text{valid}}=K_{\text{valid}}^{d/\lambda_L}=K_L$，由于在保证 $K_L \geqslant M$ 的情况下 K_L 的设置是任意的，所以补零后得到的整个波束形成器的有效波束指向数 $K_{\text{valid}} \geqslant M$ 且是任意的，此时波束形成器的有效波束指向数与其覆盖的有效带宽无关，这就解决了 4.2.2 节结论(5)论述的有效波束指向数与有效带宽的矛盾。

综上所述，补零在消除了子带波束指向偏差问题的同时还克服了"溢出"现象对多波束形成器有效带宽的限制。

4.4.3　计算量分析

多波束形成控制计算量是关键。以单位时间需要进行的实数乘法次数(Real Multiplications Per Second, RMPS)为标准,设系统采样率为 f_s,阵元数为 M,形成波束数量为 K,则各方法的计算量分析如下。

1. 时域 FIR 宽带多波束形成器

设阵元滤波器长度为 N(其点数决定了时域 FIR 宽带多波束形成器在其覆盖频带内划分的子带数 L,即有 $N=L$),考虑到一次复数乘法包含 4 次实数乘法和两次实数加法[128],同时时域 FIR 宽带波束形成方法只能是一个波束形成器对应一个波束指向,因此该方法的计算量估算公式为

$$\Gamma_{\text{FIR\_BF}}=4f_sKMN=4f_sK\,ML \quad (\text{RMPS}) \tag{4.4-24}$$

2. 频域 DFT 宽带多波束形成器

根据文献[139]的论述,采用分裂基算法的 FFT 计算量估算公式为

$$\Gamma_{\text{FFT}}(n)=\frac{4}{3}n\log_2 n-\frac{38}{9}n+6+(-1)^n\cdot\frac{2}{9} \quad (\text{RMPS}) \tag{4.4-25}$$

式中:n 为进行 FFT 运算的点数;L 为划分子带数。则根据图 3.3-1 得频域 DFT 宽带多波束形成器计算量估算公式为

$$\Gamma_{\text{DFT\_BF}}=f_sK\left[M\Gamma_{\text{FFT}}(L)+4M^2\right] \quad (\text{RMPS}) \tag{4.4-26}$$

3. 基于 FFT 的快速算法(未补零)

根据图 4.4-1 有

$$\Gamma_{\text{FFT\_BF}}=f_s\left[M\Gamma_{\text{FFT}}(L)+M\Gamma_{\text{FFT}}(M)+4M^2\right] \quad (\text{RMPS}) \tag{4.4-27}$$

需要注意的是,未补零的 FFT 多波束形成器,只能形成与阵元个数相同的波束指向(详见图 4.4-1)。

4. 基于 FFT 的快速算法(补零)

补零后各子带的 FFT 点数 K_l 由式(4.4-23)算出,考虑到此时 K_l 并不一定是 2 的整数次幂,其快速运算结构可采用基于下标映射[164]的 Winograd 算法[165](WFTA),它是 DFT 更具一般性的快速运算方法,FFT 可以认为是下标映射的一个特例。对于 N 点 WFTA 运算,若 $N=N_1\times N_2$,取 M_1 等于 $2N_1$ 减去 N_1 的因子数(含 1 和其本身),取 M_2 等于 $2N_2$ 减去 N_2 的因子数(含 1 和其本身),则所需乘法数为 M_1M_2。为了估算方便,认为 N_1,N_2 均为素数,此时 $M_1=2N_1-2$,$M_2=2N_2-2$,则 N 点 WFTA 所需乘法次数为 $(2N_1-2)(2N_2-2)$,实际运算量小于等于此结果。设 $K_l=N^{l_1}\times N^{l_2}$,则各子带 WFTA 运算所需实数乘法次数最大值为

$$\Gamma^{\text{WFTA}}(K_l)=(2N^{l_1}-2)(2N^{l_2}-2) \quad (l=1,2,3,\cdots,L) \tag{4.4-28}$$

整个波束形成器的计算量的估算公式为

$$\Gamma_{\text{FFT\_BF\_0}} = f_s \Big[M\Gamma_{\text{FFT}}(L) + \sum_{l=1}^{L} \Gamma^{\text{WFTA}}(K_l) + 4M^2 \Big] \quad (\text{RMPS}) \qquad (4.4-29)$$

为讨论方便，将采样频带均匀划分出 L 个子带，此时各子带波长关系为 $\lambda_l = \dfrac{L}{l}\lambda_L, (l=1,2,3,\cdots,L)$，代入式(4.4-22)得

$$K_l = K_L \frac{L}{l} \quad (l=1,2,3,\cdots,L) \qquad (4.4-30)$$

联合式(4.4-5)和式(4.4-6)得

$$\Gamma_{\text{FFT\_BF\_0}} = f_s \Big[M\Gamma_{\text{FFT}}(L) + \Gamma^{\text{WFTA}}(K_L)L \sum_{l=1}^{L} \frac{1}{l} + 4M^2 \Big] \quad (\text{RMPS})$$

$$(4.4-31)$$

又根据欧拉常数的定义[166]可知

$$\sum_{l=1}^{L} \frac{1}{l} \leqslant \ln L + C_{\text{euler}} \qquad (4.4-32)$$

式中：$C_{\text{euler}} \approx 0.577\,215\,6$ 为欧拉常数，$L\to\infty$ 时等号成立，将式(4.4-32)代入式(4.4-21)得

$$\Gamma_{\text{FFT\_BF\_0}} < f_s \Big[M\Gamma_{\text{FFT}}(L) + \Gamma^{\text{WFTA}}(K_L)L(\ln L + C_{\text{euler}}) + 4M^2 \Big] \quad (\text{RMPS})$$

$$(4.4-33)$$

在后续讨论中，均用式(4.4-33)计算补零后的 FFT 多波束形成器的计算量，实际小于此值。

根据式(4.4-24)、式(4.4-26)、式(4.4-27)和式(4.4-33)，在不同阵元数 M、划分子带数 L 以及波束指向数 K 对各种方法的计算量对比如图 4.4-4 所示(取采样率 $f_s=1$ Hz，覆盖频带为$[0.2,0.4]$)。

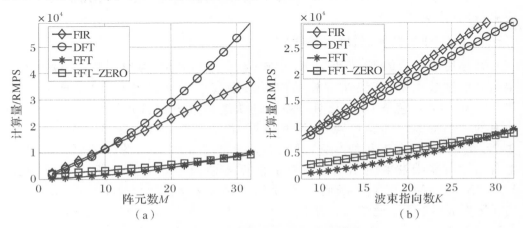

图 4.4-4　各多波束形成结构的计算量对比

(a)不同阵元数计算量对比($K=8,L=36$)；(b)不同波束指向数计算量对比($M=8,L=36$)

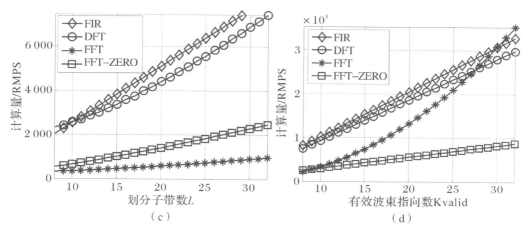

续图 4.4 - 4　各多波束形成结构的计算量对比

（c）不同划分子带数计算量对比（$M=8,K=32$）；

（d）不同有效波束指向数计算量对比（$M=8,L=36$）

根据图 4.4 - 1 的对比结果可知,基于 FFT 的多波束形成算法大大减少了原有多波束形成方法的计算量,而补零后的 FFT 多波束形成算法与补零前运算量基本相当,且在实现相同数量的有效波束指向时前者运算较后者大大降低。

4.4.5　仿真实例

仿真在 Matlab R2007b 环境下进行,仿真参数设置如下。

采样率:$f_s=1$ Hz;阵元数:$M=16$。

采用信号形式与 3.3.8 节相同,且均通过正交化得到其解析形式,即均为复信号

输入信号 1:脉冲串。载波为正弦信号,中心频率为 $13f_s/32$,脉冲串为 13 位 Barker 码[146]（循环调制）,13 位 Barker 码为$(1,1,1,1,1,-1,-1,1,1,-1,1,-1,1)$,占空比为 1:1,码速率为 $f_s/32$,入射角度为$-27°$;

输入信号 2:线性调频信号 LFM。中心频率为 $27f_s/64$,宽为 $5f_s/32$,时宽取 $2\,048/f_s$,入射角度为$32°$;

输入信号 3:正弦信号。中心频率为 $15f_s/32$,入射角度为$2°$。

选择$-27°,32°,2°$三个角度入射,主要为了配合后面的多波束形成造成非主轴入射的情况,以更好地考察各子带多波束形成器在相同波束指向上的束宽频率稳定性。

仿真分以下四步,

1. 产生输入信号

如图 4.4 - 5 所示,信号 1,2 为宽带信号,信号 3 为单频信号,三个信号从不同方向入射但频谱混叠在一起。

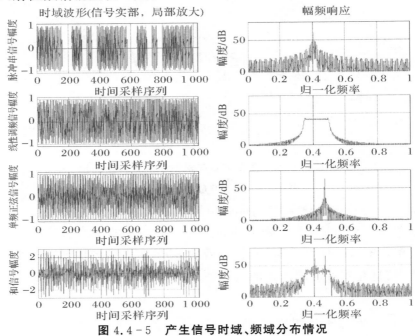

图 4.4 - 5　产生信号时域、频域分布情况

2. 子带分割

采用 Windowed FFT 对和信号进行子带分割,共分成 32 个子带,为避免子带分割产生的误差,采用 3.3.4 节所述方法设计原型滤波器,其中选择 Chebyshev 窗,边带衰减值设置为 100,得到各子带的滤波特性如图 4.4 - 6 所示。

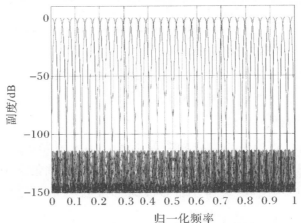

图 4.4 - 6　各子带滤波特性

根据图 4.4-5 和图 4.4-6 可知,信号的主要信息分布在第 10～15 号子带中,用式(4.2-1)考察上述各子带的带宽,得到 $0.066\ 6<B/f_c<0.1$,其满足窄带波束形成对信号带宽的要求,因此对各子带信号可以进行窄带多波束形成。

3. 针对各子带进行窄带多波束形成

每个子带形成 16 个有效子波束,保持各子波束相邻角度正弦值差 $\Delta_{\sin\theta}\approx1/8$ [见式(4.4-14)],则由式(4.4-15)算出的理论子波束指向分别为 $-90°$,$-61.044\ 9°$,$-48.590\ 3°$,$-38.682\ 1°$,$-30°$,$-22.024\ 3°$,$-14.477\ 5°$,$-7.180\ 7°$,$0°$,$7.180\ 7°$,$14.477\ 5°$,$22.024\ 3°$,$30°$,$38.682\ 1°$,$48.590\ 3°$,$61.044\ 9°$。为保证恒定束宽,利用 4.3.5 节所述的二阶锥规划方法进行子带波束形成器设计,为减小计算量采用图 4.4-1 所述的 FFT 结构进行各子带的多波束形成,且通过补零消除子带波束指向偏差以及克服"溢出"现象对多波束形成器有效带宽的限制,形成第 10～15 号子带多波束形成器的波束图如图 4.4-7 所示。

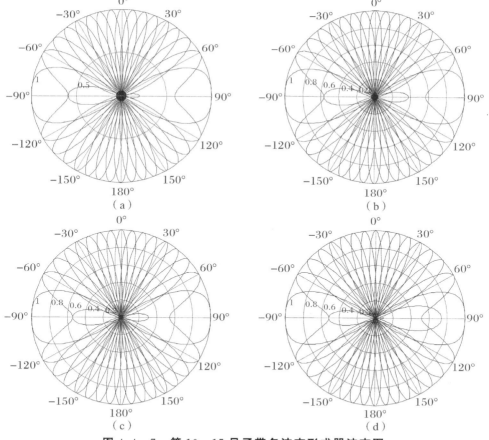

图 4.4-7　第 10～15 号子带多波束形成器波束图

(a)$\Delta_{\sin\theta}=0.123\ 08$,$K=26$;(b)$\Delta_{\sin\theta}=0.126\ 48$,$K=23$;
(c)$\Delta_{\sin\theta}=0.126\ 98$,$K=21$;(d)$\Delta_{\sin\theta}=0.123\ 08$,$K=20$

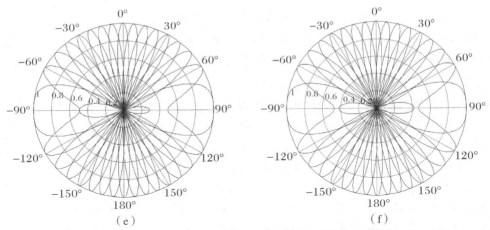

（e）   （f）

续图 4.4 - 7　第 10～15 号子带多波束形成器波束图

(e)$\Delta_{\sin\theta}=0.126\,98,K=18$;(f)$\Delta_{\sin\theta}=0.125\,49,K=17$

图 4.4 - 7 中各子带多波束形成器之间相同波束的波束指向偏差的方均根值为 $1.007\,9\times10^{-9}$，3 dB 束宽的方差［见式(4.3 - 44)］为 $\sigma_{3\,\mathrm{dB}}^2=5.313\,7\times10^{-4}$，即各子带波束形成器之间的波束指向偏差约为 0，且束宽基本恒定。

4.合并相同指向的子带波束形成输出

将指向为 $-30°,0°,30°$,的子带波束形成输出相加得到最终的宽带波束形成输出，并与原信号频谱对比如图 4.4 - 8 所示。

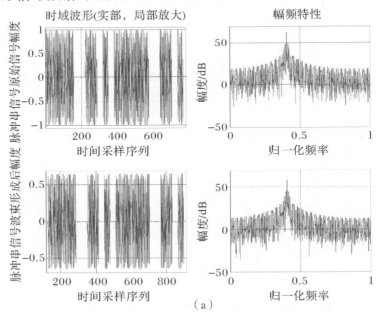

（a）

图 4.4 - 8　宽带多波束形成结果

（a）脉冲串信号波束形成化前后时域、频域特征对比

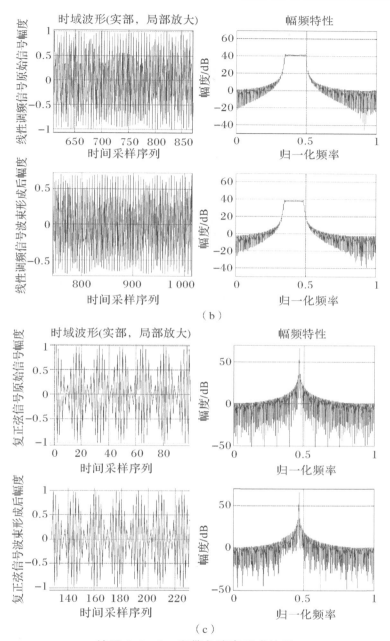

续图 4.4-8　宽带多波束形成结果

(b)线性调频信号信道化前后时域、频域特征对比；

(c)正弦信号信道化前后时域、频域特征对比

如图 4.4-8 所示,通过波束形成前后信号时域、频域特征的对比可知本章提出的宽带多波束算法较好地完成了相同频段不同入射方向信号的相互分离,有效实现了宽带信号的空域滤波。需要说明的是,由于信号是非主轴入射,其波

束增益小于 1，所以造成了信号幅度有所衰减。

4.5　本　章　小　结

　　本章首先对（窄带）波束形成的数学模型和基本概念进行了回顾，其中对空时等效性进行了详细推导，主要研究内容和结论如下：

　　（1）以 ULA 阵为例推导了波束响应与时域 FIR 滤波器频率响应的对应关系，得出了波束形成器设计与时域 FIR 滤波器设计的等效关系式（4.2-49）；

　　（2）从不产生角度模糊的条件出发详细推导了空间采样定理，并进一步推导出了 ULA 阵允许的无模糊入射角度区间计算公式式（4.2-53）和相邻栅瓣间距计算公式式（4.2-54）。

　　对基于 SOCP（二阶锥规划）的宽带波束形成方法进行了深入研究，主要研究内容和结论如下。

　　（1）分析了宽带波束形成的基本方法及其存在恒定束宽问题。

　　（2）分析了频域 DFT 宽带波束形成器的基本结构及其存在子带非理想分割带来的信号频域信息损失；论述了时域 FIR 宽带波束形成器的基本结构及其分步设计方法。

　　（3）详细论述了将多约束波束优化以及 FIR 滤波器设计问题转换成二阶锥规划问题的具体方法，以及使用 Sedumi 函数求解 SOCP 问题的详细步骤，并辅以仿真验证。

　　（4）定义了 3 dB 束宽方差来描述宽带波束形成器束宽的频率稳定性，并通过仿真分析指出了基于 SOCP 的宽带波束形成方法存在非样本频点上束宽不稳定的问题。

　　（5）非样本频点上的束宽不稳定是由于阵元 FIR 滤波器在非样本频点上频率响应未受约束而不规则起伏引起的，为平滑阵元 FIR 滤波器的频率响应，本章从大量仿真中总结得出以下结论和解决办法：

　　1）增大采样频点的密度并不能消除其间非采样频点上频率响应的幅度震荡，在滤波器长度不变时，增大采样频点的密度甚至会导致震荡幅度增大；

　　2）适当改变通带采样频点数量与阻带采样频点数量的比例可以一定程度地减小非采样频点上频率响应的幅度震荡，但效果并不明显，束宽相对变化率仍然很大；

　　3）给期望频率响应加上线性相位，并适当调整通带采样点数，可以大幅度减小甚至消除非采样频点频率响应的幅度震荡，明显改善非采样频点的束宽相对变化率,提高在整个通带上的束宽稳定性。

(6)为进一步增大阵元 FIR 滤波器的阻带衰减,需要给期望频率响应适当增加过渡带点,本章首先利用频率响应不变法根据期望频率响应设计得到 FIR 滤波器的初值,然后用 DTFT 计算出一到两个此 FIR 滤波器的过渡带点作为期望频率响应的过渡带点,然后再利用 SOCP 方法对含有过渡带点的期望频率响应进行拟合,大量仿真结果表明,最终得到的 FIR 滤波器既保证了给定频点上的拟合精度又明显改善了阻带衰减;

提出了一种基于 FFT 的宽带多波束形成快速运算结构,并对其存在的相关问题进行了分析解决,主要研究内容及结论如下。

(1)提出了基于 FFT 的宽带多波束形成快速运算结构(见图 4.4 − 1),给出了工作原理。

(2)分析指出了 FFT 多波束运算结构存在的子带波束指向偏差。为了使用 FFT 这种快速运算结构必须使各子带的各个波束指向之间的角度差相同[角度差计算公式见式(4.4 − 14)],由于式(4.4 − 14)与各子带中心频率有关,所以各子带的波束指向存在偏差,这种偏差会造成各子带对同一方向入射的宽带信号的各子频带增益不同,最终导致信号波形畸变。

(3)分析指出了 FFT 多波束运算结构存在的"溢出"问题。在式(4.4 − 15)中,$\Delta_{\sin\theta}$ 的取值很可能造成 $(k-1)\Delta_{\sin\theta}+\sin\theta_1>1(k=1,2,3,\cdots,K)$ 的情况,此时在 FFT 的这些输出上无法用式(4.4 − 15)计算出它们对应的波束指向。本书将这种现象称之为"溢出"。子带波束形成器在"溢出"的波束指向上会产生角度模糊(即波束图存在多个峰值),所以这些指向对应的 FFT 输出不可用,造成了该子带有效波束指向的减少,等效地增加了冗余计算。

(4)为解决以上两个问题,本章提出了补零的方法。补零的根本作用是可以在阵元数 M 不变的情况下灵活地改变 FFT 点数 K,这样可以通过 K 的取值来抵消 $\Delta_{\sin\theta}$ 随子带中心频率变化而产生的取值变化从而消除子带波束指向偏差。另一方面,根据式(4.4 − 21)可知,改变 K 并不能消除"溢出"现象,但是补零可以等效地解除"溢出"问题对多波束形成器有效带宽的限制,大幅度降低其引起的冗余计算。

(5)4.4.3 节对本章提出的快速运算结构的计算量进行了详细的理论分析和仿真验证,并与现有多波束运算方法进行对比,体现了其在计算量上的优越性,另外补零后的 FFT 多波束形成算法与补零前运算量基本相当,且在实现相同数量的有效波束指向时前者运算较后者大大降低;4.4.5 节通过一个仿真实例验证了算法的有效性。

第 5 章　空时二维谱估计研究

5.1　引　　言

　　阵列信号的多维参数估计技术是阵列信号处理技术领域的一个重要组成部分,其伴随现代谱估计理论的诞生而诞生。在多维参数估计中,研究最多的是二维参数估计问题,包括有频率-频率、方向-方向、波数-方向、波数-频率、频率-方向以及方向-极化等。其中空时二维谱估计指的是频率-方向的二维参数估计,通过空时二维谱估计可以直接获得阵列接收信号在频率和入射方向上的二维分布。在本书提出的雷达侦察接收机系统模型中空时二维谱估计主要用来实现信号在频域、空域分布态势的感知。

　　空时二维谱估计使得测频测向一体化接收机的实现成为可能,进入 21 世纪以来已经取得不少研究成果,但是其使用的都是超分辨率算法,计算量成为限制其工程化的主要原因,根据各参考文献给出的理论分析和仿真结果(见 1.4.3 节中的相关论述),MUSIC 算法仍然是诸多算法中稳定性、估计精度和分辨率最好的方法,但是在空时二维信号模型下 MUSIC 算法仍然存在不能对相干信号进行谱估计的缺点,并且其计算量也较一维时显著增大。为了解决这两个问题,进一步提高其实用性,可以将空间平滑技术推广到空时二维信号模型下以改善 MUSIC 算法对相干信号的估计能力。另一方面,可以将基于波束空间转换的降维处理算法推广到空时二维信号模型下以降低 MUSIC 算法的计算量。本章围绕这两个方面展开了研究工作。

5.2　空时二维信号模型

　　空时二维阵列由普通阵列连接若干时延单元构成,以 ULA 阵为例,如图 5.2-1所示,其中 T 为系统采样周期,τ 为信号在阵元间的传播时延,且有

$\tau = d\sin\theta/v$（其中 v 为信号的空间传播速度，通常为光速），不同入射角的信号具有不同的传播时延。

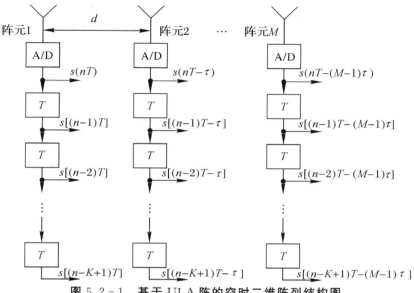

图 5.2 - 1　基于 ULA 阵的空时二维阵列结构图

设有 N 个窄带远场信号平面波入射到图 5.2 - 1 所示 M 元阵上，记为 s_1，$s_2,\cdots,s_N$，有

$$s_i(t) = \exp(\mathrm{j}2\pi f_i t) \quad (i = 1,2,\cdots,N) \tag{5.2-1}$$

各信号入射方向分别为 $\theta_1,\theta_2,\cdots,\theta_N$，各阵元时延级联数为 K 级，阵元间距为 d，则第 i 个窄带远场信号在第 m 个阵元的第 k 级延时抽头的 nT 时刻输出可表示为

$$x_{km}^i(nT) = s_i(nT)\mathrm{e}^{-\mathrm{j}[2\pi f_i \tau_{im} + 2\pi f_i(k-1)T]} \tag{5.2-2}$$

式中

$$\tau_{im} = (m-1)\frac{d\sin\theta_i}{v} \tag{5.2-3}$$

N 个窄带远场信号同时入射时第 m 个阵元的第 k 级延时抽头的 nT 时刻输出表示为

$$x_{km}(nT) = \sum_{i=1}^{N} x_{km}^i(nT) = \sum_{i=1}^{N} s_i(nT)\mathrm{e}^{-\mathrm{j}[2\pi f_i \tau_{im} + 2\pi f_i(k-1)T]} = \boldsymbol{a}_{km}(f,\theta)\boldsymbol{s}(nT) \tag{5.2-4}$$

式中：

$$\boldsymbol{s}(nT) = [s_1(nT),s_2(nT),\cdots,s_N(nT)]^{\mathrm{T}} \tag{5.2-5}$$

$$\boldsymbol{a}_{km}(f,\theta) = \left[\mathrm{e}^{-\mathrm{j}[2\pi f_1 \tau_{1m} + 2\pi f_1(k-1)T]}, \mathrm{e}^{-\mathrm{j}[2\pi f_2 \tau_{2m} + 2\pi f_2(k-1)T]}, \cdots, \mathrm{e}^{-\mathrm{j}[2\pi f_N \tau_{Nm} + 2\pi f_N(k-1)T]}\right] \tag{5.2-6}$$

考虑到同一阵元的不同时延抽头的噪声之间也是时延关系,所以在考虑噪声的情况下各抽头处的输出可以表示为

$$x_{km}(nT)=\boldsymbol{a}_{km}(f,\theta)\boldsymbol{s}(nT)+n_m[(n-k+1)T]$$
$$(k=1,2,\cdots,K;m=1,2,\cdots,M) \tag{5.2-7}$$

构造 $MK\times1$ 维信号向量

$$\boldsymbol{X}(nT)=[\boldsymbol{X}_1(nT),\boldsymbol{X}_2(nT),\cdots,\boldsymbol{X}_M(nT)]^{\mathrm{T}} \tag{5.2-8}$$

式中

$$\boldsymbol{X}_m(nT)=[x_{1m}(nT),x^{2m}(nT),\cdots,x^{Km}(nT)] \quad (m=1,2,\cdots,M)$$
$$\tag{5.2-9}$$

构造 $MK\times1$ 维噪声向量

$$\boldsymbol{n}(nT)=[\boldsymbol{n}_1(nT),\boldsymbol{n}_2(nT),\cdots,\boldsymbol{n}_M(nT)]^{\mathrm{T}} \tag{5.2-10}$$

式中

$$\boldsymbol{n}_m(nT)=[n^1(nT),n^2[(n-1)T],\cdots,n^M[(n-K+1)T] \quad (m=1,2,\cdots,M)$$
$$\tag{5.2-11}$$

构造 $MK\times N$ 维阵列流型矩阵

$$\boldsymbol{A}=\begin{bmatrix}\boldsymbol{A}_1(f,\theta)\\\boldsymbol{A}_2(f,\theta)\\\vdots\\\boldsymbol{A}_M(f,\theta)\end{bmatrix} \tag{5.2-12}$$

式中

$$\boldsymbol{A}_m(f,\theta)=\begin{bmatrix}\boldsymbol{a}_{1m}(f,\theta)\\\boldsymbol{a}_{2m}(f,\theta)\\\vdots\\\boldsymbol{a}_{Km}(f,\theta)\end{bmatrix}$$
$$=\begin{bmatrix}e^{-j(2\pi f_1\tau_{1m})},e^{-j(2\pi f_2\tau_{2m})},\cdots,e^{-j(2\pi f_N\tau_{Nm})}\\e^{-j(2\pi f_1\tau_{1m}+2\pi f_1 T)},e^{-j(2\pi f_2\tau_{2m}+2\pi f_2 T)},\cdots,e^{-j(2\pi f_N\tau_{Nm}+2\pi f_2 T)}\\\vdots\\e^{-j[2\pi f_1\tau_{1m}+2\pi f_1(K-1)T]},e^{-j[2\pi f_2\tau_{2m}+2\pi f_2(K-1)T]},\cdots,e^{-j[2\pi f_N\tau_{Nm}+2\pi f_N(K-1)T]}\end{bmatrix}$$
$$(m=1,2,\cdots,M)\tag{5.2-13}$$

根据式(5.2-7)的关系最终可以得到信号模型 o 为

$$\boldsymbol{X}(nT)=\boldsymbol{A}\boldsymbol{s}(nT)+\boldsymbol{n}(nT) \tag{5.2-14}$$

由于阵列流型矩阵 $\boldsymbol{A}$ 中包含了信号通过不同阵元接收产生的传播时延信息[根据式(5.2-3)也即空间入射角度信息],同时同一阵元的时延单元保存信号时域的采样信息(可以利用傅里叶变换获得频率信息),所以可以通过该模型

同时获得入射信号在频域和空域的分布情况,式(5.2－14)所示的模型也称为空时二维信号模型。

5.3 基于 SS－BMUSIC 算法的空时二维功率谱估计

5.3.1 空时二维 MUSIC 算法的基本原理

20 世纪 80 年代中期,M. Wax 等人提出了二维 MUSIC 算法[76],它是 MUSIC在空时二维空间上的推广,尽管其运算量大,但对于非相干信号源具有良好的频率方向分辨特性,其原理讨论如下。

设各入射信号互不相关,阵元噪声之间以及噪声与信号之间互不相关,各阵元噪声为均值为零的平稳白噪声过程,方差为 σ^2,则根据式(5.2－14)输入信号的协方差可表示为

$$\boldsymbol{R} = E\{\boldsymbol{X}(nT)\boldsymbol{X}^{\mathrm{H}}(nT)\} = \boldsymbol{A}\boldsymbol{R}_s\boldsymbol{A}^{\mathrm{H}} + \sigma^2\boldsymbol{I} \tag{5.3－1}$$

式中

$$\boldsymbol{R}_s = E\{\boldsymbol{s}(nT)\boldsymbol{s}^{\mathrm{H}}(nT)\} \tag{5.3－2}$$

由于信号互不相关,所以 $\boldsymbol{R}_s$ 为一个 $N \times N$ 满秩矩阵。另一方面,$\boldsymbol{A}$ 中包含有 Vandermonde 子阵,其至少是列满秩的,所以根据矩阵秩的基本性质有

$$\mathrm{rank}(\boldsymbol{A}\boldsymbol{R}_s\boldsymbol{A}^{\mathrm{H}}) = \mathrm{rank}(\boldsymbol{R}_s) = N \tag{5.3－3}$$

对 $\boldsymbol{A}\boldsymbol{R}_s\boldsymbol{A}^{\mathrm{H}}$ 进行特征值分解,得

$$\boldsymbol{A}\boldsymbol{R}_s\boldsymbol{A}^{\mathrm{H}} = \boldsymbol{U}_s\boldsymbol{\Lambda}_s\boldsymbol{U}_s^{\mathrm{H}} \tag{5.3－4}$$

式中:$\boldsymbol{\Lambda}_s = \mathrm{diag}(\sigma_1^2, \sigma_2^2, \cdots, \sigma_N^2)$,为矩阵 $\boldsymbol{A}\boldsymbol{R}_s\boldsymbol{A}^{\mathrm{H}}$ 的特征值对角阵。

将式(5.3－4)代入式(5.3－1),考虑 $N < KM$,得

$$\boldsymbol{R} = \boldsymbol{U}_s\boldsymbol{\Lambda}_s\boldsymbol{U}_s^{\mathrm{H}} + \sigma^2\boldsymbol{I} = \boldsymbol{U}_s(\boldsymbol{\Lambda}_s + \sigma^2\boldsymbol{I})\boldsymbol{U}_s^{\mathrm{H}} = \boldsymbol{U}_s\boldsymbol{\Lambda}\boldsymbol{U}_s^{\mathrm{H}} \tag{5.3－5}$$

式中:$\boldsymbol{\Lambda} = \mathrm{diag}(\sigma_1^2 + \sigma^2, \sigma_2^2 + \sigma^2, \cdots, \sigma_N^2 + \sigma^2, \sigma^2, \cdots, \sigma^2)$,为信号协方差阵 $\boldsymbol{R}$ 的特征值对角阵,由于 $\sigma^2\boldsymbol{I}$ 是 $KM \times KM$ 阶的,所以有 $\mathrm{rank}(\boldsymbol{R}) = KM$,且 $\boldsymbol{R}$ 的 KM 个特征值中有 N 个是由 $\boldsymbol{A}\boldsymbol{R}_s\boldsymbol{A}^{\mathrm{H}}$ 的特征值与 σ^2 相加得到,剩下的 $(KM-N)$ 个特征值均为 σ^2,σ^2 是 $\boldsymbol{R}$ 的最小特征值,它是 $(KM-N)$ 重的。

令 $\boldsymbol{R}$ 的特征值为 $\lambda_1 > \lambda_2 > \cdots > \lambda_N > \lambda_{N+1} = \lambda_{N+2} = \cdots = \lambda_{KM} = \sigma^2$,对应的特征向量为 $\boldsymbol{v}_1, \boldsymbol{v}_2, \cdots, \boldsymbol{v}_{KM}$(均为 $KM \times 1$ 维列向量)。根据特征值与特征向量的关系[167],有

$$Rv_i = \lambda_i v_i \qquad (5.3-6)$$

将式(5.3-1)代入式(5.3-6)整理得到

$$AR_s A^H v_i + (\sigma^2 - \lambda_i) v_i = 0$$

式中:0 为 $KM \times 1$ 维零向量,对于最小特征值及其特征向量有 $\lambda_i = \sigma^2$,$(i = N+1, \cdots, KM)$,$(\sigma^2 - \lambda_i) v_i = 0$,此时有

$$AR_s A^H v_i = 0 \quad (i = N+1, \cdots, KM) \qquad (5.3-7)$$

将式(5.3-7)两边同时左乘 v_i^H 得

$$v_i^H AR_s A^H v_i = 0 \quad (i = N+1, \cdots, KM) \qquad (5.3-8)$$

根据矩阵变换的基本知识[167]:当且仅当 $t = 0$ 时有 $t^H Qt = 0$,所以式(5.3-8)成立的充要条件是

$$A^H v_i = 0 \quad (i = N+1, \cdots, KM) \qquad (5.3-9)$$

最小特征值及其特征向量仅与噪声有关,称之为噪声特征向量,用所有噪声特征向量组成矩阵 $V_n = [v_{N+1}, v_{N+2}, \cdots, v_{KM}]$,代入式(5.3-9)中得

$$A^H V_n = 0 \qquad (5.3-10)$$

式中:0 为 $N \times (KM-N)$ 维零矩阵。定义 $KM \times 1$ 维阵列流型向量 $a(f, \theta)$,结构与 A 中各列向量相同,但频率 f 和入射角度 θ 为变量,则当 $a(f, \theta)$ 的各元素取值 A 中某列相同时,也即频率 $f = f_1, f_2, \cdots, f_N$;$\theta = \theta_1, \theta_2, \cdots, \theta_N$ 时,有

$$a^H(f, \theta) V_n = 0^T \qquad (5.3-11)$$

式中:0 为 $(KM-N) \times 1$ 维零向量,反之若 $f \neq f_1, f_2, \cdots, f_N$;$\theta \neq \theta_1, \theta_2, \cdots, \theta_N$,$a^H(f, \theta) V_n \neq 0^T$。利用这个特点构造空时二维功率谱估计函数为

$$P(f, \theta) = \frac{1}{a^H(f, \theta) V_n V_n^H a(f, \theta)} \qquad (5.3-12)$$

当 f 和 θ 的取值分别为某入射信号的频率和入射角度时 $a^H(f, \theta) V_n V_n^H a(f, \theta) = 0$,式(5.3-12)取得极大值。连续改变 f 和 θ 的取值,进行频率乘入射角度的二维峰值搜索,即可得到信号在频率和方位上的二维分布,这就是空时二维 MUSIC 功率谱估计的基本原理。事实上,空时二维 MUSIC 算法可以看作是 K 个空域 MUSIC 算法的组合,所以其最多可以完成 $(KM-1)$ 个非相干信号的功率谱估计。

在谱峰搜索 $a^H(f, \theta)$ 结构和取值是已知的,而噪声特征向量则需要利用实际接收的数据进行估算,通常空时二维 MUSIC 功率谱估计的步骤如下:

(1)用空时二维阵列接收的数据估计信号的协方差 $\hat{R}$。

$$\hat{R} = \frac{1}{L} \sum_{n=1}^{L} X(nT) X^H(nT) \qquad (5.3-13)$$

式中:L 为采样的快拍数,$X(nT)$ 为式(5.2-8)定义的阵列的输出向量。

(2)对 $\hat{R}$ 进行特征值分解,获得噪声特征向量矩阵 V_n。

(3)按照式(5.3-12)估算不同频率和角度上的功率谱值。

（4）进行谱峰值搜索，获得信号频率和入射角度信息。

事实上，上述经典 MUSIC 算法的许多限制是可以放宽或取消的[168]；其中关于均匀线阵的限制不是必须的，实际中可采用几乎是任意形状的阵式，只要满足在 N 个独立信号源的条件下，矩阵 $\boldsymbol{A}$ 具有 N 个线性无关的列向量即可。其次，天线阵元在观测平面内无方向性这一点也不是必要的，还可以考虑三维空间的 DOA 估计问题，即不仅估计信号的方位角，还可以估计信号的俯仰角，当然 MUSIC 算法还用于频率、方位和俯仰的联合估计。

5.3.2　基于前后向空间平滑（FBSS）的解相干算法

1. 相干信号相关矩阵秩缺失问题分析

在复杂电磁环境下相干信号是普遍存在的，如信号传输过程中的多径效应或是敌方有意设置的电磁干扰等，所以研究相干信源的谱估计是十分必要的。

设两个平稳信号 $s_0(t),s_1(t)$，定义它们的相关系数为

$$\rho_{01}=\frac{E\{s_0(t)s_1^*(t)\}}{\sqrt{E\{|s_0(t)|^2\}E\{|s^1(t)|^2\}}} \tag{5.3-14}$$

由 Schwartz 不等式可知 $|\rho_{01}|\leqslant1$，因此将信号之间的相关性定义为

$$\left.\begin{array}{ll}\rho_{01}=0 & s_0(t),s_1(t)相互独立\\0<|\rho_{01}|<1 & s_0(t),s_1(t)相关\\|\rho_{01}|=1 & s_0(t),s_1(t)相干\end{array}\right\} \tag{5.3-15}$$

显然，相干信号之间只差一个复常数，若相干信号 $s_0(t),s_1(t)$ 入射到阵列，其相关矩阵为

$$\boldsymbol{R}_s=E\left\{\begin{bmatrix}s^0(t)\\s^1(t)\end{bmatrix}\begin{bmatrix}s_0^*(t) & s_1^*(t)\end{bmatrix}\right\}=\begin{bmatrix}E\{s^0(t)s_0^*(t)\} & E\{s^0(t)s_1^*(t)\}\\E\{s^1(t)s_0^*(t)\} & E\{s^1(t)s_1^*(t)\}\end{bmatrix}$$

$$=\begin{bmatrix}E\{s^0(t)s_0^*(t)\} & E\{\alpha s^0(t)s_0^*(t)\}\\E\{\alpha s^0(t)s_0^*(t)\} & E\{\alpha^2 s^0(t)s_0^*(t)\}\end{bmatrix}=R_0\begin{bmatrix}\alpha & \alpha\\\alpha & \alpha^2\end{bmatrix} \tag{5.3-16}$$

式中：$s_1(t)=\alpha s_0(t),R_0=E\{s_0(t)s_0^*(t)\}$。显然此时 $\mathrm{rank}(\boldsymbol{R}_s)=\mathrm{rank}\left(\begin{bmatrix}\alpha & \alpha\\\alpha & \alpha^2\end{bmatrix}\right)=1$，$\boldsymbol{R}_s$ 的秩由不相干时的 2 变为了相干时的 1，这就是秩缺失现象。同理，当 N 个信源中存在相干源时信号协方差矩阵的秩将达不到 N，即不满秩，这样对于 MUSIC 算法而言，其特征分解后的信号特征值将少于 N，相干信源的特征向量被噪声特征向量代替，也就是通常所说的信号子空间部分"扩散"到了噪声子空间，导致与之对应阵列流型向量与噪声子空间不正交，也就是在这些相干频点上 $\boldsymbol{a}^H(f,\theta)\boldsymbol{V}_n\neq\boldsymbol{0}^T$，因而无法得到功率谱峰。例如，入射信号中包含 3 个正弦波，

其频率(归一化频率)和入射方位分别为(0.3,－45°),(0.7,0°)和(0.3,45°),显然信号分量 1 和 3 是相干的,则利用式(5.3－13)进行二维 MUSIC 功率谱估计,其中阵元数 $M=8$,各阵元含有 $K=8$ 级时延单位,快拍数为 10,如图 5.3－1 所示。

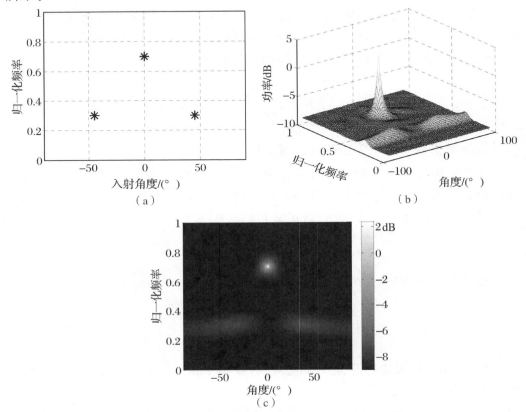

图 5.3－1　空时二维 MUSIC 算法对相干信号的估计示例

(a)原始信号空时分布图;(b)空时二维 MUSIC 估计结果(3D 图);

(c)空时二维 MUSIC 估计结果(灰度图)

如图 5.3－1 所示,对于相干信号 MUSIC 算法无法获得谱估计峰值,在这些频点上 MUSIC 算法不能正常工作。

MUSIC 算法在相干信号条件下能够获得相干信号源功率谱峰(即解相干或去相关)的核心问题是如何通过一系列处理或变换使得信号协方差矩阵的秩得到有效恢复。目前关于解相干的处理基本有两大类:一类是降维处理;另一类是非降维处理。

降维处理算法是一类常用的解相干处理方法,可以分为基于空间平滑、基于矩阵重构两类算法。其中,基于空间平滑的算法主要有前向空间平滑算法[169,170]、双向空间平滑算法[116,171,172]、修正的空间平滑算法[173-176]及空域滤波法[177,178]等；基于矩阵重构的算法主要是指矩阵分解算法[179,180]及矢量奇异值法[181-184]等。非降维处理算法也是一类重要的解相干处理方法，如频域平滑算法[185-187]、Toeplitz 方法[188-190]、虚拟阵列变换法[191]等。矩阵重构类算法修正后的协方差矩阵是长方阵（估计信号子空间与噪声子空间需用奇异值分解），而空间平滑算法修正后的矩阵是方阵（估计信号子空间与噪声子空间可以用特征值分解），计算量方面存在差异；另一方面，非降维处理算法与空间平滑算法相比最大的优点在于阵列孔径没有损失，但这类算法往往针对的是特定环境，如宽带信号、非等距阵列、移动阵列等，因此基于计算量和使用灵活性方面的考虑，本书采用空间平滑算法来解相关。

2. 空时二维信号模型下的 FBSS 算法

空时二维信号模型与原空间谱估计的信号模型的唯一差别是各阵元增加了延时单元，这使得阵列流型向量和流型矩阵中增加了延时因子，因此将原空间谱估计算法中使用的阵列流型向量和矩阵替换为空时二维阵列流型向量和矩阵，再依据此改变对算法结论作相应修正即得到算法的空时二维推广。首先讨论前向空间平滑（Forward Spatial Smoothing）算法在空时二维空间上的推广。

将 M 元均匀线阵分成大小为 M_{sub} 相互重叠的子阵，以阵元 $\{1, 2, 3, \cdots, M_{sub}\}$ 为第一个子阵，以阵元 $\{2, 3, 4, \cdots, M_{sub}+1\}$ 为第二个子阵，以此类推直到阵元 $\{M-M_{sub}+1, M-M_{sub}+2, \cdots, M\}$ 组成最后一个子阵，令 $L = M - M_{sub} + 1$ 为子阵个数，如图 5.3-2 所示。

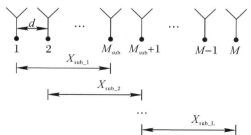

图 5.3-2　前向空间平滑原理（省略各阵元延时单元）

按照式（5.2-14）的信号模型，各子阵的信号模型为

$$\boldsymbol{X}_{sub\_l}(nT) = \boldsymbol{A}_{sub\_l}\boldsymbol{s}(nT) + \boldsymbol{n}_{sub\_l}(nT) \qquad (l=1,2,\cdots,L) \quad (5.3-17)$$

式中：$\boldsymbol{s}(nT)$ 与式（5.2-5）定义相同，为 $N \times 1$ 维信号向量，$\boldsymbol{n}_{sub\_l}(nT)$ 为 $M_{sub}K \times 1$ 维噪声向量，子阵的阵列流型 $\boldsymbol{A}_{sub\_l}$ 则相对于原阵列变为

$$A_{sub\_l} = \begin{bmatrix} A_{l-1}(f,\theta) \\ A_l(f,\theta) \\ \vdots \\ A_{l-1+M_{sub}}(f,\theta) \end{bmatrix} \qquad (l=1,2,\cdots,L) \qquad (5.3-18)$$

式中：$A_m(f,\theta)$的定义与式(5.2-13)相同,可见由于阵元数量的减少子阵阵列流型的维数由$MK\times N$减小为$M_{\text{sub}}K\times N$(其中$M_{\text{sub}}\leqslant M$)。根据式(5.2-13)定义将$A_{\text{sub}\_l}$展开为

$$A_{\text{sub}\_l}=\begin{bmatrix} e^{-j(2\pi f_1\tau_{1l-1})},e^{-j(2\pi f_2\tau_{2l-1})},\cdots,e^{-j(2\pi f_N\tau_{Nl-1})} \\ e^{-j(2\pi f_1\tau_{1l-1}+2\pi f_1 T)},e^{-j(2\pi f_2\tau_{2l-1}+2\pi f_2 T)},\cdots,e^{-j(2\pi f_N\tau_{Nl-1}+2\pi f_N T)} \\ \vdots \\ e^{-j[2\pi f_1\tau_{1l-1}+2\pi f_1(K-1)T]},e^{-j[2\pi f_2\tau_{2l-1}+2\pi f_2(K-1)T]},\cdots,e^{-j[2\pi f_N\tau_{Nl-1}+2\pi f_N(K-1)T]} \\ \vdots \quad \vdots \quad \vdots \quad \vdots \\ e^{-j(2\pi f_1\tau_{1l-1+M_{\text{sub}}})},e^{-j(2\pi f_2\tau_{2l-1+M_{\text{sub}}})},\cdots,e^{-j(2\pi f_N\tau_{Nl-1+M_{\text{sub}}})} \\ e^{-j(2\pi f_1\tau_{1l-1+M_{\text{sub}}}+2\pi f_1 T)},e^{-j(2\pi f_2\tau_{2l-1+M_{\text{sub}}}+2\pi f_2 T)},\cdots,e^{-j(2\pi f_N\tau_{Nl-1+M_{\text{sub}}}+2\pi f_N T)} \\ \vdots \\ e^{-j[2\pi f_1\tau_{1l-1+M_{\text{sub}}}+2\pi f_1(K-1)T]},e^{-j[2\pi f_2\tau_{2l-1+M_{\text{sub}}}+2\pi f_2(K-1)T]},\cdots, \\ e^{-j[2\pi f_N\tau_{Nl-1+M_{\text{sub}}}+2\pi f_N(K-1)T]} \end{bmatrix}$$

$$(l=1,2,\cdots,L) \quad (5.3-19)$$

令

$$\widetilde{A}=\begin{bmatrix} 1,1,\cdots,1 \\ e^{-j2\pi f_1 T},e^{-j2\pi f_2 T},\cdots,e^{-j2\pi f_N T} \\ \vdots \\ e^{-j2\pi f_1(K-1)T},e^{-j2\pi f_2(K-1)T},\cdots,e^{-j2\pi f_N(K-1)T} \\ \vdots \quad \vdots \quad \vdots \quad \vdots \\ 1,1,\cdots,1 \\ e^{-j2\pi f_1 T},e^{-j2\pi f_2 T},\cdots,e^{-j2\pi f_N T} \\ \vdots \\ e^{-j2\pi f_1(K-1)T},e^{-j2\pi f_2(K-1)T},\cdots,e^{-j2\pi f_N(K-1)T} \end{bmatrix}_{KM_{\text{sub}}\times N} \quad (5.3-20)$$

$$\widetilde{B}_l=$$

$$\begin{bmatrix} \begin{bmatrix} e^{-j[2\pi f_1\tau_{1(l-1)}]} & \cdots & 0 \\ 0 & e^{-j[2\pi f_2\tau_{2(l-1)}]} & \vdots \\ \vdots & \vdots & \vdots \\ 0 & \cdots & e^{-j2\pi f_N\tau_{N(l-1)}} \end{bmatrix} & 0_{N\times N} & \cdots & 0_{N\times N} \\ \vdots & & \ddots & \vdots \\ 0_{N\times N} & \cdots & 0_{N\times N} & \begin{bmatrix} e^{-j[2\pi f_1\tau_{1(l-1+M_{\text{sub}})}]} & \cdots & 0 \\ 0 & e^{-j[2\pi f_2\tau_{2(l-1+M_{\text{sub}})}]} & \vdots \\ \vdots & \vdots & \vdots \\ 0 & \cdots & e^{-j[2\pi f_N\tau_{N(l-1+M_{\text{sub}})}]} \end{bmatrix} \end{bmatrix}$$

$$(l=1,2,\cdots,L) \quad (5.3-21)$$

将式(5.3-20)和式(5.3-21)代入式(5.3-19)得

$$\boldsymbol{A}_{\text{sub}\_l}=\widetilde{\boldsymbol{A}}\times\widetilde{\boldsymbol{B}}_l \quad (l=1,2,\cdots,L) \quad (5.3-22)$$

将式(5.3-22)代入式(5.3-14)得到子阵的信号模型为

$$\boldsymbol{X}_{\text{sub}\_l}(nT)=\widetilde{\boldsymbol{A}}\widetilde{\boldsymbol{B}}_l\boldsymbol{s}(nT)+\boldsymbol{n}_{\text{sub}\_l}(nT) \quad (l=1,2,\cdots,L) \quad (5.3-23)$$

得到子阵的数据协方差为

$$\boldsymbol{R}_{\text{sub}\_l}=E\{\boldsymbol{X}_{\text{sub}\_l}(nT)\boldsymbol{X}_{\text{sub}\_l}^{\text{H}}(nT)\}=\widetilde{\boldsymbol{A}}\widetilde{\boldsymbol{B}}_l\boldsymbol{R}_s\widetilde{\boldsymbol{B}}_l^{\text{H}}\widetilde{\boldsymbol{A}}^{\text{H}}+\sigma^2\boldsymbol{I}_{\text{sub}} \quad (5.3-24)$$

式中:$\boldsymbol{I}_{\text{sub}}$ 为 $M_{\text{sub}}K\times M_{\text{sub}}K$ 维的单位对角阵。对各子阵的数据协方差求平均,得

$$\overline{\boldsymbol{R}}^f=\frac{1}{L}\sum_{l=1}^{L}\boldsymbol{R}_{\text{sub}\_l}=\widetilde{\boldsymbol{A}}\left(\frac{1}{L}\sum_{l=1}^{L}\widetilde{\boldsymbol{B}}_l\boldsymbol{R}_s\widetilde{\boldsymbol{B}}_l^{\text{H}}\right)\widetilde{\boldsymbol{A}}^{\text{H}}+\sigma^2\boldsymbol{I}_{\text{sub}} \quad (5.3-25)$$

令 $\overline{\boldsymbol{R}}_s=\left(\dfrac{1}{L}\displaystyle\sum_{l=1}^{L}\widetilde{\boldsymbol{B}}_l\boldsymbol{R}_s\widetilde{\boldsymbol{B}}_l^{\text{H}}\right)$,可以证明当子阵个数不小于信号个数,即 $L\geqslant N$ 时,$\overline{\boldsymbol{R}}_s$ 总是非奇异的[170],平滑后的信号自相关矩阵 $\overline{\boldsymbol{R}}_s$ 满秩即 $\text{rank}(\overline{\boldsymbol{R}}_s)=N$,此时只要有 $M_{\text{sub}}K\geqslant N$ 同时成立,则无论 N 个信号中是否存在相关信号,总是可以对平滑后的数据协方差 $\overline{\boldsymbol{R}}^f$ 进行特征分解,用得到的噪声特征向量进行二维 MUSIC 计算得到 N 个信号功率谱估计。这种从第一个阵元开始重组子阵的空间平滑称之为前向平滑[169]。利用前向平滑对图 5.3-1 所示例子进行数据协方差平滑,其中子阵包含的阵元数 $M_{\text{sub}}=7$,然后进行二维 MUSIC 功率谱估计,结果如图 5.3-3 所示。

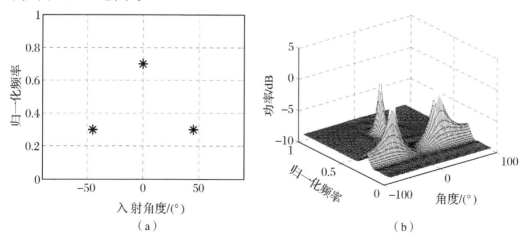

（a）　　　　　　　　　　　（b）

图 5.3-3　基于空间平滑的二维 MUSIC 算法对相干信号的估计示例 1

（a）原始信号空时分布图；（b）基于空间平滑的二维 MUSIC 估计结果（3D 图）

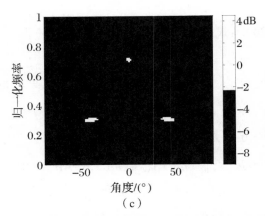

（c）

续图 5.3－3　基于空间平滑的二维 MUSIC 算法对相干信号的估计示例 1

（c）基于空间平滑的二维 MUSIC 估计结果（灰度图）

　　将图 5.3－3 与图 5.3－1 对比可知经过空间平滑后，二维 MUSIC 算法可以有效地获得相干信号功率谱峰，解决了经典 MUSIC 算法对相干信号失效的问题。由于子阵的数据协方差矩阵 $\boldsymbol{R}_{\mathrm{sub}\_l}$ 是 $M_{\mathrm{sub}}K \times M_{\mathrm{sub}}K$ 维，平滑后得到的数据协方差矩阵 $\overline{\boldsymbol{R}}^f$ 也是 $M_{\mathrm{sub}}K \times M_{\mathrm{sub}}K$ 维，所以 $\overline{\boldsymbol{R}}^f$ 分解得到的噪声特征向量是 $M_{\mathrm{sub}}K \times 1$ 维，按照式（5.3－12）进行谱估计时使用的阵列流型向量 $\boldsymbol{a}(f,\theta)$ 必须也是 $M_{\mathrm{sub}}K \times 1$ 维的，即

$$\boldsymbol{a}(f,\theta)=\begin{bmatrix} 1 \\ \mathrm{e}^{-\mathrm{j}(2\pi fT)} \\ \vdots \\ \mathrm{e}^{-\mathrm{j}[2\pi f(K-1)T]} \\ \mathrm{e}^{-\mathrm{j}(2\pi f\tau_\theta)} \\ \mathrm{e}^{-\mathrm{j}(2\pi f\tau_\theta+2\pi fT)} \\ \vdots \\ \mathrm{e}^{-\mathrm{j}[2\pi f\tau_\theta+2\pi f(K-1)T]} \\ \vdots \\ \mathrm{e}^{-\mathrm{j}[2\pi f(M_{\mathrm{sub}}-1)\tau_\theta]} \\ \mathrm{e}^{-\mathrm{j}[2\pi f(M_{\mathrm{sub}}-1)\tau_\theta+2\pi fT]} \\ \vdots \\ \mathrm{e}^{-\mathrm{j}[2\pi f(M_{\mathrm{sub}}-1)\tau_\theta+2\pi f(K-1)T]} \end{bmatrix} \qquad (5.3-26)$$

式中：$\tau_\theta=\dfrac{d\sin\theta}{v}$，$f,\theta$ 为空时二维搜索时所选取的频点和入射角度。

　　前向空间平滑技术有效地使秩损的阵列数据协方差恢复为满秩，但是存在以下两个缺点。

（1）阵列孔径损失。有效阵元由 M 减少为 M_{sub}，导致最终谱估计的空间分辨率降低；

（2）阵列的空间分辨率与可估计信源个数相互制约。为保证平滑数据协方差始终满秩要求，信源个数不超过子阵个数 L，而子阵个数满足 $L=M-M_{\text{sub}}+1$。另一方面，阵列的空间分辨率受子阵阵元个数 M_{sub} 影响，M_{sub} 越大分辨率越高，而 M_{sub} 越大 L 越小，所以阵列的空间分辨率与可估计信源个数相互制约。为克服以上两个缺点文献[116]同时提出了前后向平滑（Forward/Backward Spatial Smoothing）技术。其中后向平滑是指从最后的一个阵元开始组建子阵（见图 5.3－4所示），然后对各子阵的数据协方差阵求平均即可得到后向平滑数据协方差阵。最后将后向平滑数据协方差阵与前向平滑数据协方差阵相加取平均，即实现了前后向空间平滑。

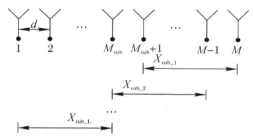

图 5.3－4　后向空间平滑原理（省略各阵元延时单元）

这种方法可以通过定义一个反向单位对角阵来实现。令 $\boldsymbol{J}$ 为一反向单位对角矩阵，即 $\boldsymbol{J}=\boldsymbol{J}^{\text{T}}=\boldsymbol{J}^{-1}$，那么后向平滑协方差矩阵 $\overline{\boldsymbol{R}}^{\text{b}}$ 为

$$\overline{\boldsymbol{R}}^{\text{b}}=\boldsymbol{J}\,\overline{\boldsymbol{R}}^{\text{f}^{*}}\,\boldsymbol{J} \tag{5.3－27}$$

式中：$\overline{\boldsymbol{R}}^{\text{f}^{*}}$ 为 $\overline{\boldsymbol{R}}^{\text{f}}$ 的共轭，此时前后向平滑协方差矩阵 $\overline{\boldsymbol{R}}^{\text{fb}}$ 为

$$\overline{\boldsymbol{R}}^{\text{fb}}=\frac{\overline{\boldsymbol{R}}^{\text{f}}+\overline{\boldsymbol{R}}^{\text{b}}}{2} \tag{5.3－28}$$

由于子阵数量增加了一倍，相对于单一前向平滑而言前后向平滑将阵元利用率提高了一倍，使可估计的相干信源数量也增加了一倍，这样大大减小了阵列孔径损失，缓解了阵列的空间分辨率与可估计信源个数之间的矛盾。

根据文献[171]的论述，对于空域 MUSIC 算法，前后向空间平滑算法可以实现 $2L$ 个相干信源的功率谱估计，极限情况下可达到 $2M/3$。在空时二维信号模型下，MUSIC 算法可以看作是 K 个一维 MUSIC 算法的结合（K 为阵元延时级数），这一点可以通过重组阵列流型矩阵加以证明（见附录 E）。所以在空时二维信号模型下，若空间平滑时共形成 $2L$ 个子阵，则该空时二维阵最多可以在 K

个频点上实现 $2L$ 个相干信号的功率谱估计。下面举例说明。设信源数量为 12,其归一化频率依次为(0.3,0.3,0.3,0.3,0.5,0.5,0.5,0.5,0.8,0.8,0.8,0.8),入射角度依次为 $-60°,-20°,20°,60°,-60°,-20°,20°,60°,-60°,-20°,20°,60°$,空时二维阵的阵元数 $M=10$,各阵元有 $K=3$ 级延时,前后向空间平滑共形成子阵 4 个,得到功率谱估计结果如图 5.3-5 所示。

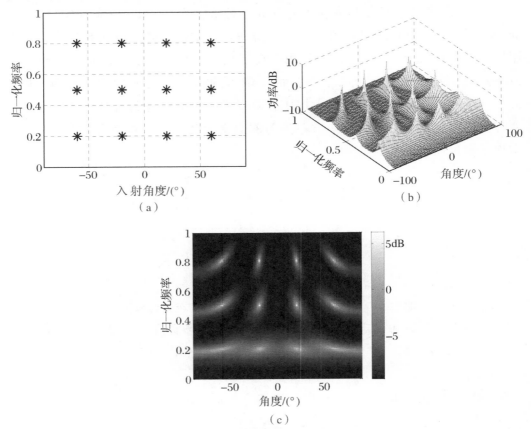

图 5.3-5 基于空间平滑的二维 MUSIC 算法对相干信号的估计示例 2

(a)原始信号空时分布图;(b)基于空间平滑的二维 MUSIC 估计结果(3D 图);

(c)基于空间平滑的二维 MUSIC 估计结果(灰度图)

如图 5.3-5 所示,在 $K=3$ 以及子阵个数为 4 的情况下,实现 3 个频点上各 4 个相干信号的谱估计,仿真结果与前面结论一致。可见在空时二维信号模型下,经过空间平滑后的 MUSIC 算法可以同时获得 K 组 $2L$ 个相干信号的功率谱估计,其个数可远大于一维情况下的 $2M/3$,因此在空时二维信号模型下的空间平滑算法不仅改善了 MUSIC 算法的解相干能力,也进一步缓解了其自身固有的阵列空间分辨率与可估计信源个数之间的矛盾。

5.3.3　基于波束空间(Beam-space)转换的降维处理

1. Beam-space 转换的基本原理

前面讨论的 MUSIC 算法是建立在阵元空间(Element-space)基础上的,即每个阵元都对应一个数据处理的通道。阵元空间 MUSIC 可以获得高分辨率的功率谱估计,但是计算量大,为了在尽量保持分辨率的前提下降低计算量,将阵元空间转换到波束空间(Beam-space)的降维处理算法[193-200]被提出。Beam-space 转换的基本思路就是首先将阵元输出通过波束形成算法生成若干波束,然后用各个波束输出来进行谱估计,如图 5.3-6 所示。

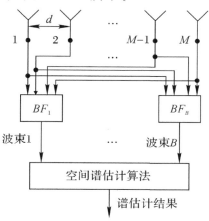

图 5.3-6　Beam-space 转换基本原理

当形成的波束数 B 小于阵元数 M 时,后续空间谱估计的数据维数就从 M 变为了 B,达到了降低计算量的效果。例如,基于特征分解的信号子空间算法的运算量为 $O(M^3)$,设合成波束的维数 B 满足 $N<B<M$,其中 N 为信源个数,则经过波束空间转换后,算法的计算量就由 $O(M^3)$ 降低为 $O(B^3)$,可见计算量被大大减小。另一方面,由于波束形成是对阵元数据的线性复加权求和,所以波束数据输出中原始的阵元数据并没有丢失,这使得波束空间谱估计保持了与阵元空间谱估计相同或相近(与选取的波束空间转换矩阵有关)的分辨率和精度。

2. BMUSIC 算法

BMUSIC(Beam-space MUSIC)算法就是利用波束形成算法将阵元数据转换到波束域后再用各波束数据进行基于 MUSIC 算法的功率谱估计。其算法原理如下。

设波束形成使用的 $1\times M$ 维复加权向量为 w_b, $b=1,2,\cdots,B$,其中 B 为形成

的波束数,则波束 b 的输出数据为

$$x_{Bb}(nT)=\boldsymbol{w}_b[\boldsymbol{As}(nT)+\boldsymbol{n}(nT)] \quad (b=1,2,\cdots,B) \quad (5.3-29)$$

式中: $\boldsymbol{s}(nT)=[s_1(nT),s_2(nT),\cdots,s_N(nT)]^{\mathrm{T}}$, N 为信源个数, $\boldsymbol{n}(nT)$ 为 $M\times1$ 维噪声向量;

$$\boldsymbol{A}=\begin{bmatrix} \mathrm{e}^{-\mathrm{j}2\pi f_1\tau_{11}},\mathrm{e}^{-\mathrm{j}2\pi f_2\tau_{21}},\cdots,\mathrm{e}^{-\mathrm{j}2\pi f_N\tau_{N1}} \\ \mathrm{e}^{-\mathrm{j}2\pi f_1\tau_{12}},\mathrm{e}^{-\mathrm{j}2\pi f_2\tau_{22}},\cdots,\mathrm{e}^{-\mathrm{j}2\pi f_N\tau_{N2}} \\ \vdots \\ \mathrm{e}^{-\mathrm{j}2\pi f_1\tau_{1M}},\mathrm{e}^{-\mathrm{j}2\pi f_2\tau_{2M}},\cdots,\mathrm{e}^{-\mathrm{j}2\pi f_N\tau_{NM}} \end{bmatrix}$$
$$=[\boldsymbol{a}(f_1,\theta_1),\boldsymbol{a}(f_2,\theta_2),\cdots,\boldsymbol{a}(f_N,\theta_N)] \quad (5.3-30)$$

为空域阵列流型(不含延时单元,区别于空时二维阵列流型), $\boldsymbol{a}(f_i,\theta_i)$ 为各信源对应的阵列流型向量。

令 $B\times M$ 维矩阵 $\boldsymbol{W}_B$ 为波束形成矩阵,且有

$$\boldsymbol{W}_B=\begin{bmatrix} \boldsymbol{w}_1 \\ \boldsymbol{w}_2 \\ \vdots \\ \boldsymbol{w}_B \end{bmatrix} \quad (5.3-31)$$

则波束空间中的阵列输出为

$$\boldsymbol{X}_B(nT)=\boldsymbol{W}_B\boldsymbol{X}(nT)=\boldsymbol{W}_B\boldsymbol{As}(nT)+\boldsymbol{W}_B\boldsymbol{n}(nT) \quad (5.3-32)$$

经过式(5.3-32)变换,阵列输出数据就从阵元空间的 $M\times1$ 维变成了 $B\times1$ 维。此时数据协方差为

$$\boldsymbol{R}_B=E\{\boldsymbol{X}_B(nT)\boldsymbol{X}_B^{\mathrm{H}}(nT)\}=\boldsymbol{W}_B\boldsymbol{AR}_s\boldsymbol{A}^{\mathrm{H}}\boldsymbol{W}_B^{\mathrm{H}}+\sigma^2\boldsymbol{I}\boldsymbol{W}_B\boldsymbol{W}_B^{\mathrm{H}} \quad (5.3-33)$$

若有

$$\boldsymbol{W}_B\boldsymbol{W}_B^{\mathrm{H}}=\boldsymbol{I} \quad (5.3-34)$$

则

$$\boldsymbol{R}_B=\boldsymbol{W}_B\boldsymbol{AR}_s\boldsymbol{A}^{\mathrm{H}}\boldsymbol{W}_B^{\mathrm{H}}+\sigma^2\boldsymbol{I}=\boldsymbol{B}\boldsymbol{R}_s\boldsymbol{B}^{\mathrm{H}}+\sigma^2\boldsymbol{I} \quad (5.3-35)$$

式中: $\boldsymbol{B}=\boldsymbol{W}_B\boldsymbol{A}=[\boldsymbol{W}_B\boldsymbol{a}(f_1,\theta_1),\boldsymbol{W}_B\boldsymbol{a}(f_2,\theta_2),\cdots,\boldsymbol{W}_B\boldsymbol{a}(f_N,\theta_N)]$,当信号之间是非相干的且矩阵 $\boldsymbol{B}$ 是列满秩的情况下,根据 MUSIC 算法原理对式(5.3-35)进行特征值分解得到噪声特征向量矩阵 V_n ,则 Beam-space MUSIC 功率谱估计的表达式为

$$P_{\mathrm{BMUSIC}}(f,\theta)=\frac{1}{\boldsymbol{a}^{\mathrm{H}}(f,\theta)\boldsymbol{W}_B^{\mathrm{H}}\boldsymbol{V}_n\boldsymbol{V}_n^{\mathrm{H}}\boldsymbol{W}_B\boldsymbol{a}(f,\theta)} \quad (5.3-36)$$

显然若 $\boldsymbol{W}_B=\boldsymbol{I}$,则式(5.3-36)与阵元空间的 MUSIC 算法相同,因此 BMUSIC算法的性能与阵元空间 MUSIC 算法的差异完全取决于波束空间转换矩阵 $\boldsymbol{W}_B$ 的选取,总的来说,阵元空间的 MUSIC 算法的均方误差不大于波束空

间 MUSIC 算法[201]，也就是说 BMUSIC 算法的估计精度不会好于阵元空间 MUSIC 算法，但是除了计算量和系统复杂度大大降低以外，BMUSIC 算法在存在阵列误差的情况下有着比阵元空间 MUSIC 算法更好的稳健性[195]。

BMUSIC 算法实现的关键就是波束形成矩阵的选取，$B \times M$ 维波束空间转换矩阵 B 应满足以下条件：①要满足式(5.3－34)的正交性，才能保证数据协方差矩阵的较小特征值为只与噪声相关的特征值，从而能有效运用 MUSIC 算法；②$B < M$ 才能达到降维的作用；③波束主瓣要尽量平坦，矩阵系数要尽量好，因为波束空间转换相当于对空间入射的信号按照主瓣覆盖角度范围进行预滤波，所以应该尽量保证对主瓣覆盖角度范围内入射的信号有相同的增益，主瓣外信号充分抑制。

3.具有空间平滑作用的波束形成矩阵

文献[192]给出了几种波束形成矩阵，其中有一种具有空间平滑作用的波束形成矩阵，本书将其称之为 BS2 型波束形成矩阵，其基本结构如下。

设 $w_{BS2} = [1,1,\cdots,1]^T$ 是 $(M-B+1) \times 1$ 维列向量，则构造波束形成矩阵如下：

$$W_{BS2} = \frac{1}{\sqrt{M-B+1}} \begin{bmatrix} w_{BS2} & \mathbf{0} & \mathbf{0} & \mathbf{0} \\ 0 & w_{BS2} & \mathbf{0} & \mathbf{0} \\ 0 & 0 & w_{BS2} & \mathbf{0} \\ 0 & 0 & 0 & w_{BS2} \end{bmatrix}_{M \times B} \quad (5.3-37)$$

式中：所有零向量都为 $(M-B+1) \times 1$ 维。其空间平滑作用的原理讨论如下。

考察式(5.3－32)中的信号部分 $W_{BS2}As(nT)$，当选用式(5.3－37)定义的 BS2 型波束形成矩阵时有［联合式(5.3－27)］

$$W_{BS2}As(nT) = \frac{1}{\sqrt{M-B+1}} \begin{bmatrix} S_{1 \sim M-B+1}(nT) \\ S_{2 \sim M-B+2}(nT) \\ \vdots \\ S_{B \sim M}(nT) \end{bmatrix} \quad (5.3-38)$$

式中

$$S_{i \sim M-B+i}(nT) = (a'_i + a'_{i+1} + \cdots + a'_{M-B+i})s(nT)$$
$$(i=1,2,\cdots,B) \quad (5.3-39)$$

式中：a'_i 为式(5.3－27)中阵列流型矩阵 A 第 i 行的行向量，即

$$a'_i = [e^{-j2\pi f_1 \tau_{1i}}, e^{-j2\pi f_2 \tau_{2i}}, \cdots, e^{-j2\pi f_N \tau_{Ni}}] \quad (5.3-40)$$

此时波束形成后的信号部分协方差为

$$\boldsymbol{R}_{\mathrm{BS2}} = E\{[\boldsymbol{W}_{\mathrm{BS2}}\boldsymbol{A}\boldsymbol{s}(nT)][\boldsymbol{W}_{\mathrm{BS2}}\boldsymbol{A}\boldsymbol{s}(nT)]^{\mathrm{H}}\}$$

$$= \frac{1}{M-B+1}E\left\{\begin{bmatrix} S_{1\sim M-B+1}(nT) \\ S_{2\sim M-B+2}(nT) \\ \vdots \\ S_{B\sim M}(nT) \end{bmatrix}\begin{bmatrix} S_{1\sim M-B+1}(nT) \\ S_{2\sim M-B+2}(nT) \\ \vdots \\ S_{B\sim M}(nT) \end{bmatrix}^{\mathrm{H}}\right\}$$

$$= \frac{1}{M-B+1}E\left\{\begin{bmatrix} (\boldsymbol{a}'_1+\boldsymbol{a}'_2+\cdots+\boldsymbol{a}'_{M-B+1})\boldsymbol{s}(nT) \\ (\boldsymbol{a}'_2+\boldsymbol{a}'_3+\cdots+\boldsymbol{a}'_{M-B+2})\boldsymbol{s}(nT) \\ \vdots \\ (\boldsymbol{a}'_B+\boldsymbol{a}'_{B+1}+\cdots+\boldsymbol{a}'_{M})\boldsymbol{s}(nT) \end{bmatrix}\begin{bmatrix} (\boldsymbol{a}'_1+\boldsymbol{a}'_2+\cdots+\boldsymbol{a}'_{M-B+1})\boldsymbol{s}(nT) \\ (\boldsymbol{a}'_2+\boldsymbol{a}'_3+\cdots+\boldsymbol{a}'_{M-B+2})\boldsymbol{s}(nT) \\ \vdots \\ (\boldsymbol{a}'_B+\boldsymbol{a}'_{B+1}+\cdots+\boldsymbol{a}'_{M})\boldsymbol{s}(nT) \end{bmatrix}^{\mathrm{H}}\right\}$$

$$= \frac{1}{M-B+1}\begin{bmatrix} (\boldsymbol{a}'_1+\boldsymbol{a}'_2+\cdots+\boldsymbol{a}'_{M-B+1}) \\ (\boldsymbol{a}'_2+\boldsymbol{a}'_3+\cdots+\boldsymbol{a}'_{M-B+2}) \\ \vdots \\ (\boldsymbol{a}'_B+\boldsymbol{a}'_{B+1}+\cdots+\boldsymbol{a}'_{M}) \end{bmatrix}E\{\boldsymbol{s}(nT)\boldsymbol{s}^{\mathrm{H}}(nT)\}\begin{bmatrix} (\boldsymbol{a}'_1+\boldsymbol{a}'_2+\cdots+\boldsymbol{a}'_{M-B+1}) \\ (\boldsymbol{a}'_2+\boldsymbol{a}'_3+\cdots+\boldsymbol{a}'_{M-B+2}) \\ \vdots \\ (\boldsymbol{a}'_B+\boldsymbol{a}'_{B+1}+\cdots+\boldsymbol{a}'_{M}) \end{bmatrix}^{\mathrm{H}}$$

$$= \frac{1}{M-B+1}\begin{bmatrix} \sum_{l=1}^{M-B+1}\boldsymbol{a}'_l \\ \sum_{l=1}^{M-B+1}\boldsymbol{a}'_{1+l} \\ \vdots \\ \sum_{l=1}^{M-B+1}\boldsymbol{a}'_{B-1+l} \end{bmatrix}\boldsymbol{R}_s\begin{bmatrix} \sum_{l=1}^{M-B+1}\boldsymbol{a}'^{\mathrm{H}}_l & \sum_{l=1}^{M-B+1}\boldsymbol{a}'^{\mathrm{H}}_{1+l} & \cdots & \sum_{l=1}^{M-B+1}\boldsymbol{a}'^{\mathrm{H}}_{B-1+l} \end{bmatrix} \quad (5.3-41)$$

另一方面,对 M 元 ULA 阵进行前向空间平滑,子阵数为 $M-B+1$,各子阵阵元数为 B,则数据协方差的信号部分为

$$\overline{\boldsymbol{R}}_s^{\mathrm{f}} = \frac{1}{M-B+1}\sum_{l=1}^{M-B+1}\boldsymbol{A}_{\mathrm{sub\_}l}\boldsymbol{R}_s\boldsymbol{A}_{\mathrm{sub\_}l}^{\mathrm{H}} \quad (5.3-42)$$

式中

$$\boldsymbol{A}_{\mathrm{sub\_}l} = \begin{bmatrix} \mathrm{e}^{-\mathrm{j}2\pi f_1\tau_{11}}, \mathrm{e}^{-\mathrm{j}2\pi f_2\tau_{21}}, \cdots, \mathrm{e}^{-\mathrm{j}2\pi f_N\tau_{N1}} \\ \mathrm{e}^{-\mathrm{j}2\pi f_1\tau_{12}}, \mathrm{e}^{-\mathrm{j}2\pi f_2\tau_{22}}, \cdots, \mathrm{e}^{-\mathrm{j}2\pi f_N\tau_{N2}} \\ \vdots \\ \mathrm{e}^{-\mathrm{j}2\pi f_1\tau_{1l}}, \mathrm{e}^{-\mathrm{j}2\pi f_2\tau_{2l}}, \cdots, \mathrm{e}^{-\mathrm{j}2\pi f_N\tau_{Nl}} \end{bmatrix}$$

$$(l=1,2,\cdots,M-B+1) \quad (5.3-43\mathrm{a})$$

联合式(5.3-40)可表示为

$$\boldsymbol{A}_{\mathrm{sub\_}l} = \begin{bmatrix} \boldsymbol{a}'_l \\ \boldsymbol{a}'_{l+1} \\ \vdots \\ \boldsymbol{a}'_{l+B-1} \end{bmatrix} \quad (5.3-43\mathrm{b})$$

将式(5.3-43b)代入式(5.3-42),再根据矩阵运算的结合率可得

$$\overline{\boldsymbol{R}}_s^{\mathrm{f}} = \frac{1}{M-B+1} \sum_{l=1}^{M-B+1} \begin{bmatrix} \boldsymbol{a}'_l \\ \boldsymbol{a}'_{l+1} \\ \vdots \\ \boldsymbol{a}'_{l+B-1} \end{bmatrix} \boldsymbol{R}_s \begin{bmatrix} \boldsymbol{a}'_l \\ \boldsymbol{a}'_{l+1} \\ \vdots \\ \boldsymbol{a}'_{l+B-1} \end{bmatrix}^{\mathrm{H}}$$

$$= \frac{1}{M-B+1} \begin{bmatrix} \sum\limits_{l=1}^{M-B+1} \boldsymbol{a}'_l \\ \sum\limits_{l=1}^{M-B+1} \boldsymbol{a}'_{l+1} \\ \vdots \\ \sum\limits_{l=1}^{M-B+1} \boldsymbol{a}'_{l+B-1} \end{bmatrix} \boldsymbol{R}_s \begin{bmatrix} \sum\limits_{l=1}^{M-B+1} \boldsymbol{a}'^{\mathrm{H}}_l & \sum\limits_{l=1}^{M-B+1} \boldsymbol{a}'^{\mathrm{H}}_{l+1} & \cdots & \sum\limits_{l=1}^{M-B+1} \boldsymbol{a}'^{\mathrm{H}}_{l+B-1} \end{bmatrix}$$

$$(5.3-44)$$

对比式（5.3－41）和式（5.3－44）可知 $\boldsymbol{R}_{\mathrm{BS2}} = \overline{\boldsymbol{R}}_s^{\mathrm{f}}$，因此有以下结论：用 $(M-B+1) \times 1$ 维列向量 $\boldsymbol{w}_{\mathrm{BS2}} = [1,1,\cdots,1]^{\mathrm{T}}$ 构成式（5.3－37）定义的 BS2 型波束形成矩阵，用该矩阵对 M 元 ULA 阵进行波束形成，其输出数据协方差（不包括噪声）与对阵列进行 $M-B+1$ 级（即子阵数为 $M-B+1$，子阵阵元数为 B）前向空间平滑后的数据协方差相等。也就是说，BS2 型波束形成矩阵具有前向空间平滑作用。显然由于 $\boldsymbol{R}_{\mathrm{BS1}} = \overline{\boldsymbol{R}}_s^{\mathrm{f}}$，可以在波束空间上实现前后向空间平滑，其只需要按照式（5.3－27）和式（5.3－28）的运算过程得到前后向空间平滑的平均数据协方差

$$\overline{\boldsymbol{R}}^{\mathrm{BS2}} = \frac{\boldsymbol{R}^{\mathrm{BS2}} + \boldsymbol{J}\boldsymbol{R}^*_{\mathrm{BS2}}\boldsymbol{J}}{2} \qquad (5.3-45)$$

对平滑后的数据协方差进行特征值分解，运用 MUSIC 算法进行谱估计，其中平滑所用的数据协方差为波束形成输出的数据协方差，其维数等于 $B \times B$。

虽然 BS2 型波束形成矩阵具有空间平滑的作用，但是作为波束形成矩阵其存在两方面问题：

（1）不满足式（5.3－34）的正交特性，即 $\boldsymbol{W}_{\mathrm{BS2}}\boldsymbol{W}_{\mathrm{BS2}}^{\mathrm{H}} \neq \boldsymbol{I}$，所以直接用 BS2 型波束形成矩阵得到数据协方差，分解出的噪声特征向量会存在偏差，为了解决这个问题必须先将其正交化（比如使用 Modified Gram. Schmidt [167] 正交化方法），然后再用其进行波束空间转换，由于正交化等效于原矩阵乘以若干初等变换矩阵，所以正交化后的 BS2 型波束形成矩阵并不会破坏原数据协方差的核心结构，仍然保持着降维和空间平滑双重作用[192]。也可以通过预白化处理[206]来抵

消波束形成矩阵对噪声协方差的影响,即令 $\widetilde{W}_{\mathrm{BS2}}=W_{\mathrm{BS2}}W_{\mathrm{BS2}}^{\mathrm{H}}$,然后进行如下运算 $\widetilde{W}_{\mathrm{BS2}}^{-1/2}R_{\mathrm{BS2}}\widetilde{W}_{\mathrm{BS2}}^{-1/2}$,由于 $\widetilde{W}_{\mathrm{BS2}}^{-1/2}W_{\mathrm{BS2}}W_{\mathrm{BS2}}^{\mathrm{H}}\widetilde{W}_{\mathrm{BS2}}^{-1/2}=I$,所以抵消了波束形成矩阵对噪声协方差的影响,等效实现了其正交化。

(2)BMUSIC 的估计性能受波束形成矩阵的影响,通常用波束增益来衡量波束形成矩阵对阵列的影响,波束增益的定义如下:

$$G(\theta)=\frac{a^{\mathrm{H}}(\theta)W_B^{\mathrm{H}}W_Ba(\theta)}{a^{\mathrm{H}}(\theta)a(\theta)} \qquad (5.3-46)$$

式中:$a(\theta)$ 为阵列流型向量;W_B 为波束形成矩阵。一般情况下,考虑波束形成矩阵满足 $W_B^{\mathrm{H}}W_B=I$,很显然,当 $W_B=I_{M\times M}$ 时 $G(\theta)$ 在 $[-90°,90°]$ 上等于 1,此时波束形成输出就是各阵元输出,波束空间的 MUSIC 估计结果与阵元空间相同,通常为了达到降维目的,W_B 的维数总是取为 $B\times M$,其中波束数 B 小于阵元数 M,所以式(5.3-46)波束增益小于等于 1。另一方面,要保证 $G(\theta)$ 在 $[-90°,90°]$ 之间等于 1 也是很困难的,本书将 $G(\theta)\approx 1$ 的区间称为该波束形成器的波束形成有效区间,这样衡量一个波束形成矩阵的性能就是考察其有效区间的大小以及区间内波束增益 $G(\theta)$ 接近 1 的程度。

文献[192]列举了 8 种不同结构的波束形成矩阵,根据其理论推导和仿真分析,在低信噪比下基于 BS1 型[192]波束形成矩阵的 BMUSIC 算法相比于基于其他型波束形成矩阵的 BMUSIC 算法有着相对更高的估计成功概率和更低的估计方差,BS1 型波束形成矩阵的波束增益与正交化后的 BS2 型波束形成矩阵对比如图 5.3-7 所示。

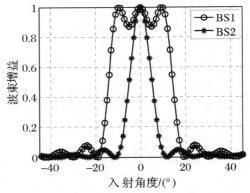

图 5.3-7 BS1,BS2 型波束形成矩阵的波束增益对比($M=12,B=3$)

显然通过图 5.3-7 所示的波束增益对比可知,相同波束数下 BS1 型波束形成矩阵相对于 BS2 型具有更宽更稳定的波束形成有效区间,所以前者的波束形成效果也优于后者。

大量仿真结果表明,对于 BS2 型波束形成矩阵,改善其波束形成向量的空域滤波性能可以改善其波束增益,即波束形成向量的波束图主瓣越宽,且主瓣内增益波动越小越接近 1,则对应的波束形成矩阵的波束增益越好。原始的 BS2 型波束形成矩阵,其波束形成向量为 $w_{BS2} = [1, 1, \cdots, 1]^T$,对应于时域里的梳状滤波器,其带宽和通带性能均比较差,根据空时等效性,用窗函数法设计等长度的低通 FIR 滤波器 w_{MBS2} 替换 w_{BS2},将由 w_{MBS2} 组成的 BS2 型波束形成矩阵称之为改进的 BS2 型波束形成矩阵,即 MBS2 型波束形成矩阵,图 5.3 - 8 对 BS1, BS2 及 MBS2 型波束形成矩阵的波束增益进行的了对比。

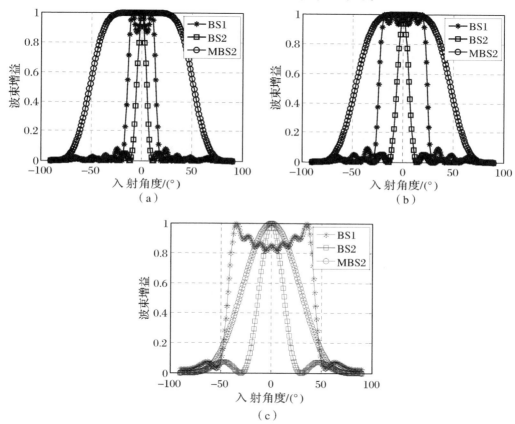

图 5.3 - 8　BS1, BS2, MBS2 型波束形成矩阵的波束增益对比

(a)$B = 3$;(b)$B = 5$;(c)$B = 9$

(M=12,MBS2 型波束形成向量的生成选择 Gaussian 窗,Alpha 系数取 2.5,通带截止频率取 0.85π)

仿真结果表明,同等条件下 MBS2 型波束形成矩阵的波束增益始终优于 BS2 型,在波束数 B 较小的情况下优于 BS1,不仅如此,由文献[192]的图 4.4.2 可知此时也优于其他类型的波束形成矩阵,可见 MBS2 型波束形成矩阵不仅改善了 BS2 型的波束增益,且其相对于其他类型更加适用于降维幅度较大的场合。

事实上 MBS2 型波束形成矩阵在获得更优的波束增益的同时仍然继承了 BS2 型具有的空间平滑用,具体论证见附录 F。本书将采用了 MBS2 型波束形成矩阵的 BMUSIC 算法称之为 SS-BMUSIC 算法,并对 SS-BMUSIC 算法作如下总结:

(1)当 MBS2 型波束形成向量各系数不为零,且 $M-B+1 \geqslant N$ 时 MBS2 型波束形成矩阵总可以使秩损的信号互相关矩阵 $\pmb{R}_s$ 恢复满秩从而达到空间平滑相同的作用,若采用式(5.3-45)对数据协方差作平均,可实现与前后向平滑相等的 $2M/3$ 个相干信源的估计;

(2)MBS2 型波束形成向量 w_{MBS2} 的系数可以通过时域 FIR 低通滤波器的设计方法获得,为获得好的波束增益,设计时应保证尽量大的通带宽度和尽量小的通带波纹,最终得到波束形成矩阵需进行正交化;

(3)在波束数 B 相对于阵元数 M 较小的情况下,MBS2 型波束形成矩阵的波束增益要优于其他类型,随着波束数 B 的增加其波束增益变差,所以 MBS2 型波束形成矩阵更适宜用在对数据矩阵降维幅度较大的场合,事实上根据文献[201]的论述,当 $B=3$ 时 BMUSIC 算法获得最低的信噪比门限,从这个角度讲,在低信噪比下选择 MBS2 型波束形成矩阵可以获得相对更好的波束形成性能。

(4)SS-BMUSIC 算法的运算步骤为:获取阵列实际数据协方差 $\pmb{R}\rightarrow$计算波束空间数据协方差 $\pmb{W}_{MBS2}\pmb{R}\pmb{W}_{MBS2}^H$[可用式(3-40)进行等效的前后向平滑]$\rightarrow$特征值分解$\rightarrow$按照式(3-31)进行功率谱估计。

SS-BMUSIC 算法的估计精度在 5.3.5 节有详细的仿真分析。

5.3.4 空时二维信号模型下的 SS-BMUSIC 算法

本节将 SS-BMUSIC 算法推广到空时二维信号模型下,从而得出空时二维信号模型下的 SS-BMUSIC 算法。

空时二维信号模型下,为降低系统复杂度,考虑先将 M 个阵列输出用 MBS2 型波束形成矩阵转换为 B 个波束输出,然后再进行 K 级延时,如图 5.3-8 所示。

图 5.3-9 所示的结构最后得到的数据维数为 $B \times K$,但要得到其数学模型不太方便。由于波束形成是一个线性加权求和的过程,根据线性系统的性质,加权求和后延时和延时后加权求和结果是相同的,所以图 5.3-9 又可以等效为图 5.3-10 的形式。

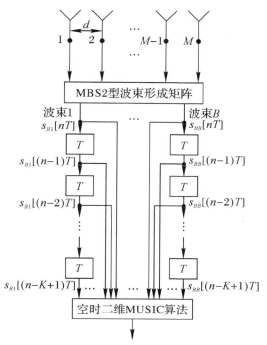

图 5.3 - 9 空时二维信号模型下的 SS-BMUSIC 算法

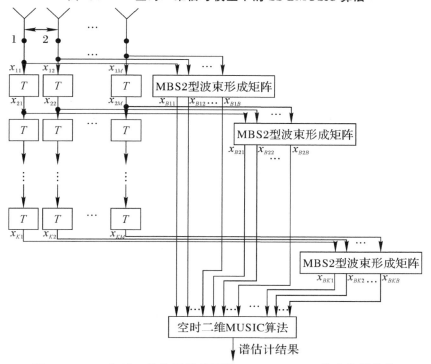

图 5.3 - 10 空时二维信号模型下的 SS - BMUSIC 算法等效结构

如图 5.3 - 10 所示,对于第 k 级延时单元,令其阵元数据输出向量为

$$\boldsymbol{x}_k(nT)=[x_{k1}(nT),x_{k2}(nT),\cdots,x_{kM}(nT)]^{\mathrm{T}} \quad (k=1,2,\cdots,K)$$

$$(5.3-47)$$

令波束形成输出向量为

$$\boldsymbol{x}_{Bk}(nT)=[x_{Bk1}(nT),x_{Bk2}(nT),\cdots,x_{BkB}(nT)]^{\mathrm{T}} \quad (5.3-48)$$

根据式(5.3 - 29),有

$$\boldsymbol{x}_{Bk}(nT)=\boldsymbol{W}_{\mathrm{MBS2}}\boldsymbol{x}_k(nT) \quad (5.3-49)$$

另一方面,根据式(5.2 - 7)、式(5.2 - 12)和式(5.2 - 13),各延时级阵元数据输出与入射信号的关系为

$$\boldsymbol{x}_k(nT)=\boldsymbol{A}\boldsymbol{B}^{k-1}\boldsymbol{s}(nT)+\boldsymbol{n}(nT) \quad (5.3-50\mathrm{a})$$

式中

$$\boldsymbol{B}=\begin{bmatrix} \mathrm{e}^{-\mathrm{j}2\pi f_1 T} & 0 & \cdots & 0 \\ 0 & \mathrm{e}^{-\mathrm{j}2\pi f_2 T} & \cdots & 0 \\ \vdots & \vdots & & \vdots \\ 0 & \cdots & 0 & \mathrm{e}^{-\mathrm{j}2\pi f_N T} \end{bmatrix} \quad (5.3-50\mathrm{b})$$

阵列流型矩阵 $\boldsymbol{A}$ 的定义与式(5.3 - 30)定义相同。联合式(5.3 - 49)和式(5.3 - 50)式得

$$\boldsymbol{x}_{Bk}(nT)=\boldsymbol{W}_{\mathrm{MBS2}}\boldsymbol{A}\boldsymbol{B}^{k-1}\boldsymbol{s}(nT)+\boldsymbol{W}_{\mathrm{MBS2}}\boldsymbol{n}(nT) \quad (5.3-51)$$

最终得到阵列的波束形成数据

$$\boldsymbol{X}_B(nT)=\begin{bmatrix} \boldsymbol{x}_{B1}(nT) \\ \boldsymbol{x}_{B2}(nT) \\ \vdots \\ \boldsymbol{x}_{BK}(nT) \end{bmatrix}=\begin{bmatrix} \boldsymbol{W}_{\mathrm{MBS2}}\boldsymbol{A}\boldsymbol{s}(nT)+\boldsymbol{W}_{\mathrm{MBS2}}\boldsymbol{n}(nT) \\ \boldsymbol{W}_{\mathrm{MBS2}}\boldsymbol{A}\boldsymbol{B}^1\boldsymbol{s}(nT)+\boldsymbol{W}_{\mathrm{MBS2}}\boldsymbol{n}(nT) \\ \vdots \\ \boldsymbol{W}_{\mathrm{MBS2}}\boldsymbol{A}\boldsymbol{B}^{K-1}\boldsymbol{s}(nT)+\boldsymbol{W}_{\mathrm{MBS2}}\boldsymbol{n}(nT) \end{bmatrix}$$

$$=\begin{bmatrix} \boldsymbol{W}_{\mathrm{MBS2}} & \boldsymbol{0} & \cdots & \boldsymbol{0} \\ \boldsymbol{0} & \boldsymbol{W}_{\mathrm{MBS2}} & \cdots & \boldsymbol{0} \\ \vdots & \vdots & \ddots & \vdots \\ \boldsymbol{0} & \cdots & \boldsymbol{0} & \boldsymbol{W}_{\mathrm{MBS2}} \end{bmatrix}\begin{bmatrix} \begin{bmatrix} \boldsymbol{A} \\ \boldsymbol{A}\boldsymbol{B}^1 \\ \vdots \\ \boldsymbol{A}\boldsymbol{B}^{K-1} \end{bmatrix}\boldsymbol{s}(nT)+\boldsymbol{n}(nT) \end{bmatrix}$$

$$(5.3-52)$$

令

$$\widetilde{\boldsymbol{W}}_{\mathrm{MBS2}}=\begin{bmatrix} \boldsymbol{W}_{\mathrm{MBS2}} & \boldsymbol{0} & \cdots & \boldsymbol{0} \\ \boldsymbol{0} & \boldsymbol{W}_{\mathrm{MBS2}} & \cdots & \boldsymbol{0} \\ \vdots & \vdots & \ddots & \vdots \\ \boldsymbol{0} & \cdots & \boldsymbol{0} & \boldsymbol{W}_{\mathrm{MBS2}} \end{bmatrix} \quad (5.3-53\mathrm{a})$$

$$A'_{\text{MBS2}} = \begin{bmatrix} A \\ AB^1 \\ \vdots \\ AB^{K-1} \end{bmatrix} \qquad (5.3-53\text{b})$$

将 A'_{MBS2} 各元素展开,不难发现其与附录 E 中式(A-1)完全相同,它是原空时二维阵列流型矩阵[见式(5.2-12)]各行向量的重排。将式(5.3-53)代入式(5.3-52),则波束形成数据协方差可表示为(考虑 W_{MBS2} 已完成正交化,即 $\widetilde{W}_{\text{MBS2}}\widetilde{W}_{\text{MBS2}}^{\text{H}} = I$)

$$R_{\text{ST\_MBS2}} = E\{X_B(nT)X_B^{\text{H}}(nT)\} = \widetilde{W}_{\text{MBS2}} A'_{\text{MBS2}} R_s A'^{\text{H}}_{\text{MBS2}} \widetilde{W}_{\text{MBS2}}^{\text{H}} + \sigma^2 I \qquad (5.3-54)$$

式(5.3-54)就是空时二维数据模型下 SS-BMUSIC 算法的数据协方差表达式,将其进行特征值分解,即按照式(5.3-36)用噪声特征向量进行谱估计了。空时二维数据模型下 SS-BMUSIC 算法对相干信源的估计能力与空时二维模型下的空间平滑算法相同,相关讨论见附录 E。

需要注意的是,若要用式(5.3-53a)的方式组织波束形成矩阵,则需将空时二维阵列数据按式(5.3-53b)所示的顺序重排,然后求阵元空间数据协方差 R,之后求波束空间数据协方差 $\widetilde{W}_{\text{MBS2}} R \widetilde{W}_{\text{MBS2}}^{\text{H}}$,再进行特征值分解,最后用下式进行功率谱估计:

$$P_{\text{SS-BMUSIC}}(f,\theta) = \frac{1}{a^{\text{H}}(f,\theta)\widetilde{W}_{\text{MBS2}}^{\text{H}} V_n V_n^{\text{H}} \widetilde{W}_{\text{MBS2}} a(f,\theta)} \qquad (5.3-55)$$

注意,所用的阵列流型向量 $a(f,\theta)$ 的元素顺序也应做相应调整,即

$$a(f,\theta) = \begin{bmatrix} 1 \\ e^{-j(2\pi f\tau_\theta)} \\ \vdots \\ e^{-j[2\pi f(M-1)\tau_\theta]} \\ e^{-j(2\pi fT)} \\ e^{-j(2\pi f\tau_\theta + 2\pi fT)} \\ \vdots \\ e^{-j[2\pi f(M-1)\tau_\theta + 2\pi fT]} \\ \vdots \\ e^{-j[2\pi f(K-1)T]} \\ e^{-j[2\pi f\tau_\theta + 2\pi f(K-1)T]} \\ \vdots \\ e^{-j[2\pi f(M-1)\tau_\theta + 2\pi f(K-1)T]} \end{bmatrix} \qquad (5.3-56)$$

式中:$\tau_\theta = \dfrac{d\sin\theta}{v}$,$f,\theta$ 为空时二维搜索时所选取的频点和入射角度。

事实上也可以保持阵列流型矩阵不变(保持数据顺序不变)对波束形成矩阵变形,即

$$\boldsymbol{W}'_{\text{MBS2}} = \begin{bmatrix} w^1_{\text{MBS2}} & \boldsymbol{0}^{1\times(K-1)} & w^2_{\text{MBS2}} & \boldsymbol{0}^{1\times(K-1)} & \cdots & w^{M-B+1}_{\text{MBS2}} & \boldsymbol{0}^{1\times(K-1)} \\ 0 & w^1_{\text{MBS2}} & \boldsymbol{0}^{1\times(K-1)} & w^2_{\text{MBS2}} & \cdots & w^{M-B+1}_{\text{MBS2}} & \boldsymbol{0}^{1\times(K-2)} \\ \vdots & & \vdots & \vdots & \vdots & \vdots & \vdots \\ 0 & \cdots & w^{M-B-1}_{\text{MBS2}} & \boldsymbol{0}^{1\times(K-1)} & w^{M-B}_{\text{MBS2}} & \boldsymbol{0}^{1\times(K-1)} & w^{M-B+1}_{\text{MBS2}} \end{bmatrix}$$

$$(5.3-57)$$

将式(5.3-57)代入式(5.3-53a),最终得到的谱估计结果是相同的。

5.3.5 性能分析

1.估计误差

为了验证空时二维信号模型下 SS-BMUSIC 算法的有效性,将不同参数设置下的 SS-BMUSIC 算法的估计方差与采用 BS1 型波束形成矩阵的 BMUSIC 算法、基于前后向空间平滑(FBSS)的 MUSIC 算法和经典 MUSIC 算法进行了仿真比较。

(1)仿真参数。

1)阵元数 $M=16$,时延级数 $K=8$,快拍数为 100。

2)非相干信号归一化频率/入射角度分布:

$(0.2,-60°)$,$(0.3,-40°)$,$(0.4,-20°)$,$(0.5,0°)$,$(0.6,20°)$,$(0.7,40°)$,$(0.8,60°)$

3)相干信号归一化频率/入射角度分布:

$(0.2,-40°)$,$(0.2,0°)$,$(0.2,40°)$,$(0.5,0°)$,$(0.8,-40°)$,$(0.8,0°)$,$(0.8,40°)$

4)SS-BMUSIC 算法所用波束形成向量由窗函数法产生,其中取 Kaiser 窗,beta 值取 0.7,归一化截止频率取 0.5。

(2)仿真结果。仿真结果如图 5.3-11 和图 5.3-12 所示。

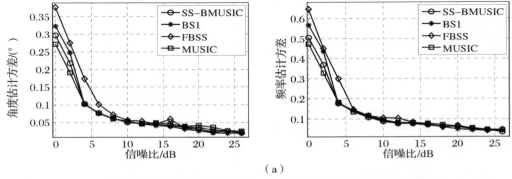

（a）

图 5.3-11　不同波束数/子阵阵元数下各方法估计误差对比(信噪比 SNR=20 dB)

(a)非相干信号的估计误差

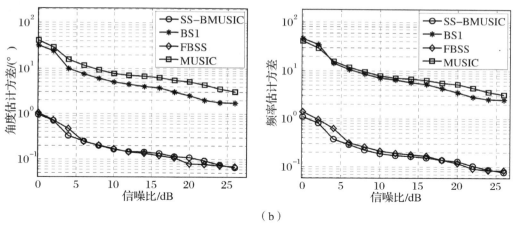

（b）

续图 5.3 - 11 不同波束数/子阵阵元数下各方法估计误差对比（信噪比 SNR＝20 dB）

（b）相干信号估计误差

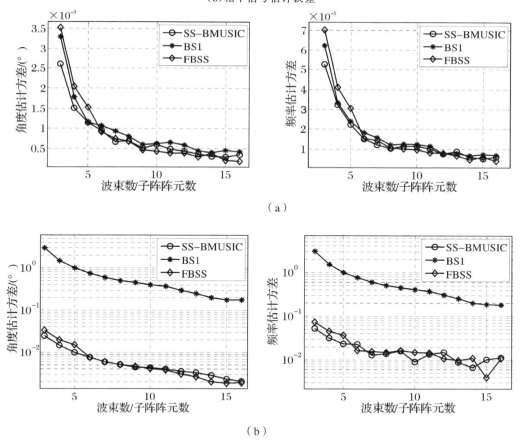

图 5.3 - 12 不同信噪比下各方法估计误差对比（波束数 $B＝3$，子阵阵元数 $M_{\text{sub}}＝3$）

（a）非相干信号估计误差；（b）相干信号估计误差

结合仿真结果对空时二维信号模型下 SS‑BMUSIC 算法的估计精度总结如下：

（1）对于非相干信号，SS—MUSIC 算法精度与 MUSIC 算法接近，随波束数增加精度提高，且在波束数较小时其精度略高于采用 BS1 型波束形成矩阵的 BMUSIC 算法；

（2）对于相干信号，SS—MUSIC 算法精度与基于前后向空间平滑（FBSS）的 MUSIC 算法相当（$B=M_{\text{sub}}$），且远远高于采用 BS1 型波束形成矩阵的 BMUSIC 算法。

2. 分辨力

在空时二维信号模型下分辨力考察的是谱估计算法对两个频率/入射角度相近的信号源能否分辨的问题，以角度分辨率为例说明分辨力的定义[192,204]：

$$Q(\Delta)=\frac{P(\theta_1)+P(\theta_2)}{2}-P\left(\frac{\theta_1+\theta_2}{2}\right) \quad (5.3-58)$$

式中：$P(\theta)$ 为角度 θ 处信号谱估计值，$\Delta=|\theta_1-\theta_2|$，若 $Q(\Delta)>0$ 则 θ_1,θ_2 是可分辨的，且 $Q(\Delta)$ 越大分辨效果越好，Δ 就称之为分辨力，$Q(\Delta)$ 本书称之为分辨力函数。根据文献[192]的相关定理描述，$Q(\Delta)$、Δ 之间满足如下关系：

$$Q(\Delta)=1-\frac{2\left|F\left(\frac{\Delta}{2}\right)\right|^2}{1-|F(\Delta)|^2}\left\{1-\left|F(\Delta\right|\cos\left[\varphi_F(\Delta)-2\varphi_F\left(\frac{\Delta}{2}\right)\right]\right\} \quad (5.3-59)$$

式中：对于 ULA 阵的 MUSIC 算法有[204]

$$F(\Delta)=\frac{1}{M}\sum_{i=1}^{M}a_i(\Delta)=|F(\Delta)|\,\mathrm{e}^{\mathrm{j}\varphi_F(\Delta)} \quad (5.3-60)$$

式中：$a_i(\Delta)=\mathrm{e}^{-\mathrm{j}2\pi(i-1)d\frac{\sin\Delta}{\lambda}}=\mathrm{e}^{-\mathrm{j}\pi(i-1)f\sin\Delta}$ 为 Δ 方向上的阵列流型矢量的元素；f 为归一化频率，且阵元间距 d 为 $f=1$ 的波长的 $1/2$。为区别于频率分辨力将角度分辨力表示为 Δ_θ，频率分辨力表示为 Δ_f。

在空时二维信号模型下阵列流型矢量元素为

$$a_{ik}(\Delta_\theta)=\mathrm{e}^{-\mathrm{j}\left[\pi(i-1)f\sin\Delta_\theta+2\pi(k-1)f\right]} \quad (5.3-61)$$

式中：T 为采样周期；K 为时延级数且 $k=1,2,\cdots,K$。

所以对于空时二维信号模型下 MUSIC 算法有：

$$F_{\text{MUSIC}}(\Delta_\theta)=\frac{1}{MK}\sum_{k=1}^{K}\sum_{i=1}^{M}a_{ik}(\Delta_\theta)=\frac{1}{MK}\sum_{k=1}^{K}\sum_{i=1}^{M}\mathrm{e}^{-\mathrm{j}\left[\pi(i-1)f\sin\Delta_\theta+2\pi(k-1)f\right]} \quad (5.3-62)$$

对于空时二维信号模型下的 SS‑BMUSIC 算法，有

$$F_{\text{SS-BMUSIC}}(\Delta_\theta)=\frac{1}{BK}\sum_{k=1}^{K}\boldsymbol{W}_{\text{MBS2}}\boldsymbol{a}_k(\Delta_\theta) \quad (5.3-63a)$$

式中：W_{MBS2}为 MBS2 型波束形成矩阵，且

$$\boldsymbol{a}_k(\Delta_\theta) = \left[1, e^{-j\left[\pi f\sin\Delta_\theta + 2\pi(k-1)f\right]}, \cdots, e^{-j\left[\pi(M-1)f\sin\Delta_\theta + 2\pi(k-1)f\right]}\right]^T$$
$$(k=1,2,\cdots,K)\ (5.3-63b)$$

同理，对于频率分辨力，有

$$F_{MUSIC}(\Delta_f) = \frac{1}{MK}\sum_{k=1}^{K}\sum_{i=1}^{M}a_{ik}(\Delta_f) = \frac{1}{MK}\sum_{k=1}^{K}\sum_{i=1}^{M}e^{-j\left[\pi(i-1)\Delta_f\sin\theta + 2\pi(k-1)\Delta_f\right]}$$
$$(5.3-64)$$

$$F_{SS\text{-}BMUSIC}(\Delta_f) = \frac{1}{BK}\sum_{k=1}^{K}\boldsymbol{W}_{MBS2}\boldsymbol{a}_k(\Delta_f) \qquad (5.3-65a)$$

$$\boldsymbol{a}_k(\Delta_f) = \left\{1, e^{-j\left[\pi\Delta_f\sin\theta + 2\pi(k-1)\Delta f\right]}, \cdots, e^{-j\left[\pi(M-1)\Delta_f\sin\theta + 2\pi(k-1)\Delta_f\right]}\right\}^T$$
$$(5.3-65b)$$

根据式(5.3-59)，式(5.3-62)~式(5.3-65)对空时二维信号模型下的MUSIC 算法和 SS-BMUSIC 算法分辨力仿真对比如图 5.5-13 和图 5.3-14 所示。

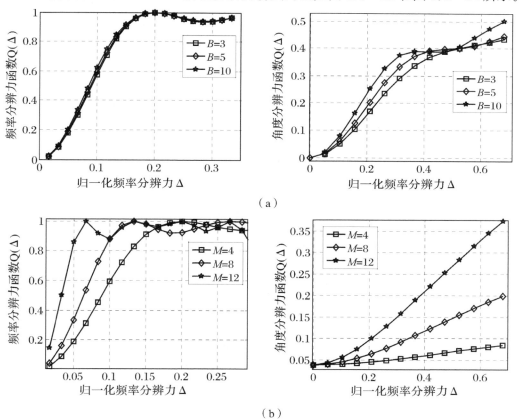

（a）

（b）

图 5.3-13　空时二维信号模型下 SS-BMUSIC 算法分辨力与随参数变化情况

（a）不同波束数 B 下分辨力对比（$M=12,K=5$）；（b）不同阵元数 M 下分辨力对比（$K=5,B=3$）

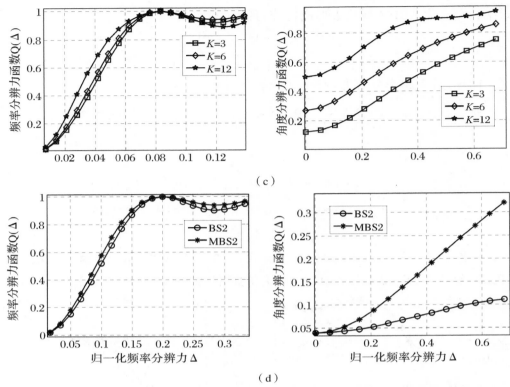

（c）

（d）

续图 5.3-13　空时二维信号模型下 SS-BMUSIC 算法分辨力与随参数变化情况

（c）不同时延级数 K 下分辨力对比（$M=12$，$B=3$）；（d）不同波束形成矩阵下分辨力对比（$M=12$，$K=5$，$B=3$，MBS2 型波束形成向量各系数由窗函数法产生，其中窗函数选择 Kaiser 窗，Beta 值取 0.7）

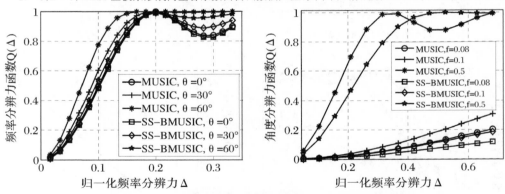

图 5.3-14　空时二维信号模型下 SS-BMUSIC 算法与

MUSIC 分辨力比较（$M=12$，$K=5$）

结合仿真结果对空时二维信号模型下 SS-BMUSIC 算法的分辨力总结如下：

（1）在保持其他参数不变的情况下，SS-BMUSIC 的分辨力随阵元数、时延级数、波束数的增大而提高，随波束形成矩阵的波束增益改善而提高；

（2）相同阵列结构下 SS-BMUSIC 算法的分辨力低于 MUSIC 算法，随波束数的增加分辨力向 MUSIC 算法靠近,当波束数等于阵元数时 SS - BMUSIC 算法退化成 MUSIC 算法二者分辨力相同。

3.计算量

　　相对于阵元空间 MUSIC 算法而言,BMUSIC 算法最大的特点就是降低了相关矩阵的维数从而大大降低了计算量和系统复杂程度,这一点在空时二维信号模型下更为明显。设空时二维阵列阵元数为 M,时延级数为 K,信源数为 N,现将阵元空间 MUSIC 算法和 SS - BMUSIC 算法计算量对比见表 5.3 - 1。

表 5.3 - 1　MUSIC 算法与 SS - BMUSIC 算法计算量对比

算法步骤	MUSIC	解相干的 MUSIC 算法	SS - BMUSIC
(1)	特征值分解 $O(M^3K^3)$ 次复数乘加	前后向空间平滑计算 $(M-M_{sub}+1)M_{sub}^2K^2$ 次复数乘法 其中 M_{sub} 为子阵阵元数目	波束形成 BM 次复数乘法 其中 B 为波束数 (见图 5.3 - 8 所示)
(2)	一次谱估计运算 $(MK-N)(MK+1)$ 次复数乘法 [式(5.3 - 12)]	特征值分解 $O(M_{sub}^3K^3)$ 次复数乘加	特征值分解 $O(B^3K^3)$ 次复数乘加
(3)		一次谱估计运算 $(M_{sub}K-N)(M_{sub}K+1)$ 次复数乘法	一次谱估计运算 $(BK-N)(BK+1)$ 次复数乘法[式(5.3 - 49)]

注:各算法采用相同的信源数估计方法

　　不同参数设置下计算量变化曲线对比如下图 5.3 - 15 所示。

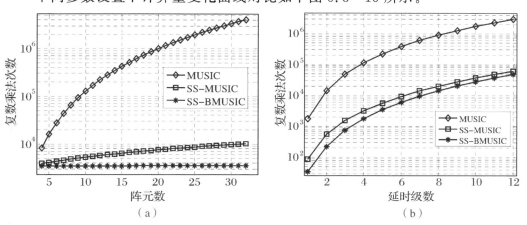

图 5.3 - 15　各方法计算量对比

(a)$K=5,N=10,B=3,M_{sub}=B$;(b)$M=12,N=10,B=3,M_{sub}=B$

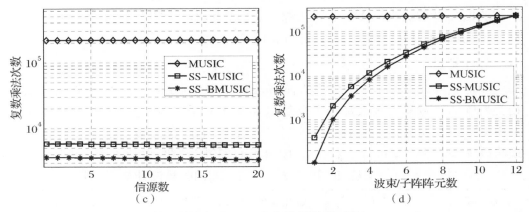

续图 5.3－15　各方法计算量对比

$(c)M=12,K=5,B=3,M_{sub}=B;(d)M=12,K=5,N=10,M_{sub}=B$

结合图 5.3－15 的对比结果将空时二维信号模型下 SS－BMUSIC 算法的计算量总结如下：

（1）SS－BMUSIC 算法的计算量随阵元数、时延级数、波束数增大而增大，受信源数影响较小；

（2）相同参数设置下 SS－BMUSIC 算法计算量远小于 MUSIC 算法，略小于基于空间平滑的 MUSIC 算法；

（3）当波束数等于阵元数时，SS－BMUSIC 算法退化成 MUSIC 算法，二者计算量相同。

5.3.6　仿真实例

仿真在 Matlab R2007b 环境下进行，仿真参数设置如下：

采样率：$f_s=1$ Hz；阵元数：$M=16$；时延级数：$K=8$；快拍数：$N=100$。

输入信号中包含 11 一个信源，其中 9 个为单频信号，其归一化频率依次为 $(0.2,0.2,0.2,0.2,0.5,0.8,0.8,0.8,0.8)$，入射角度依次为－60°，－20°，35°，70°，－40°，－65°，－25°，15°，70°；另外两个分别为：脉冲串信号，其载波中心频率为 0.5，脉冲串为 13 位 Barker 码（循环调制），占空比为 1:1，码速率为 0.1，入射角度为40°；线性调频信号，其中心频率为 0.5，宽为 0.1，时宽取 $800/f_s$，入射角度为 0°。

1. 生成 MBS2 型波束形成向量

选择 Chebyshev 窗，边带衰减取 100 dB，通带截止频率取 0.85π，得到波束增益如图 5.3－16 所示。

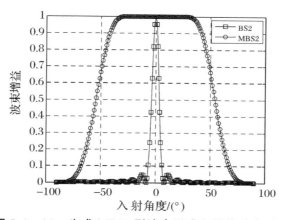

图 5.3 - 16 **生成** MBS2 **型波束形成向量的波束增益**

2. 谱估计

利用生成的 MBS2 型波束形成向量构成波束形成矩阵,取波束数为 4,用式 (5.3 - 55)对信号进行谱估计,得到信号的空域、频域功率分布如图 5.3 - 17 所示。

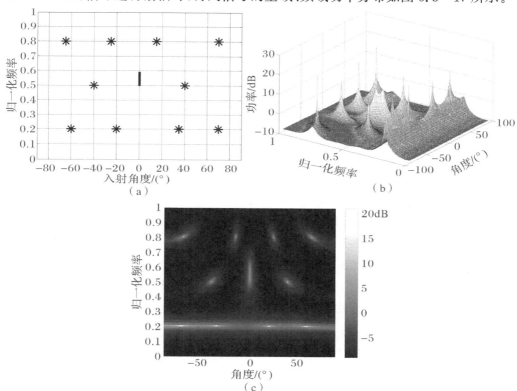

图 5.3 - 17 **基于空时二维** SS - BMUSIC **算法的信号空域、频域分布态势感知仿真实例**

(a)原始信号空时分布图;(b)空时二维 SS - BMUSIC 估计结果(3D 图);

(c)空时二维 SS - BMUSIC 估计结果(灰度图)

如图 5.3-17 所示,空时二维 SS-BMUSIC 算法有效地获得了信号功率在空域、频域的分布,其中对相干信号功率谱的估计能力与相同子阵数的空间平滑算法相同(与图 5.3-5 对比);另一方面,图 5.3-16 的结果还表明该算法也能适应宽带信号的功率谱估计,本书通过大量仿真发现该算法可以有效地对线性调频、脉冲调制等宽带信号的载频(或基准频率)进行谱峰估计,并同时反映出信号的带宽分布,其中谱峰估计的精度与窄带信号相当,带宽估计精度相对较差,且低频段的误差高于高频段。

5.4 本章小结

本章对空时二维信号模型下 MUSIC 算法进行了深入研究,首先为了解决 MUSIC 算法不能实现相干信号谱估计的问题,将空间平滑技术推广到了空时二维信号模型下,主要研究内容及结论如下:

(1)详细推导了相干信号导致 MUSIC 算法的数据协方差阵秩缺失的原理,并对秩缺失情况下空时二维 MUSIC 算法谱估计效果进行了仿真分析;

(2)详细推导了空时二维信号模型下空间平滑算法的原理,以及基于 FBSS 的空时二维 MUSIC 算法对相干信号的估计能力(见附录 E);

(3)经过空间平滑后的 $K \times M$ 阶空时二维阵可以同时对 K 组相干信源进行 MUSIC 谱估计。若平滑次数为 $2L$,则 $K \times M$ 阶空时二维阵至多可以完成 K 组,每组 $2L$ 个相干信源的 MUSIC 功率谱估计。仿真实例见图 5.3-4。

本章针对 MUSIC 算法计算量大的问题,对基于波束空间转换的降维处理算法进行了深入研究,并在文献[192]给出的 BS2 型波束形成矩阵的基础上改进提出了 MBS2 型波束形成矩阵,该矩阵既能实现波束空间转换还具有空间平滑作用,本书将使用 MBS2 型波束形成矩阵的 BMUSIC 算法称之为 SS-BMUSIC 算法,对该算法的性能特点总结如下:

(1)当 MBS2 型波束形成向量各系数不为零,且 $M-B+1 \geqslant N$ 时 MBS2 型波束形成矩阵总可以是秩损的信号互相关矩阵 $\boldsymbol{R}_s$ 恢复满秩,从而达到空间平滑相同的作用,若采用式(5.3-45)对数据协方差作平均,可实现与前后向平滑相等的 $2M/3$ 个相干信源的估计;

(2)MBS2 型波束形成向量 w_{MBS2} 的系数可以通过时域 FIR 低通滤波器的设计方法获得,为获得好的波束增益,设计时应保证尽量大的通带宽度和尽量小的通带波纹,最终得到波束形成矩阵需进行正交化;

(3)在波束数 B 相对于阵元数 M 较小的情况下,MBS2 型波束形成矩阵的波束增益要优于其他类型,随着波束数 B 的增加其波束增益变差,所以 MBS2 型波束形成矩阵更适宜用在对数据矩阵降维幅度较大的场合,根据文献[201]的论述,当 $B=3$ 时 BMUSIC 算法获得最低的信噪比门限,从这个角度讲在低信噪比下选择 MBS2 型波束形成矩阵可以获得相对更好的波束形成性能。

(4)SS-BMUSIC 算法的运算步骤为:获取阵列实际数据协方差 R→计算波束空间数据协方差 $W_{MBS2}RW_{MBS2}^H$[可用式(5.3-40)进行等效的前后向平滑]→特征值分解→按照式(5.3-55)进行功率谱估计。

本章将 SS-BMUSIC 算法推广到了空时二维信号模型下,并对其性能进行了详细的仿真分析,主要结论如下:

(1)估计误差。

1)对于非相干信号,SS-MUSIC 算法精度与 MUSIC 算法接近,随波束数增加精度提高,且在波束数较小时其精度略高于采用 BS1 型波束形成矩阵的 BMUSIC 算法;

2)对于相干信号,SS-MUSIC 算法精度与基于 FBSS 的 MUSIC 算法相当($B=M_{sub}$),且远远高于采用 BS1 型波束形成矩阵的 BMUSIC 算法。

(2)分辨力。

1)在保持其他参数不变的情况下,SS-BMUSIC 的分辨力随阵元数、时延级数、波束数的增大而提高,随波束形成矩阵的波束增益改善而提高;

2)相同阵列结构下 SS-BMUSIC 算法的分辨力低于 MUSIC 算法,随波束数的增加分辨力向 MUSIC 算法靠近,当波束数等于阵元数时 SS-BMUSIC 算法退化成 MUSIC 算法二者分辨力相同。

(3)计算量。

1)SS-BMUSIC 算法的计算量随阵元数、时延级数、波束数增大而增大,受信源数影响较小;

2)相同参数设置下 SS-BMUSIC 算法计算量远小于 MUSIC 算法,略小于基于空间平滑的 MUSIC 算法;

3)当波束数等于阵元数时 SS-BMUSIC 算法退化成 MUSIC 算法二者计算量相同。

(4)5.3.6 节通过仿真实例验证了该算法的有效性。

第6章 基于自适应和差波束的波束锐化原理

6.1 引　言

突破雷达物理孔径限制,实现角度域的超分辨是当前亟待解决的问题。目前提出的解决办法主要分为两类:一类是通过和波束与差波束相减实现的波束锐化方法,也叫超波束形成方法。其通过相减的方式抵消波束中的非期望方向信号,同时获得较窄的主瓣和较低的旁瓣,但是这一类方法无法精确控制主瓣宽度,且当主瓣内存在多个回波信号时,算法性能显著下降;另一类是利用斜投影算子零相移、可以在任意角度形成零陷的特性,提出在主瓣内均匀形成多个零陷进而缩小主瓣半功率波束宽度的方法,但是该方法在形成零陷的同时也会显著降低输出信号的信噪比。

为解决以上问题,本章论证了一种基于自适应和差波束的阵列天线波束锐化方法,其核心思想是通过和差波束构建峰值位于波束指向角、大小为1的锐化系数,降低非期望方向信号增益,实现波束锐化。本章内容围绕所提方法的论证、性能分析和实验验证开展。第6.2节对所提波束锐化方法进行了推导论证,并分析了其物理和数学意义,分析了锐化波束主瓣宽度的影响因素,整理了锐化波束技术的流程;干扰和噪声的存在造成和差波束比产生偏移,进而带来锐化波束指向产生偏差、目标信号增益降低等问题,第6.3节从概率密度函数角度定量分析了干扰信号及噪声等因素对锐化波束性能的影响;第6.4节使用4通道雷达在暗室环境下进行了角度分辨能力对比实验,验证了所提方法的有效性。

6.2　波束锐化原理推导

6.2.1　阵列结构及信号模型

考虑阵列由两个子阵列组成,如图 6.2-1 所示,两个子阵列均为含 N 个全向天线的均匀线阵,阵元间距为 d,波束指向角度为 θ_0;两个子阵列结构完全相同,子阵列间的距离(子阵列参考阵元之间的距离)为 D。空间中存在 K 个波长为 λ 的远场窄带信号:含 1 个目标信号 $s_1(t)$ 和 $(K-1)$ 个干扰信号 $s_2(t),\cdots,$
$s_K(t)$,入射角度分别为 $\theta_1,\cdots,\theta_K$。假设左、右子阵列接收的数据为 $\boldsymbol{X}_L$、$\boldsymbol{X}_R$。由式(6.2-1)可知,两个子阵列接收数据的矢量形式为

$$\boldsymbol{X}(t)=\boldsymbol{AS}(t)+\boldsymbol{N}(t) \tag{6.2-1}$$
$$\boldsymbol{X}_L=[\boldsymbol{a}(\theta_1)\quad \boldsymbol{a}(\theta_2)\cdots\boldsymbol{a}(\theta_K)]\boldsymbol{S}+\boldsymbol{N}_L=\boldsymbol{AS}+\boldsymbol{N}_L \tag{6.2-2}$$
$$\boldsymbol{X}_R=[\boldsymbol{a}(\theta_1)\mathrm{e}^{\mathrm{j}\phi1}\quad \boldsymbol{a}(\theta_2)\mathrm{e}^{\mathrm{j}\phi2}\cdots\boldsymbol{a}(\theta_K)\mathrm{e}^{\mathrm{j}\phi k}]\boldsymbol{S}+\boldsymbol{N}_R=\boldsymbol{A\Phi S}+\boldsymbol{N}_R \tag{6.2-3}$$

式中:$\boldsymbol{\Phi S}$、$\boldsymbol{A\Phi S}$ 为接收数据中的信号分量;$\boldsymbol{N}_L$、$\boldsymbol{N}_R$ 为接收数据中的噪声分量。对角矩阵,$\boldsymbol{\Phi}$ 可以表示为

$$\boldsymbol{\Phi}=\mathrm{diag}[\mathrm{e}^{\mathrm{j}\phi_1}\quad \mathrm{e}^{\mathrm{j}\phi_2}\cdots\mathrm{e}^{\mathrm{j}\phi_k}] \tag{6.2-4}$$
$$\phi_1=\frac{2\pi|D|\sin\theta}{\lambda},i=1,2,\cdots,K \tag{6.2-5}$$

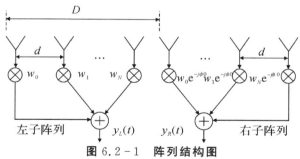

图 6.2-1　阵列结构图

对比式(6.2-2)和式(6.2-3)可知,对于同一个信号而言,在被两个子阵列接收后仅在相位上有所差别,且相位差的大小可以通过入射角度和子阵列间的距离进行计算,这一特性被称为信号的空间平移不变性(Space Translation Invariance)。

通过数字波束形成技术对接收的数据进行处理,令左子阵列的加权矢量为 w_R,右子阵列的加权矢量为 w_R,$w_R=\mathrm{e}^{\mathrm{j}2\pi D\sin\theta_0\lambda}w_L$。此时,右子阵列的加权矢量可以看作左子阵列的加权矢量沿波束指向平移的结果。加权后两个子阵列的输出数据可以表示为

$$y_{\mathrm{L}} = \boldsymbol{w}^{\mathrm{H}} \boldsymbol{A} \boldsymbol{S} + \boldsymbol{w}^{\mathrm{H}} \boldsymbol{N}_{\mathrm{L}} \qquad (6.2-6)$$

$$y_{\mathrm{R}} = \mathrm{e}^{-\mathrm{j}2\pi D \sin\theta_0 \lambda} (\boldsymbol{w}^{\mathrm{H}} \boldsymbol{A} \boldsymbol{\Phi} \boldsymbol{S} + \boldsymbol{w}^{\mathrm{H}} \boldsymbol{N}_{\mathrm{R}}) = \boldsymbol{w}^{\mathrm{H}} \boldsymbol{A} \boldsymbol{\Phi}' \boldsymbol{S} + \mathrm{e}^{\mathrm{j}2\pi D \sin\theta_0 \lambda} \boldsymbol{w}^{\mathrm{H}} \boldsymbol{N}_{\mathrm{R}} \quad (6.2-7)$$

式中

$$\boldsymbol{\Phi}' = \mathrm{diag}\big[\, \mathrm{e}^{\mathrm{j}\phi_1 - \phi_0} \quad \mathrm{e}^{\mathrm{j}\phi_2 - \phi_0} \cdots \mathrm{e}^{\mathrm{j}\phi_K - \phi_0} \,\big] \qquad (6.2-8)$$

显然,在左、右子阵列加权矢量存在稳定相位差的前提下,输出数据中的信号分量也具有空间平移不变性。

6.2.2　数学推导

首先利用空间平移不变性实现阵列孔径外推。假设存在多个结构相同的子阵列,子阵列间的距离均为 D,可以根据信号相位差矩阵 $\boldsymbol{\Phi}$ 和波束指向角度 θ_0,对第 $(P+1)$ 个子阵列接收数据和输出数据中的信号分量进行估计,参考式(6.2-3)和式(6.2-7),可以得到其表达式分别为

$$\boldsymbol{X}_{P-\mathrm{noise}} = \boldsymbol{A} \boldsymbol{\Phi}^P \boldsymbol{S} \qquad (6.2-9)$$

$$y_{P-\mathrm{noise}} = \boldsymbol{w}^{\mathrm{H}} \boldsymbol{A} (\boldsymbol{\Phi}')^P \boldsymbol{S} \qquad (6.2-10)$$

将 $(P+1)$ 个子阵列的输出信号进行累加,得到阵列孔径外推后,归一化输出数据中的信号分量为

$$y = \frac{1}{P+1} \boldsymbol{w}^{\mathrm{H}} \boldsymbol{A} \Big[\sum_{p=0}^{P} (\boldsymbol{\Phi}')^p \Big] \boldsymbol{S}$$

$$= \boldsymbol{w}^{\mathrm{H}} \Big[\frac{\sum_{p=0}^{P} \mathrm{e}^{\mathrm{j}(\phi_1-\phi_0)p}}{P+1} \alpha(\theta_1) \quad \frac{\sum_{p=0}^{P} \mathrm{e}^{\mathrm{j}(\phi_2-\phi_0)p}}{P+1} \alpha(\theta_2) \cdots \frac{\sum_{p=0}^{P} \mathrm{e}^{\mathrm{j}(\phi_L-\phi_0)p}}{P+1} \alpha(\theta_K) \Big] \boldsymbol{S}$$

$$(6.2-11)$$

子阵列的数量越多,阵列的合成孔径越大,阵列对非期望方向信号的抑制效果越好,这与空间匹配滤波的结论相一致。如图 6.2-2 所示。

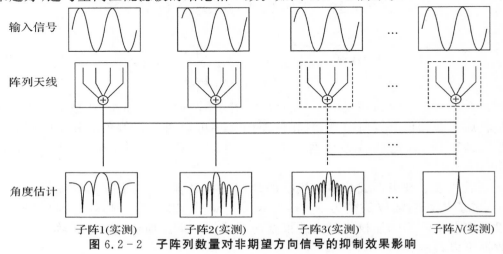

图 6.2-2　子阵列数量对非期望方向信号的抑制效果影响

利用等比公式,可以得到式(6.2-11)在子阵列数量趋近于无穷条件下的极限形式:

$$y = \boldsymbol{w}^{\mathrm{H}} \left[\frac{(1-g)\alpha(\theta)}{1-g \cdot \mathrm{e}^{\mathrm{j}\phi_1 - \mathrm{j}\phi_0}} \quad \frac{(1-g)\alpha(\theta_2)}{1-g \cdot \mathrm{e}^{\mathrm{j}\phi_2 - \mathrm{j}\phi_0}} \cdots \frac{(1-g)\alpha(\theta_K)}{1-g \cdot \mathrm{e}^{\mathrm{j}\phi_K - \mathrm{j}\phi_0}} \right] \boldsymbol{S} \quad (6.2-12)$$

式中: $g<1$,是确保等比公式收敛而引入的反馈系数。对于入射角度与波束指向角重合的信号,算子 $1-g/(1-g \cdot \mathrm{e}^{\mathrm{j}\phi_K - \mathrm{j}\phi_0})=1$,信号增益不会受到损失;对于入射角度与波束指向角间存在相位差的信号,算子 $1-g/(1-g \cdot \mathrm{e}^{\mathrm{j}\phi_K - \mathrm{j}\phi_0})<1$,信号增益受到抑制,且相位差越大,抑制效果越显著,从而达到减小波束主瓣宽度、提高波束分辨力的目的。通过调节反馈系数 g 可以控制阵列对非期望方向入射信号的抑制效果,当 g 趋于 1 时,算子可以拟合无限个阵列对入射信号的抑制效果,任何非期望方向信号的阵列响应都趋近于 0,此时阵列的方向图近似于一个冲激函数。

式(6.2-12)实际上是依据各信号入射方向和波束指向的相位差形成对应的增益系数,并精确附加给各个入射信号。而精确获取各信号入射方向涉及多维信号的求解,且空间中的各信号相互缠绕,难以对各信号精确赋值,因此很难利用少量子阵列构建式(6.2-12)。自适应波束形成技术可以从角度域实现对各入射信号的分离,通过调整阵列接收信号的加权向量,使得方向图在干扰信号入射方向形成零陷,达到在接收目标方向信号的同时,对其他方向的入射信号产生抑制的目的,可以将多维信号的求解与赋值简化为一维问题。

设此加权向量为 $\boldsymbol{w}_{\mathrm{SF}}$,波束指向角 θ_0 接近目标信号入射角度 θ_1。理想条件下,自适应波束仅能接收目标信号 $s_1(t)$,其他 $(K-1)$ 个干扰信号的增益为 0,存在

$$\boldsymbol{w}_{\mathrm{SF}}^{\mathrm{H}} \boldsymbol{a}(\theta_i)=0 \quad (i=2,3,\cdots,K) \quad (6.2-13)$$

忽略噪声分量,利用式(6.2-13)对式(6.2-6)、式(6.2-7)和式(6.2-12)化简,得

$$y_{\mathrm{L}} = \boldsymbol{w}_{\mathrm{SF}}^{\mathrm{H}} \boldsymbol{a}(\theta_1) s_1 \quad (6.2-14)$$

$$y_{\mathrm{R}} = \mathrm{e}^{\mathrm{j}\phi_1 - \mathrm{j}\phi_0} \boldsymbol{w}_{\mathrm{SF}}^{\mathrm{H}} \boldsymbol{\alpha}(\theta_1) s_1 \quad (6.2-15)$$

$$y = \frac{1-g}{1-g \cdot \mathrm{e}^{\mathrm{j}\phi_1 - \mathrm{j}\phi_0}} \boldsymbol{w}_{\mathrm{SF}}^{\mathrm{H}} \boldsymbol{a}(\theta_1) s_1 \quad (6.2-16)$$

可以通过两个子阵列的输出信号式(6.2-14)、式(6.2-15)对式(6.2-16)进行拟合,得

$$y = \frac{(1-g)y_{\mathrm{L}}}{y_{\mathrm{L}} - g \cdot y_{\mathrm{R}}} y_{\mathrm{L}} = \frac{(1-g)\boldsymbol{w}_{\mathrm{SF}}^{\mathrm{H}} \boldsymbol{X}_{\mathrm{L}}}{\boldsymbol{w}_{\mathrm{SF}}^{\mathrm{H}} \boldsymbol{X}_{\mathrm{L}} - g \cdot \mathrm{e}^{-\mathrm{j}\phi_0} \boldsymbol{w}_{\mathrm{SF}}^{\mathrm{H}} \boldsymbol{X}_{\mathrm{R}}} \boldsymbol{w}_{\mathrm{SF}}^{\mathrm{H}} \boldsymbol{X}_{\mathrm{L}} \quad (6.2-17)$$

式中:算子 $\boldsymbol{w}_{\mathrm{SF}}^{\mathrm{H}} \boldsymbol{X}_{\mathrm{L}}$ 为单个子阵列自适应波束形成的输出信号,而算子 $(1-g)\boldsymbol{w}_{\mathrm{SF}}^{\mathrm{H}} \boldsymbol{X}_{\mathrm{L}}/(\boldsymbol{w}_{\mathrm{SF}}^{\mathrm{H}} \boldsymbol{X}_{\mathrm{L}} - g \cdot \mathrm{e}^{-\mathrm{j}\phi_0} \boldsymbol{w}_{\mathrm{SF}}^{\mathrm{H}} \boldsymbol{X}_{\mathrm{R}})$ 是非期望方向信号产生抑制的原因,我们称之为锐化系数 γ(Sharpen Ratio,SR)。下面对锐化系数进行讨论。

$$\gamma = \frac{(1-g)\boldsymbol{w}_{\text{SF}}^{\text{H}}\boldsymbol{X}_{\text{L}}}{\boldsymbol{w}_{\text{SF}}^{\text{H}}\boldsymbol{X}_{\text{L}} - g \cdot \text{e}^{-\text{j}\phi_0}\boldsymbol{w}_{\text{SF}}^{\text{H}}\boldsymbol{X}_{\text{R}}}$$

$$= \frac{(1-g)\boldsymbol{w}_{\text{SF}}^{\text{H}}\boldsymbol{X}_{\text{L}}}{(1-g)\boldsymbol{w}_{\text{SF}}^{\text{H}}\boldsymbol{X}_{\text{L}} + g(\boldsymbol{w}_{\text{SF}}^{\text{H}}\boldsymbol{X}_{\text{L}} - \text{e}^{-\text{j}\phi_0}\boldsymbol{w}_{\text{SF}}^{\text{H}}\boldsymbol{X}_{\text{R}})}$$

$$= \frac{1}{1 + \dfrac{g}{1-g} \cdot Q} \tag{6.2-18}$$

式中:$Q = (\boldsymbol{w}_{\text{SF}}^{\text{H}}\boldsymbol{X}_{\text{L}} - \text{e}^{\text{j}\phi_0}\boldsymbol{w}_{\text{SF}}^{\text{H}}\boldsymbol{X}_{\text{R}})/\boldsymbol{w}_{\text{SF}}^{\text{H}}\boldsymbol{X}_{\text{L}}$,表示左右两个子阵列和差波束输出信号之比。而 Q 本身为复数,给计算带来较大的不便,将其改造为纯虚数:

$$Q = \frac{1 - \text{e}^{\text{j}2\pi D/\lambda(\sin\theta - \sin\theta_0)}}{1 + \text{e}^{\text{j}2\pi D/\lambda(\sin\theta - \sin\theta_0)}} \tag{6.2-19}$$

改造后的锐化系数为

$$\gamma = \frac{(1-g)\left[1 + e^{j2\pi D/\lambda(\sin\theta - \sin\theta_0)}\right]}{(1-g)\left[1 + e^{j2\pi D/\lambda(\sin\theta - \sin\theta_0)}\right] + g\left[1 - e^{j2\pi D/\lambda(\sin\theta - \sin\theta_0)}\right]}$$

$$= \frac{(1-g)\left[\boldsymbol{w}_{\text{SF}}^{H}\boldsymbol{X}_{L} + e^{-j\phi_0}\boldsymbol{w}_{\text{SF}}^{H}\boldsymbol{X}_{R}\right]}{\boldsymbol{w}_{\text{SF}}^{H}\boldsymbol{X}_{L} + (1 - 2 \cdot g)e^{-j\phi_0}\boldsymbol{w}_{\text{SF}}^{H}\boldsymbol{X}_{R}}$$

$$= \frac{1}{1 + \dfrac{g}{1-g} \cdot \dfrac{\boldsymbol{w}_{\text{SF}}^{H}\boldsymbol{X}_{\Delta}}{\boldsymbol{w}_{\text{SF}}^{H}\boldsymbol{X}_{\Sigma}}} \tag{6.2-20}$$

式中

$$\boldsymbol{X}_{\Sigma} = \boldsymbol{X}_{\text{L}} + \text{e}^{-\text{j}\phi_0}\boldsymbol{X}_{\text{R}} \tag{6.2-21}$$

$$\boldsymbol{X}_{\Delta} = \boldsymbol{X}_{\text{L}} - \text{e}^{-\text{j}\phi_0}\boldsymbol{X}_{\text{R}} \tag{6.2-22}$$

式中:$\boldsymbol{X}_{\Sigma}$、$\boldsymbol{X}_{\Delta}$ 分别为信号和与信号差,表示左子阵接收的信号,与移相后的右子阵接收的信号之和与差。

进一步得到修正后的波束响应

$$P(\theta) = \frac{1}{1 + \dfrac{g}{1-g}\dfrac{1 - \text{e}^{\text{j}2\pi D/\lambda(\sin\theta - \sin\theta_0)}}{1 + \text{e}^{\text{j}2\pi D/\lambda(\sin\theta - \sin\theta_0)}}} \odot \boldsymbol{w}_{\text{SF}}^{\text{H}}\boldsymbol{a}(\theta) \tag{6.2-23}$$

式中,$\odot$ 表示 Hadamard 积。修正后的输出信号可以表示为

$$y = \frac{1}{1 + \dfrac{g}{1-g} \cdot \dfrac{\boldsymbol{w}_{\text{SF}}^{\text{H}}\boldsymbol{X}_{\Delta}}{\boldsymbol{w}_{\text{SF}}^{\text{H}}\boldsymbol{X}_{\Sigma}}} \cdot \boldsymbol{w}_{\text{SF}}^{\text{H}}\boldsymbol{X}_{\Sigma} \tag{6.2-24}$$

以上我们提出了一种基于自适应和差波束的锐化方法,该方法通过自适应波束形成技术将干扰信号滤除,并利用和差波束比值计算得到锐化系数,可以根据期望方向信号与波束指向相位差的大小控制期望方向信号的增益。与锐化前的波束相比,锐化波束对相位差的变化更加敏感,实现了提高波束角度分辨率的目的。

6.2.3　锐化波束宽度影响因素分析

波束的分辨率由主瓣宽度决定,主瓣宽度越小波束的角度分辨率越高。通常采用半功率波束宽度,即最大增益角度到增益衰减到 -3 dB 时的两个角度间的夹角来表征主瓣宽度。

设波束半功率波束宽度为 θ_{mb},由半功率波束宽度的定义可知存在如下关系

$$\left|\frac{(1-g)\left[\boldsymbol{W}_{SF}\boldsymbol{X}_{L}+e^{j\phi_0}\boldsymbol{W}_{SF}\boldsymbol{X}_{R}\right]}{\boldsymbol{W}_{SF}\boldsymbol{X}_{L}+(1-2g)e^{-j\phi_0}\boldsymbol{W}_{SF}\boldsymbol{X}_{R}}(\boldsymbol{W}_{SF}+e^{-j\phi_0}\boldsymbol{W}_{SF})\alpha(\theta)\right|=\frac{\sqrt{2}}{2}\qquad(6.2-25)$$

理想条件下,自适应波束可以将接收信号中的干扰信号分量完全抑制,式(6.2-25)可进一步简化为

$$\left|\frac{(1-g)\left[1+e^{j2\pi D/\lambda(\sin\theta-\sin\theta_0)}\right]}{1+(1-2g)e^{j2\pi D/\lambda(\sin\theta-\sin\theta_0)}}\right|\cdot\frac{\sin\left[2\pi dN/\lambda(\sin\theta-\sin\theta_0)\right]}{2\pi dN/\lambda(\sin\theta-\sin\theta_0)}=\frac{\sqrt{2}}{2}$$
$$(6.2-26)$$

利用欧拉公式将式(6.2-26)展开,得

$$\frac{1}{\sqrt{1+\left\{\dfrac{g}{1-g}\cdot\tan\left[\pi D/\lambda(\sin\theta-\sin\theta_0)\right]\right\}^2}}\cdot\frac{\sin\left[2\pi dN/\lambda(\sin\theta-\sin\theta_0)\right]}{2\pi dN/\lambda(\sin\theta-\sin\theta_0)}=\frac{\sqrt{2}}{2}$$
$$(6.2-27)$$

对式(6.2-27)用泰勒公式展开,其一阶近似解为

$$\sin\theta-\sin\theta_0\approx\frac{1.39\lambda(1-g)}{\pi\sqrt{3g^2D^2+4(1-g)^2d^2N^2}}\qquad(6.2-28)$$

由于 θ 位于主瓣,可以认为 $\theta\approx\theta_0$,设 $\theta_{0.5}=\theta-\theta_0$,可得

$$\sin\theta-\sin\theta_0=2\cos\left[(\theta_1+\theta_0)/2\right]\sin\left[(\theta_1-\theta_0)/2\right]\approx\cos\theta_0\cdot\theta_{0.5}$$
$$(6.2-29)$$

最后得到主瓣宽度的表达式为

$$\theta_{mb}=2\theta_{0.5}=\frac{2.78\lambda(1-g)}{\pi\cos\theta_0\sqrt{3g^2D^2+4(1-g)^2d^2N^2}}(\text{rad})\qquad(6.2-30)$$

观察式(6.2-30),可以发现在入射信号频率不变的情况下,锐化波束的半功率波束宽度与反馈系数 g、子阵列间的距离 D、阵元间距 d 成反比,其中反馈系数 g 是影响半功率波束宽度的主要因素。dN 的物理意义为单个子阵列的实孔径,当反馈系数增大时,阵列天线物理孔径对半功率波束宽度的影响逐渐减小,子阵列间的距离成为影响半功率波束宽度的主要因素。

常规波束形成的半功率波束宽度为

$$\theta_{mb}^0=\frac{1.39\lambda}{\pi dN\cos\theta_0}(\text{rad})\qquad(6.2-31)$$

对比式(6.2-30)和式(6.2-31),可以得到锐化波束主瓣宽度与锐化前波束的主瓣宽度的对应关系为

$$\theta_{\mathrm{mb}} = \theta_{\mathrm{mb}}^{0} \cdot \frac{2(1-g)dN}{\sqrt{3g^2D^2+4(1-g)^2d^2N^2}}\ (\mathrm{rad}) \qquad (6.2-32)$$

式(6.2-32)证明了,反馈系数、子阵列间的距离不变的条件下,波束锐化算法对于物理孔径较小的阵列天线起到更好的锐化效果。

考虑阵列天线为由 32 个全向天线组成的均匀半波长线阵,左右自然分为两个子阵列,子阵列间的距离为 8 倍波长,波束指向角为 0°。考虑干扰信号经自适应波束形成被完全滤除,噪声经脉冲压缩、相干积累后功率显著降低的情况,得到原始波束,反馈系数 g 为 0.5、0.9、0.99 等情况下阵列的波束响应如图 6.2-3 所示,和差信号比绝对值如图 6.2-4 所示。锐化后的波束指向没有发生偏离,锐化波束宽度随反馈系数的增加而不断减小,与理论推导的结果相一致,验证了波束锐化技术的可行性。

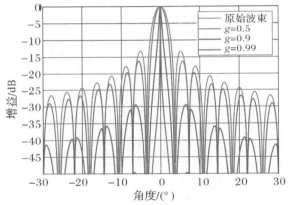

图 6.2-3　锐化波束图

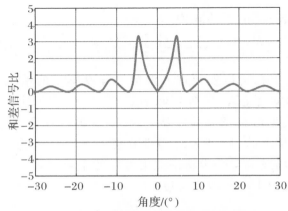

图 6.2-4　和差信号比随角度变化图

　　进一步讨论波束指向、反馈系数对半功率波束宽度的影响。设定波束指向变化范围为 $-40°\sim40°$，反馈系数变化范围为 $0\sim0.999$，得到各种条件下半功率波束宽度的数值仿真结果如图 6.2 - 5、图 6.2 - 6、图 6.2 - 7 所示。

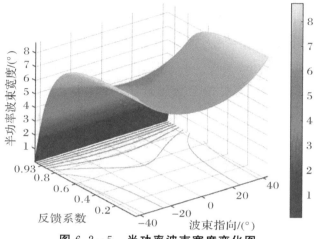

图 6.2 - 5　半功率波束宽度变化图

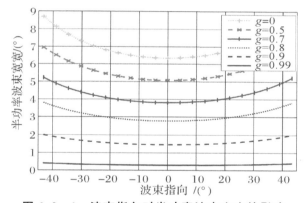

图 6.2 - 6　波束指向对半功率波束宽度的影响

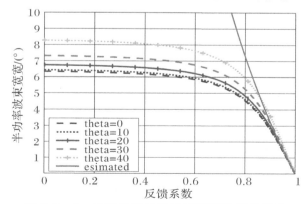

图 6.2 - 7　反馈系数对半功率波束宽度的影响

图 6.2-5 为不同系数、波束指向角下,对实际生成的锐化波束半功率波束宽度的运算结果;图 6.2-6 和图 6.2-7 为根据式(6.2-32)对半功率波束宽度的数值计算结果,分别独立反映了半功率波束宽度随反馈系数、波束指向角的变化情况,$g=0$ 时即为未经锐化处理的常规波束形成结果。可发现,当 $g \leqslant 0.3$ 时,半功率波束宽度随反馈系数变化曲线较为平坦,此时反馈系数对半功率波束宽度的锐化作用相对较小;当 $g \geqslant 0.4$ 时,半功率波束宽度随反馈系数的增大,大致均匀减小,可以推测,当反馈系数趋近于 1 时,半功率波束宽度可以趋近于无穷小,此时锐化波束的响应可以视作冲击函数。且随着反馈系数的增大,半功率波束宽度随波束指向的起伏不断减小,当 $g \geqslant 0.9$ 时,半功率波束宽度随波束指向角的函数曲线基本为一直线,在各指向角,波束均可得到大致均匀的半功率波束宽度,此时,半功率波束宽度计算公式可以简化为:

$$\theta_{mb} = \frac{0.8\lambda(1-g)}{\pi D g}(\text{rad}) \tag{6.2-33}$$

图 6.2-7 中的红线对应上述简化结果,当 $g \geqslant 0.85$ 时,可以取得较好的拟合效果。

实际情况下,自适应波束形成难以对干扰信号产生完全抑制,仍然会有残存的干扰信号进入接收机,下面讨论残存的干扰信号对半功率波束宽度的影响。这一条件下差和信号之比可表示为

$$Q = \frac{\boldsymbol{W}_{SF}\boldsymbol{X}_\Delta}{\boldsymbol{W}_{SF}\boldsymbol{X}_\Sigma} = \frac{\sum_{k=1}^{K}[1-e^{j2\pi D(\sin\theta_k-\sin\theta_0)/\lambda}]c_k}{\sum_{k=1}^{K}[1+e^{j2\pi D(\sin\theta_k-\sin\theta_0)/\lambda}]c_k} \tag{6.2-34}$$

式中:c_k 为空域滤波后第 k 个信号的残存信号,干扰信号入射角度与波束指向之间的夹角大于目标信号入射角度与波束指向之间的夹角。对于干扰信号入射角 θ_k,存在

$$\sin\theta_k - \sin\theta_0 \geqslant \sin\theta_1 - \sin\theta_0 \tag{6.2-35}$$

利用式(6.2-35)对式(6.2-34)进行化简,可得

$$Q = \frac{\sum_{k=1}^{K}[1-e^{j2\pi D(\sin\theta_k-\sin\theta_0)/\lambda}]c_k}{\sum_{k=1}^{K}[1+e^{j2\pi D(\sin\theta_k-\sin\theta_0)/\lambda}]c_k} \geqslant 1-e^{j\frac{2\pi D}{\lambda}(\sin\theta_1-\sin\theta_0)} \tag{6.2-36}$$

残存干扰信号的存在使和差波束比增大,将式(6.2-36)代入式(6.2-25),

可以进一步得到残存干扰信号对主瓣宽度的影响：

$$\frac{1}{1+\dfrac{g}{1-g}\cdot\dfrac{\boldsymbol{W}_{\mathrm{SF}}\boldsymbol{X}_{\Delta}(t)}{\boldsymbol{W}_{\mathrm{SF}}\boldsymbol{X}_{\Sigma}(t)}}\frac{\sin\big[2\pi dN/\lambda(\sin\theta_1-\sin\theta_0)\big]}{2\pi dN/\lambda(\sin\theta_1-\sin\theta_0)}\leqslant\frac{\sqrt{2}}{2}\qquad(6.2-37)$$

也就是说，残存干扰信号的存在，会使得实际的半功率波束宽度较理论更窄。

6.2.4　波束锐化流程

波束锐化的主要实现步骤如图 6.2-8 所示。

1）通过阵列天线接收信号 $\boldsymbol{X}$，设定波束指向 θ_0；

2）形成自适应和差波束对信号进行处理，获得差和波束比；

3）根据预设的主瓣半功率波束宽度，调整反馈系数 $\boldsymbol{g}$，生成锐化系数；

4）利用锐化系数对和波束对信号的增益进行加权，与波束指向相同的信号增益不变，与波束指向存在相位差的信号增益降低，实现波束锐化。

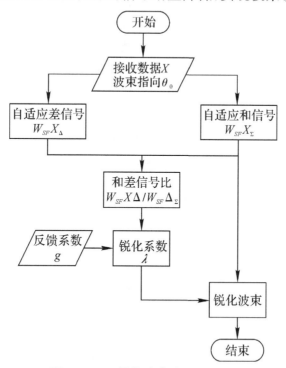

图 6.2-8　锐化波束实现流程图

6.3 性能分析与数值仿真

6.3.1 锐化波束指向期望

对于指向角度 θ_0 的波束的锐化过程可做如下描述:阵列天线接收的信号中包含目标信号、干扰信号和噪声,通过空域滤波技术在干扰信号入射方向形成零陷抑制干扰信号后,对两个子阵的输出信号进行运算形成锐化波束,锐化波束会对其他方向的入射信号阵列图增益产生抑制,入射信号角度与波束指向角越近抑制程度越低,当入射信号与波束指向角重合时,对于入射信号不产生抑制,以此达到降低波束主瓣宽度的目的。

在理想情况下,接收信号中的干扰信号分量通过空域滤波技术被完全抑制,噪声分量经过降噪处理趋近于 0,此时锐化波束完全由目标信号决定,锐化波束指向与波束指向完全一致,反馈系数 g 可以无限趋近于 1,则锐化波束图为一冲击函数,波束主瓣宽度趋近于 0,能够有效抑制除 θ_0 外任何方向的入射信号。

然而在实际情况下,自适应波束形成技术很难完全抑制干扰信号,产生的残存干扰信号会使得锐化波束指向产生偏差;同时,噪声的存在会使得每个快拍信号的运算结果为一随机变量。此时,每一个快拍信号得到的锐化波束指向不为一个确定数值,而是散布在以此随机变量期望为中心的区域内。为使得期望方向的信号能够被有效接收,必须对波束的锐化程度进行限制,使之具有一定的主瓣宽度,使得在各种误差的作用下,入射信号仍然落在锐化波束主瓣范围内进而被接收。

综上分析,两个子阵列经自适应波束形成后,输出信号可表示为

$$\left.\begin{aligned} y_{\mathrm{L}} &= s_1 + \sum_{k=2}^{K} c_k + n_{\mathrm{L}} \\ y_{\mathrm{R}} &= \mathrm{e}^{\mathrm{j}2\pi D\sin\theta_1/\lambda} s_1 + \sum_{k=2}^{K} \mathrm{e}^{\mathrm{j}2\pi D\sin\theta_k/\lambda} c_k + n_{\mathrm{R}} \end{aligned}\right\} \tag{6.3-1}$$

式中:s、c、n 分别为目标信号、干扰信号经自适应波束抑制后残存的信号及噪声信号。

当入射信号恰与波束指向方向一致时,存在

$$\gamma(\theta;\theta_0) = \frac{(1-g)\left[\boldsymbol{w}_{\mathrm{SF}}^{\mathrm{H}}\boldsymbol{X}_{\mathrm{L}} + \mathrm{e}^{-\mathrm{j}\phi_0}\boldsymbol{w}_{\mathrm{SF}}^{\mathrm{H}}\boldsymbol{X}_{\mathrm{R}}\right]}{\boldsymbol{w}_{\mathrm{SF}}^{\mathrm{H}}\boldsymbol{X}_{\mathrm{L}} + (1-2g)\mathrm{e}^{-\mathrm{j}\phi_0}\boldsymbol{w}_{\mathrm{SF}}^{\mathrm{H}}\boldsymbol{X}_{\mathrm{R}}} \tag{6.3-2}$$

显然和差波束输出信号之比为 0,即

$$Q = \frac{w_{SF}^{H} X_{\Delta}}{w_{SF}^{H} X_{\Sigma}} = 0 \qquad (6.3-3)$$

然而,由于残存干扰信号、噪声等值的存在,实际上 Q 值存在误差,假设

$$Q = \frac{w_{SF}^{H} X_{\Delta}}{w_{SF}^{H} X_{\Sigma}} = \varepsilon \qquad (6.3-4)$$

根据锐化波束形成原理,锐化波束不对信号的波达方向进行分辨,默认经自适应波束形成处理后仅存在一个信号,当锐化波束指向角度 θ_0 存在信号时,Q_0 置 0;当 Q 值不为 0 时,则认为信号波达方向为 θ,与波束指向角存在角度差 θ_δ。

$$Q = \frac{1 - e^{j2\pi D/\lambda(\sin\theta - \sin\theta_0)}}{1 + e^{j2\pi D/\lambda(\sin\theta - \sin\theta_0)}} = j\tan[\pi D/\lambda(\sin\theta'_0 - \sin\theta_0)] \qquad (6.3-5)$$

显然 Q 值为一纯虚数,因此取误差 ε 的虚部进行运算:

$$Q = j\tan[\pi D/\lambda(\sin\theta'_0 - \sin\theta_0)] = \text{Im}(\varepsilon) \qquad (6.3-6)$$

由于阵列天线接收机产生的热噪声在实部、虚部均服从零均值高斯分布,只提取和差比的虚部可以减小噪声分量一半的功率。

对式(6.3-6)求解,得

$$\theta_\delta = \theta'_0 - \theta_0 = \arcsin\left\{ \arctan\left[\frac{\text{Im}(\varepsilon)\lambda}{\pi D} \right] + \sin\theta_0 \right\} - \theta_0 \qquad (6.3-7)$$

定义角度差 θ_δ 为锐化系数指向误差,由上述分析可知,锐化系数指向误差与 Q 值误差存在一一对应的关系。

当误差 ε 较小,且波束指向接近 $0°$ 时,对式(6.3-7)进行一阶泰勒展开,得

$$\theta_\varepsilon \approx \frac{\text{Im}(\varepsilon)\lambda}{\pi D} \qquad (6.3-8)$$

下面对残存干扰信号和噪声对锐化系数指向误差的影响进行具体分析。

$$\left.\begin{array}{l} S = W_{SF} X_{\Sigma} \\ D = W_{SF} X_{\Delta} \end{array}\right\} \qquad (6.3-9)$$

式中:S、D 分别表示左、右子阵列的输出信号之和与左、右子阵列的输出信号之差,均为复信号。

在假设条件下,Q 值的分子 S、分母 D 服从联合复高斯分布:

$$\left.\begin{array}{l} S \sim N(x_s, \sigma_s) \\ D \sim N(x_d, \sigma_d) \end{array}\right\} \qquad (6.3-10)$$

式中:$x_s = s_1 + \sum c_i$,表示单个子阵列接收信号中目标信号及残存的干扰信号等信号分量;σ_s 表示和信号中的噪声分量;$x_d = \sum[1 - e^{j\pi\Delta}(\sin\theta_1 - \sin\theta_0)\lambda]c_i$,表示两个子阵接收信号中残存的干扰信号分量之差;$\sigma_d$ 表示差信号中的噪声

分量。

通常，各阵元接收机产生的热噪声可以视作服从独立同分布，那么和信号和差信号中的噪声分量也可视作独立同分布，且

$$\sigma_s^2 = \sigma_d^2 = \sigma_n^2 \tag{6.3-11}$$

和、差信号的联合概率密度函数可表示为

$$p_{SD}(s,d) = \frac{1}{\pi^2 \sigma_s^2 \sigma_d^2} \cdot \exp\left(-\frac{|s-x_s|^2}{\sigma_s^2} - \frac{|d-x_d|^2}{\sigma_d^2}\right) \tag{6.3-12}$$

由 $Q=D/S$，Q、S 的联合概率密度函数可表示为

$$p_{QS}(q,s) = \frac{|s|^2}{\pi^2 \sigma_s^2 \sigma_d^2} \cdot \exp\left(-\frac{|s-x_s|^2}{\sigma_s^2} - \frac{|sq-x_d|^2}{\sigma_d^2}\right) \tag{6.3-13}$$

定义：$L=|S|$、$\Psi=\arg(S)$，分别表示左、右子阵列输出的和信号 S 的模值与幅角，代入式(6.3-13)可进一步得到 L、Ψ、Q 的联合概率密度函数为

$$p_{L\Psi Q}(l,\Psi,q) = \frac{l^3}{\pi^2 \sigma_s^2 \sigma_d^2} \cdot \exp\left(-\frac{|le^{j\Psi}-x_s|^2}{\sigma_s^2} - \frac{|lqe^{j\Psi}-x_d|^2}{\sigma_d^2}\right) \tag{6.3-14}$$

定义：$R=\mathrm{Re}(Q)$、$T=\mathrm{Im}(Q)$，分别表示 Q 的实部和虚部，则 L、Ψ、R、T 的概率密度函数可表示为

$$p_{L\Psi RT}(l,\Psi,r,t) = \frac{l^3}{\pi^2 \sigma_s^2 \sigma_d^2} \cdot \exp\left(-\frac{|le^{j\Psi}-x_s|^2}{\sigma_s^2} - \frac{|l(r+it)e^{j\Psi}-x_d|^2}{\sigma_d^2}\right) \tag{6.3-15}$$

由式(6.3-6)可知，仅需求得虚部 T 的概率密度函数，由式(6.3-15)中 L、Ψ、R 等变量进行积分，可求得 T 的边缘概率密度函数为

$$p_T(t) = \int_0^\infty \int_{-\pi}^{\pi} \int_{-\infty}^{\infty} \frac{l^3}{\pi^2 \sigma_s^2 \sigma_d^2} \cdot \exp\left(-\frac{|le^{j\Psi}-x_s|^2}{\sigma_s^2} - \frac{|lqe^{j\Psi}-x_d|^2}{\sigma_d^2}\right) drd\Psi dl \tag{6.3-16}$$

在无条件约束的情况下，对于分子、分母分别服从正态分布的函数，该函数整体服从柯西分布，其一阶矩和二阶矩值为无穷大，因此和差信号比不存在期望和方差。为避免上述情况的发生，可以采用似然比检验的方法首先对左、右子阵列的和信号进行筛选，仅对通过似然比检验的信号进行锐化处理。令事件 $\Delta=(L\geqslant\eta)$ 表示接收的信号通过检测门限，此时 T 的条件概率密度函数可表示为

$$p_{T|\Delta}(t) = \frac{1}{P_D} \int_{\eta}^{\infty} \int_{-\pi}^{\pi} \int_{-\infty}^{\infty} \frac{l^3}{\pi^2 \sigma_s^2 \sigma_d^2} \cdot \exp\left(-\frac{|le^{j\Psi}-x_s|^2}{\sigma_s^2} - \frac{|lqe^{j\Psi}-x_d|^2}{\sigma_d^2}\right) drd\Psi dl \tag{6.3-17}$$

式中：η 为检测门限；P_D 为此门限对应的检测概率。此时，Q 的条件期望为

$$E(T|\Delta) = \int_{-\infty}^{\infty} t \cdot p_{T|\Delta}(t) dt \tag{6.3-18}$$

求得

$$E(T\mid\Delta)=\mathrm{Im}\left\{\frac{x_d}{x_s}\cdot\left[1-\frac{1}{P_D}\mathrm{e}^{-\frac{\eta^2+x_s^2}{\sigma_s^2}}I_0\left(\frac{2\eta\mid x_s\mid}{\sigma_s^2}\right)\right]\right\}$$

$$=\frac{\mid x_d\mid}{\mid x_s\mid}\sin(\varphi_{xd}-\varphi_{xs})\left[1-\frac{1}{P_D}\mathrm{e}^{-\frac{\eta^2+x_s^2}{\sigma_s^2}}I_0\left(\frac{2\eta\mid x_s\mid}{\sigma_s^2}\right)\right] \quad(6.3-19)$$

式中：$\mathrm{Im}\{\cdot\}$ 表示取值的虚部。$\varphi_{xd}=\arg(x_d)$、$\varphi_{xs}=\arg(x_s)$，分别表示左、右子阵输出和、差信号的相位；I_0 表示第一类零阶修正贝塞尔函数，为单调递增函数，而检测概率 P_D 由 Marcum-Q 函数确定：

$$P_D=1-\int_0^\eta\frac{2z}{\sigma_s^2}\mathrm{e}^{-\frac{z^2+x_s^2}{\sigma_s^2}}I_0\left(\frac{2z\mid x_s\mid}{\sigma_s^2}\right)\mathrm{d}z \quad(6.3-20)$$

由式(6.3-7)可知，锐化系数指向误差与 Q 值误差的虚部存在线性关系，因此有

$$E(\theta_\varepsilon\mid\Delta)=\frac{\lambda}{\pi D}\cdot E(T\mid\Delta) \quad(6.3-21)$$

进一步得出

$$\frac{x_d}{x_s}=\mathrm{j}\frac{\displaystyle\sum_{k=2}^K c_k\sin[\pi D(\sin\theta_k-\sin\theta_0)/\lambda]}{s_1+\displaystyle\sum_{k=2}^K c_k\cos[\pi D(\sin\theta_k-\sin\theta_0)/\lambda]} \quad(6.3-22)$$

代入式(6.3-19)，得

$$E(\theta_\varepsilon\mid\Delta)=\frac{\lambda}{\pi D}\cdot\frac{\displaystyle\sum_{k=2}^K c_k\sin[\pi D(\sin\theta_k-\sin\theta_0)/\lambda]}{s_1+\displaystyle\sum_{k=2}^K c_k\cos[\pi D(\sin\theta_k-\sin\theta_0)/\lambda]}$$

$$\cdot\left[1-\frac{1}{P_D}\mathrm{e}^{-\frac{\eta^2+\mid x_s\mid^2}{\sigma_s^2}}I_0\left(\frac{2\eta\mid x_s\mid}{\sigma_s^2}\right)\right] \quad(6.3-23)$$

式(6.2-23)自然分成了三个部分。对于第二个部分，该函数为在一定范围内浮动的振荡函数，子阵列间距的增大，将减小函数的振荡周期，其振荡幅度受信干比的影响，与子阵列间距的取值无关；对于第三个部分，子阵间距的变化对于和信号的绝对值并无影响；因此，子阵间距较大时可以得到相对较小的锐化系数指向误差。

为了定量分析接收信号中目标信号、残存干扰信号及噪声等分量对锐化系数指向误差的影响，在目标信号入射角度为 0°、干扰信号入射角度为 -15°的假设条件下，对不同信噪比、干噪比下，锐化波束指向误差的期望进行了仿真模拟。

图 6.3-1(a)为锐化波束指向误差期望的公式运算结果，图 6.3-1(b)为不

同信噪比、干噪比条件下 300 0 次蒙特卡洛实验的数值计算,对比两图可以发现,两图变化趋势基本一致,即公式对实际情况取得了较好的拟合效果;同时,在 INR 恒定的条件下,锐化波束指向误差的期望值表现为 SNR 的单调递增函数,即随着目标信号功率的增强,锐化波束指向误差将逐渐减小;在 SNR 恒定的条件下,锐化波束指向误差为 INR 的单调递减函数,即干扰信号功率较大的情况下,锐化波束的指向将会产生较大误差;同时,锐化指向误差和信噪比、干噪比的差值呈负相关,即在信干比恒定的情况下,锐化指向不随信噪比、干噪比等分量变化。在实际场景中,信号中的目标信号、干扰信号功率不变,则选取的空域滤波算法滤波性能越好,在干扰信号波达角处形成的波束图零陷越深,接收到的干扰信号功率越低,锐化波束指向误差越小。

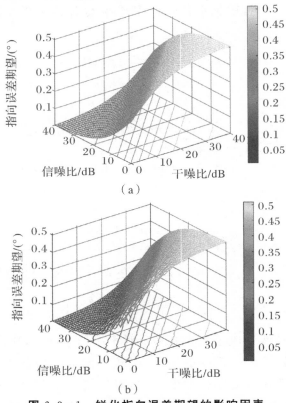

图 6.3-1　锐化指向误差期望的影响因素

图 6.3-2(a)(b)对分别对低信噪比、低干噪比条件下,波束指向误差的稳定特性进行了比对分析;在信噪比恒定为 5 dB、干噪比恒定为 5 dB 的条件下,选取 200 个快拍数据进行了相参积累,其运算结果与期望结果拟合较好,可知,可以通过小快拍量的接收信号进行训练得到锐化系数指向误差期望的近似结果,可直接用于指向误差的校正。

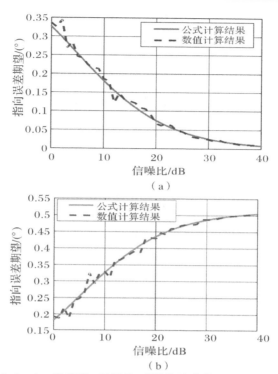

图 6.3-2　信噪比、干噪比对锐化波束指向误差的影响

上述分析中忽略了杂波信号分量,杂波在时域、空域均具备一定的相关性,可以视为干扰信号的一种;则实际场景中,锐化波束指向误差会大于上述分析结果,具体情况将受到杂波的统计特性的影响。

6.3.2　锐化波束指向方差

由以上分析,可以推导出指向误差的条件二阶矩可表示为

$$E(T^2 \mid \Delta) = \int_{-\infty}^{\infty} t^2 \cdot p_{T\mid\Delta}(t)\mathrm{d}t \tag{6.3-24}$$

利用式(6.3-17)对式(6.3-24)进行化简,得

$$E(T^2 \mid \Delta) = \frac{1}{P_D}\int_{\eta}^{\infty}\frac{1}{l\sigma_s^2}\mathrm{e}^{-\frac{l^2+|x_s|^2}{\sigma_s^2}} \cdot$$

$$\left[(|x_d|^2+\sigma_d^2)I_0\left(\frac{2l|x_s|}{\sigma_s^2}\right) - |x_d|^2\cos2(\varphi_{xs}-\varphi_{xd})I_2\left(\frac{2l|x_s|}{\sigma_s^2}\right)\mathrm{d}l\right]$$

$$\tag{6.3-25}$$

将式(6.3-8)中指向角度误差与和差信号比误差的对应关系,可以得到锐化系数指向误差的条件二阶矩表示为

$$E(\theta_\varepsilon^2 \mid \Delta) = \frac{\lambda^2}{\pi^2 D^2}E(T^2 \mid \Delta) \tag{6.3-26}$$

可进一步求得和差信号比的条件方差为

$$\sigma_1^2(T^2 \mid \Delta) = E(T^2 \mid \Delta) - E^2(T \mid \Delta) \qquad (6.3-27)$$

对应的锐化系数指向误差的条件方差为

$$\sigma_1^2(\theta_\varepsilon^2 \mid \Delta) = E(\theta_\varepsilon^2 \mid \Delta) - E^2(\theta_\varepsilon \mid \Delta) \qquad (6.3-28)$$

图 6.3 - 3(a)(b),图 6.3 - 55(a)(b)分别给出了锐化系数指向误差的原点二阶矩、方差的公式运算和 3 000 次蒙特卡洛实验数值分析结果,雷达及信号参数设置同上节。图 6.3 - 3(a)(b),图 6.3 - 6(a)(b)分别选取了信噪比、干噪比恒定为 5 dB 条件下,锐化波束指向误差的原点二阶矩、方差随另一个变量的变化趋势。图 6.3 - 44(a)(b)中,锐化波束指向误差的原点二阶矩随干噪比、信噪比的变化趋势与指向误差期望大致相同,信噪比、干噪比为 0 时的原点二阶矩最大,随着信噪比、干噪声比的分别增加,原点二阶矩下降、上升的斜率逐渐减小,可见确知信号功率较大的情况下,锐化系数指向误差原点二阶矩趋于稳定;图 6.3 - 6(a)(b)中,锐化波束指向方差随信噪比、干噪比的增加而单调递减,可见随着确知信号分量功率的增加,指向方差逐渐减小,且在低信噪比、干噪比条件下,指向方差随信噪比的变化更为剧烈,因此,与抑制干扰信号功率相比,提高期望信号功率可以更为有效地减小锐化系数指向的波动范围。

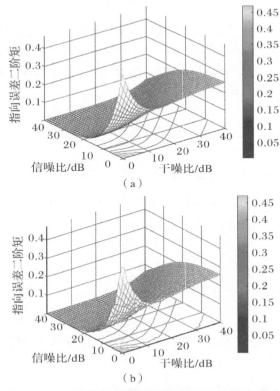

（a）

（b）

图 6.3 - 3　锐化指向误差原点二阶矩的影响因素

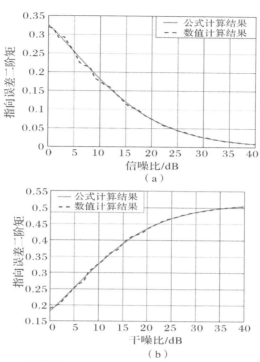

（a）

（b）

图 6.3 - 4　信噪比、干噪比对锐化波束指向原点二阶矩的影响

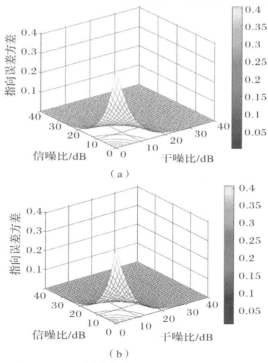

（a）

（b）

图 6.3 - 5　锐化指向误差方差的影响因素

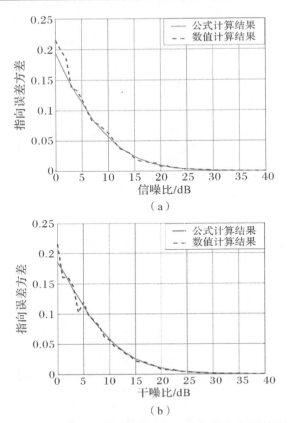

图 6.3 - 6　信噪比、干噪比对锐化波束指向方差的影响

同上小节对指向误差的讨论,在实际环境中,噪声通常不是均匀的白噪声,同时杂波的存在使信号环境更加复杂,由此,实际的锐化系数指向方差会略差于上述结果。

从前两节的讨论中,我们知道受残存干扰信号及接收机热噪声等的影响,锐化波束指向会存在一定误差,使得每个快拍信号的运算结果为一随机值。因此,在实际的应用场景中,对期望方向信号的接收成为了一个概率问题。当噪声分量相对较小时,锐化波束指向分布比较集中,可以使用半功率波束宽度较窄的锐化波束进行接收;当噪声分量相对较大时,锐化波束指向误差波动范围较大,此时,讨论保证期望方向信号的接收概率,就必须使锐化后的波束具有较大的波束宽度。同时还需要考虑残存的干扰信号对锐化波束指向产生的偏差的影响。

6.3.3　目标信号增益损失

阵列天线结构不变,波束指向为 $\theta_0 = 0°$,空间中存在目标信号增益为 30 dB,入射方向与波束指向相同;干扰信号增益为 20 dB,考虑入射方向 θ_1 分别为 0°、1°和 3°。忽略噪声因素的影响,和差波束比及对应的锐化波束随干扰信号角度的变化分别如图 6.3 - 7(a)(b)所示。可以观察到,随着干扰信号入射角度增大,和差波束零点产生的偏移越大,对应的锐化波束指向误差越大,同时也带来锐化波束增益降低的问题,且噪声的存在会使锐化后的波束指向在期望值附近扰动。为保证目标方向信号的增益,期望方向应当位于锐化后波束的半功率束宽度范围内,因此需要对波束的锐化程度进行限制。

当 θ_0 与 θ_1 间的角度差较小时,可以忽略原始波束增益的影响,则波束指向为 θ_0 处的增益近似波束指向为 θ_0 的波束在 θ_1 处的增益。由此,将上述转化为目标方向锐化波束的半功率波束宽度求解问题。

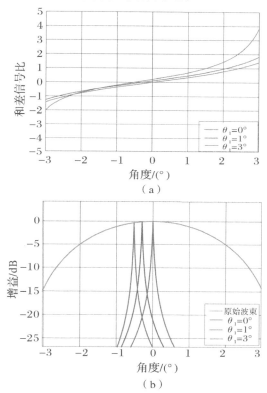

（a）

（b）

图 6.3 - 7　波束增益对比图

由式(6.2 - 32)知,半功率波束宽度的计算公式可表示为

$$\theta_{mb} = 2\theta_{0.5mb} = \frac{2.78\lambda(1-g)}{\pi\cos\theta_0\sqrt{3g^2 D^2 4(1-g)^2 d^2 N^2}} \tag{6.3 - 29}$$

由式(6.3 - 7)知,和、差信号之比的误差值与波束指向误差的关系可表示为

$$\theta_{\delta} = \theta'_0 - \theta_0 = \arcsin\left\{\arctan\left[\frac{\mathrm{Im}(\varepsilon)\lambda}{\pi D \cdot j}\right] + \sin\theta_0\right\} - \theta_0 \tag{6.3 - 30}$$

当波束指向误差小于半功率波束宽度时,存在

$$-\theta_{0.5} \leqslant \theta_{\delta} \leqslant \theta_{0.5} \tag{6.3 - 31}$$

将式(6.3-29)、式(6.3-30)代入式(6.3-31)中,可以得到锐化后的波束主瓣范围:

$$\left.\begin{array}{l}\dfrac{-1.39\lambda(1-g)}{\pi\cos\theta_0\sqrt{3g^2D^2+4(1-g)^2d^2N^2}}+\theta_0\leqslant\arcsin\left\{\arctan\left[\dfrac{\mathrm{Im}(\varepsilon)\lambda}{\pi D\cdot j}\right]+\sin\theta_0\right\}\\[4mm]\dfrac{1.39\lambda(1-g)}{\pi\cos\theta_0\sqrt{3g^2D^2+4(1-g)^2d^2N^2}}+\theta_0\leqslant\arcsin\left\{\arctan\left[\dfrac{\mathrm{Im}(\varepsilon)\lambda}{\pi D\cdot j}\right]+\sin\theta_0\right\}\end{array}\right\}$$

$$(6.3-32)$$

当期望信号入射方向为0°时,式(6.3-32)可简化为

$$|\mathrm{Im}(\varepsilon)|\leqslant\frac{1.39(1-g)D}{\sqrt{3g^2D^2+4(1-g)^2d^2N^2}} \qquad (6.3-33)$$

用$\varepsilon_{0.5}$表示波束指向误差不大于主瓣宽度时的误差上限,即

$$\varepsilon_{0.5}=\frac{1.39(1-g)D}{\sqrt{3g^2D^2+4(1-g)^2d^2N^2}} \qquad (6.3-34)$$

因此,信号落入主瓣宽度的概率,实际上相当于在条件概率密度函数为$\rho_{\tau|\Delta}(t)$的条件下,$t\in(\varepsilon_{0.5},\varepsilon_{0.5})$的概率:

$$P(-\varepsilon_{0.5}\leqslant t\leqslant\varepsilon_{0.5})=\frac{1}{P_D}\int_{-\varepsilon_{0.5}}^{\varepsilon_{0.5}}\rho_T(t)\mathrm{d}t \qquad (6.3-35)$$

$$P(-\varepsilon_{0.5}\leqslant t\leqslant\varepsilon_{0.5})=\frac{1}{P_D}e^{-\frac{|x_s|^2}{\sigma_s^2}-\frac{|x_d|^2}{\sigma_d^2}}\int_{\eta}^{+\infty}\int_{-\pi}^{\pi}\frac{l^2}{\pi\sigma_s^2\sigma_d}\sqrt{1-\exp\left[\frac{-(l\varepsilon_{0.5})^2}{2}\right]}\cdot$$
$$\exp\left[\frac{l^2-2l|x_s|\cos\Psi+0.5|x_d|^2\cos^2(\varphi_{xs}-\varphi_{xd})*\cos2\Psi-0.5}{2}\right]\mathrm{d}\Psi\mathrm{d}l \qquad (6.3-36)$$

阵列天线结构不变,波束指向为$\theta=0°$;空间中存在干扰信号增益为1 dB,入射方向为15°;噪声服从复高斯分布,增益为1 dB;目标信号入射方向与波束指向相同,增益均匀变化,分析信干噪比对接收概率的影响。进行3 000次蒙特卡洛实验,得到结果如图6.3-8所示。

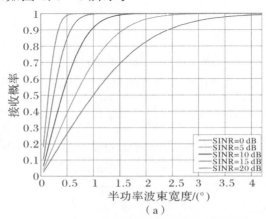

图 6.3-8 不同信干噪比下的接收概率

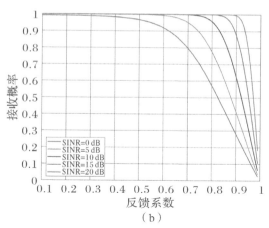

（b）

续图 6.3 - 8　不同信干噪比下的接收概率

为了保证系统工作的稳定性,我们以 90% 为分界,定义接收概率为 90% 时的锐化波束宽度为稳健束宽,对应的反馈系数称为稳健反馈系数。当锐化系数为 0 时,波束锐化技术不会对原始波束产生锐化作用为 4.2°。由图 6.3 - 8(a)(b)可见,信干噪比为 0 dB 时的稳健束宽(稳健系数为 0.6)约为 2.5°,相比于未经锐化处理的波束,可有效减少主瓣宽度 30% 以上,证明了在低信干噪比的条件下,该方法也可以有效减少波束主瓣宽度,增强波束的指向性;随着信干噪比的上升,锐化波束稳健束宽逐渐减小,当信干噪比为 20 dB 时,对应的稳健束宽可达0.33°。

而在成像等应用中,更多考虑的是散射点间的相对角度信息,而非相对于波束指向的绝对角度信息。这一应用条件下,可以考虑使波束指向和锐化波束期望方向,此时仅需考虑噪声因素带来的锐化波束指向扰动和增益下降问题,理论上可以得到最优的性能。本书也针对这一情况进行了研究,得到结果如图 6.3 - 9 所示。

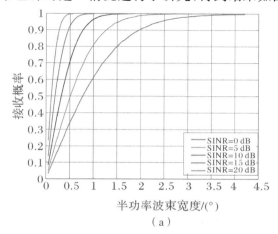

（a）

图 6.3 - 9　不同信干噪比下半功率波束宽度与接收概率的关系

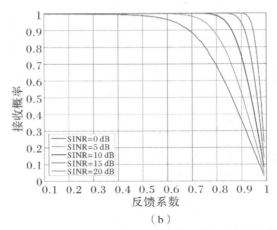

续图 6.3-9　不同信干噪比下半功率波束宽度与接收概率的关系

　　由图 6.3-9(a)(b)可见,经无偏化处理后,信干噪比为 0 dB 时的稳健束宽(稳健系数为 0.6)约为 2°,相比于未经锐化处理的波束,可有效减少主瓣宽度 36% 以上,当信干噪比为 40 dB 时,对应的稳健束宽可达 0.28°。证明了无偏化处理可以有效增强波束锐化性能,减小锐化波束稳健束宽,对比图 6.3-8 和图 6.3-9,可以发现低信噪比的条件下,无偏化处理对锐化波束性能的改善效果更加明显,这与前节锐化波束指向误差期望随信干噪比增加而递减的结论是相洽的。

6.4　波束锐化实验与分析

　　前文中介绍了一种通过自适应和差波束输出信号比生成锐化系数,与原始波束相乘实现波束锐化的方法,并对锐化波束指向在存干扰、噪声的环境下的统计特性进行了分析。接收信号的增益是表征波束稳健性的重要指标,最后讨论了波束主瓣宽度与期望信号在锐化波束在半功率波束宽度内概率。本节对基于自适应和差波束的波束锐化方法的可行性进行实测验证,分别考虑空间中存在单个目标和多个目标的情况。

　　实测验证思路如下:利用微波角反射器模拟点目标,通过雷达开发板发射并采集多通道回波信号。通过对各通道进行加权,分别形成和差波束对数据进行处理。对和信号进行脉冲压缩处理可以得到雷达视线方向目标一维高分辨距离向信息,结合角度域FFT变换得到的功率谱信息生成距离-角度二维谱图;利用和差信号比对原始和波束进行锐化,生成锐化波束的距离-角度二维谱图。

6.4.1　实验设计

雷达信号发射与采集平台为 TI 公司生产的 AWR1642 雷达开发板。如图 6.4 - 1所示,该开发板设有 2 个发射天线、4 个接收天线。可以模拟 4 阵元半波长均匀线阵对信号进行接收,令波束指向为 0°。此时,半功率波束宽度为

$$\theta_{mb}^{0}=\frac{2.78\lambda}{\pi dN\cos\theta_{0}}=0.44(\text{rad})=50.7°\qquad(6.4-1)$$

该雷达开发板其他性能参数设置如表 6.4 - 1 所示,采集过程如图 6.4 - 2 所示。

表 6.4 - 1　雷达开发板数据参数设置

参　数	参数值	参　数	参数值
信号体制	线性调频信号	采样起始缓冲时间	6 ms
天线方式	二发四收	采样时间	60 ms
接收增益	30 dB	高通滤波范围	175~350 k/1.5 m
射频增益	34 dB	信号带宽	3 001.08 MHz
起始频率	77 GHz	帧数	80
调频率	50.018 MHz	帧数据量	8 KB
采样率	100 00 ks/s	总数据量	163 200 KB
采样点数	512	脉冲数	255
空闲时间	50 ms	周期长度	29 ms
触发器时延	0	占空比	96.72%
发送起始缓冲时间	0	最大无模糊距离	30 m

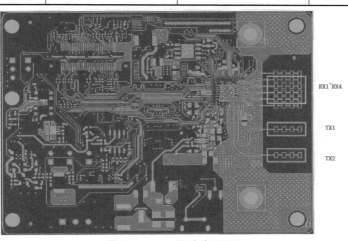

图 6.4 - 1　雷达电路板

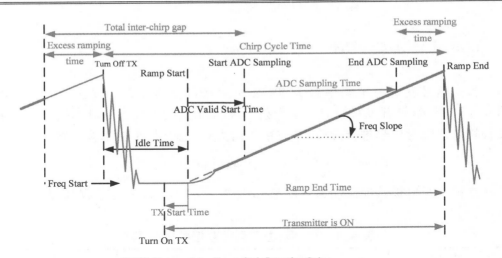

BLUE=Not a register. Shown for information Only
BLACK=Fully configurable per chirp(through the chirp configuration RAM)
ORANGE=Configurable per chirp to one of 4 values,one per Chirp Profile

图 6.4 - 2 信号采集时序图

模拟点目标的微波角反射器直径为 60 mm,放置微波角反射器的载台与雷达开发板的距离 r 约为 3.5 m,满足 $r>2D^2/\lambda$,符合远场条件要求。实验在暗室条件下进行,实验环境如图 6.4 - 3 所示。

图 6.4 - 3 实验环境

6.4.2 波束锐化原理验证

首先通过研究仅存在单个点目标条件下的角度分辨情况,验证锐化波束形成技术的可行性。微波角反射器距离雷达开发板 3.2 m,角度为 -3.7°。利用脉冲压缩技术对回波数据进行处理可以得到角反射器的高精度距离向信息,进一步得到多普勒-距离二维谱,如图 6.4 - 4 所示。

分别考虑未经处理的原始波束,以及锐化波束反馈系数为 $g=0.5$、$g=0.8$ 及 $g=0.99$ 等情况,对应的波束半功率波束宽度分别为原始波束的 1 倍、0.8 倍、0.2 倍和 0.06 倍,得到波束扫描角度-距离二维谱如图 6.4-5~图 6.4-8 所示。

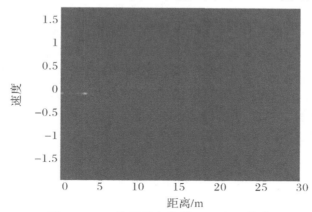

图 6.4-4　单目标多普勒-距离二维谱

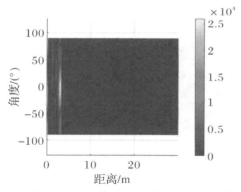

图 6.4-5　单目标角度-距离二维谱
（FFT）

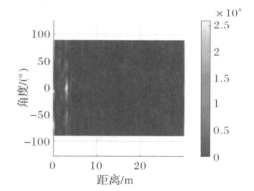

图 6.4-6　单目标速度-距离二维谱
（$g=0.5$）

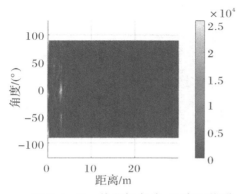

图 6.4-7　单目标角度-距离二维谱
（$g=0.8$）

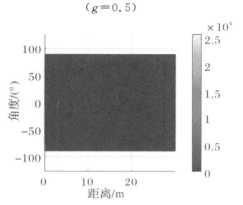

图 6.4-8　单目标速度-距离二维谱
（$g=0.99$）

对比以上四图,可以明显发现图 6.4－5 中回波信号功率较强的角度范围约为－25°～25°,与计算所得主瓣宽度 50.7°相吻合,表明原始波束无法对点目标的角度信息进行精确估计;锐化波束反馈系数 $g＝0.5$ 时,锐化波束将点目标角度估计范围缩小到－16°～16°,如图 6.4－5 所示。角度估计精度有所提升;锐化波束反馈系数 $g＝0.8$ 时,锐化波束将点目标角度估计范围缩小到－6°～2°,如图 6.4－6 所示。锐化波束反馈系数 $g＝0.99$ 时,回波信号功率较强的角度范围约为－5°～－2°。以上结果表明,未经处理的原始波束由于波束宽度较大,难以对目标进行分辨。而锐化波束形成技术可以通过和差信号比减小波束宽度,显著提升了波束的方位向分辨能力,且随着反馈系数的提升,分辨能力不断增强。证明了本书所提波束锐化方法原理具有可行性。

6.4.3 多目标角度分辨能力验证

下面对多个目标的角度分辨情况进行对比分析,在载台上放置 3 个微波角反射器,与雷达开发板的距离分别为 2.87 m、3.04 m 和 3.13 m,角度分别为－1.2°、0°和 1.7°,3 个角反射器的位置关系如图 6.4－9 所示。

图 6.4－9　目标空间位置

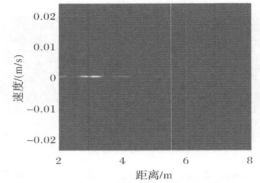

图 6.4－10　多普勒-距离二维谱

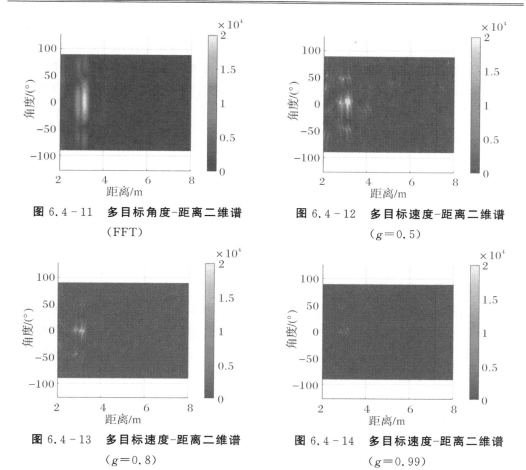

图 6.4 - 11　**多目标角度-距离二维谱**
（FFT）

图 6.4 - 12　**多目标速度-距离二维谱**
（$g=0.5$）

图 6.4 - 13　**多目标速度-距离二维谱**
（$g=0.8$）

图 6.4 - 14　**多目标速度-距离二维谱**
（$g=0.99$）

　　经脉冲压缩处理后得到的距离向信息如图 6.4 - 10 所示,目标 1 的回波信号被精准分离,目标 2 和目标 3 的信号由于距离过近融合在一起,无法进一步分辨。考虑原始波束,及锐化波束反馈系数为 $g=0.5$、$g=0.8$ 及 $g=0.99$ 等情况,得到波束扫描角度-距离二维谱如图 6.4 - 11 所示。观察原始波束如图 6.4 - 10 所示,可以发现图中存在两个回波信号:其中,第一个回波信号强度较低,距离较小,可以判断为目标 1 的回波信号;第二个回波信号强度较高,判断为目标 2、3 回波信号重叠融合,表明原始波束的角度估计精度较差,无法在角度域对目标 2、3 进行分辨。观察 $g=0.5$ 的条件下,目标 1 的角度估计范围可以缩小到 $-5°\sim7°$,目标 2 和目标 3 初步分离,其角度估计范围分别为 $-6°\sim11°$、$-2°\sim15°$,如图 6.4 - 11 所示。观察 $g=0.8$ 的条件下,目标 1 的角度估计范围缩小到 $-3°$ $\sim3°$,目标 2 和目标 3 完全分离,其角度估计范围分别为 $-7°\sim3°$、$-1°\sim6°$如图 6.4 - 12 所示。当锐化系数为 0.99 时,由于回波信号相互干扰,导致锐化波束指向与原始波束指向产生偏差,因此出现了信号增益较低的情况。此实验证明了本书所提锐化方法可以有效提升波束的角度分辨能力,但同时由于未采取抗干扰措施,回波信号干扰使锐化后波束指向产生偏移,所以锐化系数较大、锐化波束宽度较窄时,期望方向信号增益降低,与公式推导结果相洽。实际应用中,应当根据信号环境特点,综合考虑分辨能力和信号增益等指标参数,确定合理的锐化系数。

6.5 本 章 小 结

本章对所提波束锐化方法进行了理论推导,分析了其性能并开展了实验验证。

首先基于远场窄带信号的空间平移不变特性,推导出相位叠加是减小波束主瓣宽度的原因,证明了可以通过和差波束输出信号拟合多个阵列相位叠加的结果,这是其物理意义。数学上,通过和差波束构建一个峰值位于波束指向角,大小为 1 的锐化系数,由于其相较波束增益图更加陡峭,其与波束增益图相乘后可以使波束主瓣更窄。归纳了锐化后波束宽度的显性表达式,证明了在阵列结构不变的情况下,锐化后的波束宽度可以通过反馈系数控制。

在理想情况下,可以通过波束锐化技术得到任意窄的束宽。但干扰和噪声的存在使和差波束比曲线产生偏移,造成锐化系数峰值位置异于波束指向,即锐化后波束指向异于原始波束指向,并带来目标信号增益损失的问题。本章从统计特性角度入手,通过公式推导、蒙特卡洛验证的方式,量化分析了干扰和噪声对锐化后波束指向即目标信号增益损失的影响。数值仿真结果表明,在 SINR$=0$ dB,目标信号增益损失不高于 3 dB 的条件下,本章所提方法可有效减少主瓣宽度 30% 以上。实际应用中,使用该技术设计锐化波束时,应当综合考虑目标增益和波束分辨能力两方面需求。

最后利用 4 通道毫米波雷达,在暗室条件下,进行了单目标和多目标的实验,对原始波束、锐化系数不同的锐化波束的角度分辨能力进行了对比分析。实验结果表明,随着锐化系数的提高,波束的角度分辨能力不断增强;但是由于未采取滤波措施,导致锐化波束指向产生偏移,目标信号增益受到损失,与理论分析结果相吻合,验证了本书所提锐化方法的有效性。

第7章 总结与展望

7.1 本书工作总结

本书受国防科技重点实验室基金项目(编号:9140C1006050703)资助,对复杂电磁环境下雷达侦察接收机的若干关键技术进行了研究,主要完成工作如下。

1.对适应复杂电磁环境的雷达侦察接收机系统模型进行了研究

1)对雷达侦察接收机面临的电磁环境特点进行了分析总结,并在此基础上对复杂电磁环境对雷达侦察接收机提出的新要求进行了分析概括。

2)针对这些新要求分析了现有各体制侦察接收机的局限性。

3)将阵列信号处理技术与信道化技术相结合,提出了适应复杂电磁环境新要求的雷达侦察接收机系统模型,该模型利用波束形成技术实现信号的空域稀释,利用信道化技术实现频域稀释,利用空时二维谱估计实现电磁环境分布态势感知;对该模型首要解决的关键技术和难点问题进行了分析总结,包括非均匀信道化滤波技术、宽带多波束形成技术和空时二维谱估计技术,为后续研究理清了思路、明确了内容。

2.对信道化滤波技术进行了研究

(1)对工程中广泛使用基于 Windowed FFT 的均匀信道化滤波方法进行了研究,它是现有的硬件效率(Silicon Efficiency)最高的均匀信道化滤波方法,在该方面完成的研究工作主要包括:对其存在的滤波误差和相位超前现象进行了分析解决,从理论上推导了 FFT 滤波原理,找出了其存在频率响应误差和相位超前现象的原因,并通过窗函数首末补零以及根据相位超前数校正滤波时延数等方法对上述问题分别进行了解决。

(2)提出了基于 ACM 的非均匀信道化方法,只需简单的将 Windowed FFT

的相邻子信道输出相加就可实现子信道带宽合并从而实现非均匀信道化,在该方面完成的研究工作主要包括:详细论述了 ACM 实现非均匀信道化滤波的理论依据,推导给出了基于调制滤波器组的 ACM 数学模型,分析了该模型存在的"陷波"现象,总结出了既避免"陷波"现象又保证和信道及子信道滤波性能的 ACM 条件,提出了满足 ACM 条件的低通原型滤波器设计方法,并解决了其存在的零值点问题,为减小计算量将调制滤波器组用 Windowed FFT 实现,并利用频域抽取的方法解决了 Windowed FFT 运算结构与 ACM 条件之间的矛盾,最后通过大量仿真对该方法的性能进行了分析总结,并与现有非均匀信道化方法进行了详细比较,体现该方法在运算效率及信道带宽重组效率上的优越性。

3. 对波束形成技术进行了研究

(1)对窄带波束形成的数学模型进行了分析,以 ULA 阵为例从不变可加性的角度推导了宽带信号入射到窄带波束形成器产生的频率响应误差(见附录 D)。

(2)对空时等效性进行了深入分析:以 ULA 阵为例推导了波束响应与时域 FIR 滤波器频率响应的对应关系,得出了波束形成器设计与时域 FIR 滤波器设计的等效关系;从不产生角度模糊的条件出发详细推导了空间采样定理,并进一步推导出了 ULA 阵允许的无模糊入射角度区间计算公式和相邻栅瓣间距计算公式。

(3)对基于 SOCP(二阶锥规划)的宽带波束形成器设计方法进行了深入研究,分析总结出了将多约束波束优化以及 FIR 滤波器设计问题转换成二阶锥规划问题的方法以及使用 Sedumi 函数求解 SOCP 问题的详细步骤,通过对期望频率响应的相位线性化解决了该方法在非样本频点上的恒定束宽问题,通过利用频率响应不变法获得的期望频率响应过渡带取值改善了阵元 FIR 滤波器的阻带衰减。

(4)提出了基于 FFT 的宽带多波束快速运算结构,利用邻信道合并技术解决了 DFT 宽带波束形成器的子带分割误差,利用基于 FFT 的窄带多波束形成运算结构来降低各子带多波束形成的计算量,同时利用补零的方法消除了子带波束指向偏差问题,克服了"溢出"现象对多波束形成器有效带宽的限制。

(5)提出了一种基于自适应和差波束的阵列天线波束锐化方法,其核心思想是通过和差波束构建峰值位于波束指向角、大小为 1 的锐化系数,降低非期望方向信号增益以实现波束锐化。

4. 对空时二维谱估计技术进行了研究

(1)分析了空时二维信号模型下 MUSIC 算法的基本原理,总结了其具体实现步骤。

（2）详细推导了相干信号导致 MUSIC 算法的数据协方差阵秩缺失的原理，将空间平滑算法推广到了空时二维信号模型下，并详细推导了经过空间平滑后 MUSIC 算法对相干信号的估计能力（见附录 E）。

（3）针对空时二维 MUSIC 算法计算量大的问题，将基于波束空间转换的降维处理算法推广到了空时二维信号模型下，并提出了一种波束增益良好且具有空间平滑作用的波束形成矩阵，既降低了计算量又改善了 MUSIC 算法对相干信号的估计能力，本书将该算法称之为 SS－BMUSIC 算法，最后通过大量仿真对该算法的估计精度、分辨力和计算量进行了详细分析，验证了该算法在相干信号估计能力以及计算量上的优越性。

7.2　本书的创新点

本书的创新点主要体现在如下几个方面：

（1）提出了基于智能天线的雷达侦察接收机系统模型。该模型将阵列信号处理技术与信道化技术相结合，利用波束形成技术对信号进行空域滤波，在实现信号入射方向的相互分离后又利用信道化技术对信号进行频域滤波；另一方面，利用空时二维谱估计技术获得阵列接收信号在空域、频域的二维分布。该系统具备实现空域、频域双重稀释以及电磁环境分布态势实时感知的能力，适应复杂电磁环境对雷达侦察接收机的新要求。

（2）提出了基于 ACM 的非均匀信道化滤波方法。该算法只需将 Windowed FFT 的相邻子信道输出相加就可实现子信道带宽合并从而实现非均匀信道化，仿真分析表明，该算法在带宽分辨率、和信道与子信道滤波性能一致性以及计算量方面均不同程度的优于现有各非均匀信道化滤波算法。

（3）提出了基于 FFT 的宽带多波束形成算法。该算法利用 ACM 技术解决了 DFT 宽带波束形成器的子带分割误差问题，利用基于 FFT 的窄带多波束形成算法实现各子带多波束形成，最后进行各个波束的宽带合并，仿真分析表明，该算法在计算量优于现有各宽带多波束形成算法。

（4）提出了基于 SS－BMUSIC 算法的空时二维谱估计算法。该算法的核心是采用本书提出的一种称之为 MBS2 型的波束形成矩阵，该矩阵不仅有良好的波束增益还等效具有空间平滑作用，既降低了计算量又改善了 MUSIC 算法对相干信号的估计能力，仿真分析表明该算法的估计精度与空时二维 MUSIC 算法相当，但对相干信号的估计能力以及计算量均大大优于后者，且各项指标也都不同程度的优于单纯使用空间平滑技术的 MUSIC 算法。

7.3 工作展望

本书针对雷达侦察接收机应对复杂电磁环境的若干关键技术进行了研究，集中解决了信号稀释和电磁环境态势感知所涉及的各技术问题，但从系统功能的完整性考虑，还有后端信号分选、特征参数提取等技术需要进一步研究；另一方面，对于侦察设备尤其是车载、船载、星载等移动侦察设备而言提高运算效率从而降低功耗是一个永恒的主题，因此对于已涉及的技术领域，本书仍将对高性能、低计算量的算法进行持续的探索，预计今后将在如下几个方面展开进一步的研究。

1. 基于 FIR 结构的波束形成算法

根据空时等效性，目前已有的波束形成算法都是 FIR 结构的，即直接对阵元接收信号进行加权求和，没有反馈。若能实现带反馈的 FIR 型波束形成器，则可以用极少的阵元实现极窄的束宽，从而大大提高波束形成器方向选择性，降低计算量及设备复杂程度。初步研究表明，由于反馈时延只能事先设定，反馈单元对输入信号角度的响应就为常数，这将失去反馈对信号入射方向产生高增益的作用，若能攻克此技术难点，则基于 FIR 结构的波束形成器就可实现。

2. 基于多拍数据联合的空时二维 Fourier 谱估计

由于 Fourier 谱估计有快速算法 FFT，所以其在计算量上与其他超分辨率算法相比占有绝对的优势，更适用于实现电磁环境分布态势的实时感知，但其致命缺陷在于分辨率不能突破瑞利限，受参与计算的数据个数限制。另一方面，空时二维信号模型本身含有多拍数据，目前的空时二维 Fourier 谱估计是首先对单拍数据进行空间谱估计，然后对同一角度上的谱值进行频谱估计，因此其空间角度分辨率受限于阵元个数，频率分辨率受限于各阵元时延级数，若考虑将多拍数据联合作为一次数据进行二维 Fourier 谱估计，则由于数据量的增加必然可以大大提高其空域、频域分辨率，同时其计算量保持基本不变。初步研究表明，由于各阵元数据间的时延间隔与信号入射角度有关，其与各拍数据间的时延间隔不同，所以多拍数据联合的二维谱估计可以等效为一个二维周期非均匀采样数据的谱估计问题，其需要攻克的技术难点包括周期非均匀采样信号的频谱重构及其基于 FFT 的快速算法等。

3. 雷达信号分选及特征参数提取技术

本书着重解决了雷达侦察接收机适应复杂电磁环境的关键技术问题，其核心作用是保证原有的雷达信号分选及特征参数提取技术能够继续有效的在复杂电磁环境中发挥作用,本书的研究内容可以看作是复杂电磁环境下信号的预处理,因此研究雷达信号分选及特征参数提取技术,并将其与本书研究技术有效结合起来,是下一步需要完成的工作。

4.系统模型的进一步完善及硬件实现方案设计

本书研究的最终目标就是设计出完整的阵列信号处理技术与信道化技术相结合的新体制雷达侦察接收机,因此在完成了各关键技术的研究之后,就需要对系统模型的各个细节作进一步完善,然后依据模型对系统硬件实现方案进行全面设计,包括系统各功能模块的具体设计、硬件平台的搭建、各算法的硬件仿真与实现等。

参 考 文 献

[1] 朱宁龙.现代电子战发展的现状及趋势[J].科技信息,2009(34):35-36.

[2] 朱松,王燕.电子战最新发展综述[J].外军信息战,2010(1):5-9.

[3] 刘君若.美军在复杂电磁环境中实施电子战的主要方法[J].外军信息战,2010(2):22-24.

[4] 王艳,焦健.美军电子战系统及其发展趋势分析[J].航船电子工程,2010,30(3):16-19.

[5] ROCKWELL,DAVID L. Airborned RWR/ESM Forecast:Strong Past,Growing Future[J].Journal of Electronic Defense,2009(11):28-34.

[6] TAVIK C,HILTERBRICK C L,EVINS J B. The Advanced Multifunction RF Concept[J].IEEE Transactions on Microwave Theroy and Techniques,2005,53(3):1009-1020.

[7] WILEYR G. Electronic Intelligence:The Interception and Analysis of Radar Signals[M].Norwood,M A:Artech House,2006.

[8] WILEY R G.电子情报雷达信号的截获[M].胡来招,译.中国电子科技集团第二十九研究所,2007.

[9] 王汝群.战场电磁环境[M].北京:解放军出版社,2006.

[10] 雷厉.侦察与监视[M].北京:国防工业出版社,2008.

[11] 赵国庆.雷达对抗原理[M].西安:西安电子科技大学出版社,1999.

[12] 空军装备系列丛书编审委员会.侦察情报装备[M].北京:航空工业出版社,2009.

[13] 马友科.雷达侦察接收机技术研究及信号处理板设计[D].西安:西安电子科技大学,2009.

[14] RICHARDSM A.雷达信号处理基础[M].邢孟道,王彤,李真芳,等,译.北京:电子工业出版社,2008.

[15] 国际电子战编辑部.站在世界电子战最前沿[M].成都:电子科技大学出版

社,2004.

[16] JAMES T.宽带数字接收机[M].杨小牛,译.北京:电子工业出版社,2002.

[17] 董晖,顾善秋.电子战接收机的发展历程及其面临的挑战[J].电子对抗,2006(5):43－47.

[18] 戴维,林奇.射频隐身导论[M].《国际电子战》编辑部,译.成都:电子对抗国防科技重点实验室,2008.

[19] FIELDST W,SHARPIN D L,TSUI B J Y. Digital Channelized IFM Receiver[J]. IEEE National Telesystems Conference,1994:87－90.

[20] ZAHIRNIAK D R,SHARPIN D L,FIELDS T W. A Hardware-efficient, Multirate,Digital Channelized Receiver Architecture[J]. IEEE Transactions on Aerospace and Electronic Systems,1998,34(1):137－147.

[21] MITOLAJ. The Software Radio Architecture[J]. IEEE Communications Magazine,1995,33 (5):26－38.

[22] MITOLAJ,ZVONAR Z. SDR and Wireless Infrastructure[J]. IEEE Communications Magazine,2003,41(1):104.

[23] 杨小牛,楼才义,徐建良.软件无线电原理与应用[M].北京:电子工业出版社,2001.

[24] 陈永其,黄爱苹.一种宽带中频数字信道化侦察接收机方案[J].电子对抗技术,2003(33):34－40.

[25] 姚澄.信道化技术在软件无线电接收机中的应用[J].现代电子技术,2005(7):17－19.

[26] 李冰.软件无线电中的信道化技术研究[D].长沙:解放军信息工程大学,2007.

[27] SÁNCHEZ M A,GARRIDO M. Implementing FFT-based Digital Channelized Receivers on FPGA Platforms[J]. IEEE Transactions on Aerospace and Electronic Systems,2008,44 (4):1567－1585.

[28] 胡来招.雷达侦察接收机设计[M].北京:国防工业出版社,2000.

[29] 赫德森.自适应阵列原理[M].邱文杰,译.成都:成都电讯工程学院出版社,1988.

[30] 阿米特,加林德.相控阵天线理论与分析[M].陆雷,译.北京:国防工业出版社,1978.

[31] CROCHIERE R E,RABINER L R. Multirate Digital Signal Processing [M]. Upper Saddle River:Prentice-Hall Inc,1983.

[32] HARRIS F,DICK C,RICE M. Digital Receivers and Transmitters Using

Polyphase Filter Banks for Wireless Commnications[J]. IEEE Transactions on Microwave Theory and Techniques,2003,51(4):1395 - 1412.

[33] The Pipelined Frequency Transform[DB/OL]. [2020 - 8 - 15]. http://www. rfel. com/download/W02001-PFT White Paper. pdf.

[34] TPFT-Tuneable Pipelined Frequency Transform[DB/OL]. [2020 - 8 - 15]. http://www. rfel. com/download/ W02003- Tun-eable PFT White Paper. pdf.

[35] 李冰,郑瑾,葛临东. 基于 NPR 调制滤波器组的动态信道化滤波[J]. 电子学报,2007(35):1178 - 1182.

[36] ABU-AI-SAUD W A,STUDER G L. Efficient Wideband Channelizer for Software Radio Systems Using Modul-ated pr Filterbanks [J]. IEEE Transactions on Signal Processing,2004,52(10):2807 - 2820.

[37] XU H,LU W S,ANTONIOU A. Efficient Iterafive Design Method for Cosine-modulated QMF Banks[J]. IEEE Transactions on Signal Processing, 1996,44(7):1657 - 1668.

[38] JEONG L J,BYEONG G L. A Design of Nonuniform Cosine Modulated Filter Banks[J]. IEEE Transactions On Circuits and Systems Ⅱ-Analog and Digital Signal Processing,1995,42(11):732 - 737.

[39] 李冰,郑瑾,葛临东. 基于非均匀滤波器组的动态信道化滤波[J]. 电子与信息学报. 2007,29(10):2396 - 2400.

[40] OPPENHEIMA V,SCHAFER R W. Discrete-Time Signal Processing [M]. Englewood Cliffs:NJ Prentice-Hall,1989.

[41] VAN VEEN B D,BUCKLEY K M. Beamforming:A Versatile Approach to Spatial Filtering[J]. IEEE ASSP Magazine,1988,5(2):4 - 24.

[42] 王永良,丁前军,李荣锋. 自适应阵列处理[M]. 北京:清华大学出版社,2009.

[43] DOLPH C L. A Current Distribution for Broadside Arrays which Optimizes the Relationship between Beam Width and Side-lobe Level[J]. Proc. IRE, 1946,34(6):335 - 348.

[44] DOLPH C L,RIBLET H J. Discussion on A Current Distribution for Broadside Arrays which Optimizes the Relationship Between Beam Width and Side-lobe Level[J]. Proc. IRE,1947,35(5):489 - 492.

[45] CAPON J. High-resolution Frequency-wavenumber Spectrum Analysis [J]. Proc. IEEE,1969,57(8):1408 - 1418.

[46] COX H,ZESKIND R M,OWEN M M. Robust Adaptive Beamforming [J]. IEEE Transactions on Acoust,Speech,Signal Processing,1987,35

(10):1365 - 1376.

[47] VOROBYOV S A,GERSHMAN A B,LUO Z Q. Robust Adaptive Beamforming Using Worst-case Performance Optimization:A Solution to the Signal Mismatch Problem[J]. IEEE Transactions on Signal Processing,2003, 51(23):313 - 324.

[48] STOICA P,WANG Z S,LI J. Robust Capon Beamforming[J]. IEEE Signal Processing Lett,2003,10(6):172 - 175.

[49] LI J,STOICA P,WANG Z S. On Robust Capon Beamforming and Diagonal Loading[J]. IEEE Transactions on Signal Processing,2003, 51(7):1702 - 1715.

[50] LI J,STOICA P,WANG Z S. Doubly Constrained Robust Capon Beamformer[J]. IEEE Transactions on Signal Processing,2004,52(9): 2407 - 2436.

[51] LI J,STOICA P. Robust Adaptive Beamforming[M]. New York:John Wiley & Sons,Inc,2005.

[52] YAN S F,MA Y L. Robust Supergain Beamforming for Circular Array Via Second-order Cone Programming[J]. Applied Acoustics,2005,66(9): 1018 - 1032.

[53] OLEN C A,COMPTON R T. A Numerical Pattern Synthesis Algorithm for Arrays[J]. IEEE Transactions on Antennas Propagat,1990,38(10): 1666 -1676.

[54] LIU J,GERSHMAN A B,LUO Z Q,et al. Adaptive Beamforming with Sidelobe Control:A second-order Cone Programming Approach[J]. IEEE Signal Processing Lett,2003,10(11):331 - 334.

[55] NG B P,ER M H,KOT C. A Flexible Array Synthesis Method Using Quadratic-programming[J]. IEEE Transactions on Antennas Propagat, 1993,41(11):1541 - 1550.

[56] WANG F,BALAKRISHNAN V,ZHOU P Y,et al. Optimal Array Pattern Synthesis Using Semidefinite Programming[J]. IEEE Transactions on Signal Processing,2003,51(5):1172 - 1183.

[57] 鄢社锋,马远良,孙超.任意几何形状和阵元指向性的传感器阵列优化波束形成方法[J].声学学报,2005,30(3):264 - 270.

[58] SMITH R. Constant Beamwidth Receiving Arrays for Broad Band Sonar Systems[J]. Acustica,1970(23):21 - 26.

[59] 鄢社锋,马远良. 传感器阵列波束优化设计与应用[M]. 北京:科学出版社,2009.

[60] KROLIK J,SWINGLER D N. Focused Wide-band Array Processing by Spatial Resample[J]. IEEE Transactions on Acoust,Speech,Signal Processing,1990,38(2):350 - 356.

[61] WARD D B. Theory and Design of Broadband Sensor Arrays with Frequency Invariant Far-field Beam Patterns[J]. Acoust. Soc. Amer,1995,97(2):1023 - 1034.

[62] 杨益新,孙超. 任意结构阵列恒定束宽波束形成新方法[J]. 声学学报,2001,26(1):55 - 58.

[63] WARD D B,KENNEDY R A,WILLIAMSON R C. FIR Filter Design for Frequency Invariant Beamformers[J]. IEEE Signal Processing Lett,1996,3(3):69 - 71.

[64] ZHANG B S,MA Y L. Beamforming for Broadband Constant Beamwidth Based on FIR and DSP[J]. Chines Journal of Accoustics,2000,19(3):207 - 214.

[65] YAN S F,MA Y L. Frenquecy Invariant Beamforming via Optimal Array Pattern Synthesis and FIR filters Design[J]. Chinese Journal of Acoustics,2005,24(3):202 - 211.

[66] 鄢社锋,马远良. 基于二阶锥规划的任意传感器阵列时域恒定束宽波束形成[J]. 声学学报,2005,30(4):309 - 316.

[67] YAN S F. Optimal Design of FIR Beamformer with Frequency Invariant Patterns[J]. Applied Acoustics,2006,67(6):511 - 528.

[68] COMPON R T. The Relationship between Tapped Delay-line and FFT Processing in Adaptive Arrays[J]. IEEE Transactions on Antennas Propagat,1988,36(1):15 - 26.

[69] GODARA L C. Application of the Fast Fourier-transform to Broad-band Beamforming[J]. J Acoust Soc Amer,1995,98(1):230 - 240.

[70] 张光义. 多波束形成技术在相控阵雷达中的应用[J]. 现代雷达,2007,29(8):1 - 6.

[71] 高俊峰. 电子侦察中的自适应多波束形成算法[J]. 电讯技术,2006(4):101 - 103.

[72] 顾杰,龚耀寰. 智能天线发射数字多波束形成方法研究[J]. 电波科学学报,2002(4):381 - 38.

[73] 顾杰. 基于子阵的数字多波束形成技术研究[J]. 电子对抗, 2007(5): 10 - 14.

[74] SCHMIDT R. Multiple Emitter Location and Signal Parameter Estimation [J]. Proc RADC Spectral Estimation Workshop, Rome, 1979: 243 - 258.

[75] ROY R, KAILATH E. Estimation of Signal Parameters via Rotational Invariance Techniques [J]. IEEE Transactions on ASSE, 1984, 74(7): 984 - 995.

[76] MATI W, SHAN T J, KAILATH T. Spatio Temporal Spectral Analysis By Eigenstructure Methods [J]. IEEE Transactions on ASSP, 1984, 32(4): 817 - 827.

[77] ZOU L H, YIN L. Spatial-temporal Spectral Analysis by SVD of Signal-matrix[J]. Proc IEEE ICASSP, 1987: 2332 - 2335.

[78] YIN Q, ZOU L. Separately Estimation the Frequency-wavenumber of Coherent Sources by Signal Eigenvector Smoothing Technique[J]. Proc. ICASSP'88, 1988: 2905 - 2908.

[79] CLARKM P, SHARF L. Two-dimensional Model Analysis Based on Maximum Likelihood[J]. IEEE Transactions on SP, 1994, 42(6): 1443 - 1456.

[80] 殷勤业, 邹理和, NEWCOMB R W. 一种高分辨率二维信号参量估计方法——波达方向矩阵法[J]. 通信学报, 1991, 12(4): 1 - 7.

[81] 金梁. 基于时空特征结构的阵列信号处理与智能天线技术研究[D]. 西安: 西安交通大学, 1999.

[82] WANG B H, WANG Y L, CHEN H. Array Calibration of an Gularlydependent Gain and Phase Uncertainties with CatTy-on Instrumentalsensors[J]. Science in China, 2004, 34(8): 906 - 918.

[83] 鲍拯, 王永良. 新的二维谱估计方法——参数加权法[J]. 通信学报, 2006, 27 (6): 16 - 20.

[84] 李磊, 费伟伟, 芩凡, 等. 雷达电子战系统的宽带数字波束形成实时实现 [J]. 计算机仿真, 2010, 27(3): 314 - 317.

[85] 胡满玲. 机载电子侦察设备测向性能评估[J]. 电子测量技术, 2010, 33(8): 25 - 28.

[86] 中国人民解放军总装备部技术基础管理中心. 国家军用标准: GJB 72A—2002[S]. 北京: 总装备部军标出版发行部, 2002.

[87] Anon. Department of Defense Dictionary of Military and Associated Terms[EB/OL]. (2007 - 10 - 17)[2007 - 12 - 10]. http://www.dtic.mil/doctrine/jel/new_puba/jp 1 - 02. pdf.

[88] 刘尚合,孙国至.复杂电磁环境内涵及效应分析[J].装备指挥技术学院学报.2008,19(1):1-5.

[89] 奈里.电子战防御系统导论[M].2版.王燕,朱松,顾耀平,等,译.成都:中国电子科技集团第二十九研究所,2008.

[90] 王小念.复杂电磁环境下的雷达对抗问题[J].现代雷达,2008,30(4):21-25.

[91] 马安宁.海战场密集复杂电磁环境对舰载雷达有源干扰效果的影响及对策探讨[J].航船电子对抗.2010,33(3):5-8.

[92] 空军装备系列丛书编审委员会.电子对抗装备[M].北京:航空工业出版社,2009.

[93] 石镇.自适应天线原理[M].北京:国防工业出版社,1991.

[94] ALBARANO S,FAST S,VALENTINE C,et al. Fidelity at High Speed:Wireless InSite© Real Time Module™[C]//Military Communications Conference. CA:[s. n.],2008:1-7.

[95] 翁木云,张其星,谢绍斌,等.频谱管理与监测[M].北京:电子工业出版社,2009.

[96] 朱庆厚.无线电监测与通信侦察[M].北京:人民邮电出版社,2005.

[97] 周贤伟.认知无线电[M].北京:国防工业出版社,2008.

[98] 金荣洪.无线通信中的智能天线[M].北京:北京邮电大学出版社,2006.

[99] GIRI D V,TESCHE F M. Classifieation of Intentional Electromagnetic Environments(IEME)[J]. IEEE Transcations on Electromagnetic Compatibility,2004,46(3):322-328.

[100] 董志勇,栗强.基于层次分析法的人为电磁环境复杂程度评估[J].指挥控制与仿真,2008,30(5):106-110.

[101] 孙智华,林春应.战场电磁信号环境定量描述方法[J].舰船电子对抗,2008,31(6):48-50.

[102] 张斌,胡晓峰,胡润涛,等.复杂电磁环境仿真不确定性空间构建[J].计算机仿真,2009,26(2):11-13.

[103] 何祥,许斌,王国民,等.基于模糊数学的电磁环境复杂程度评估[J].舰船电子工程,2009,29(3):157-159.

[104] 罗小明.基于突变理论的战场电磁环境复杂性评价方法研究[J].装备指挥技术学院学报,2009,20(1):7-11.

[105] 陈利虎,张尔扬.一种新的定量评估电磁环境复杂度方法[J].电子对抗,2009(2):6-9.

[106] 李勇,李修和.基于作战效能准则的战场电磁环境复杂程度度量方法[J].

空军工程大学学报(军事科学版),2007,7(3):53-55.

[107] 朱泽生,孙玲.复杂电磁环境下信息化武器系统性能评估方法[J].计算机仿真,2008,25(12):21-24.

[108] 陈行勇.面向对象的战场电磁环境复杂度评估[J].电子信息对抗技术,2010,25(2):75-83.

[109] 王生,武俊.基于云理论和粗集的复杂电磁环境评估模型[J].计算机与数字工程,2010,38(5):55-56.

[110] TSUI J B Y,STEPHEM J P. Digital Microwave Receiver Technology [J]. IEEE Transactions on Micro-wave Theory and Techniques,2002,50(3):699-705.

[111] WARD D B,DING Z,KENNEDY R A. Broadband DOA Estimation Using Frequency Invariant Beamfor-ming[J]. IEEE Transactions on Signal Processing,1998,46(5):463-1469.

[112] BENESTY J,CHEN J D,HUANG Y T. A Generalized MVDR Spectrum [J]. IEEE Signal Processing Letters,2005,12(12):827-830.

[113] TAPIO M. On the Use of Beamforming for Estimation of Spatially Distributed Signals[C]//Proceedings of IEEE International Confernece on ASSP. Hong Kong:[s. n.],2003:369-372.

[114] STOICA P,WANG Z,LI J. Robust Capon beamforming[J]. IEEE Signal Processing Letters,2003,10(6):172-175.

[115] STOICA P,NEHORAL A. Music,Maximum Likelihood,and Cramer-rao Bound[J]. IEEE Transactions on ASSP,1989,37(5):720-741.

[116] PILLAI S U,KWON B H. Forward/Backward Spatial Smoothing Techniques for Coherent Signal Identifica-tion[J]. IEEE Transactions on Acoustics Speech and Signal Processing,1989,37(1):8-15.

[117] GIERULL C H. Angle Estimation for Small Sample Size with Fast Eigenvector-free Subspace Method[J]. Proceedings of IEE Radar,Sonar,and Navigation,1999,146(3):126-132.

[118] CEDERVALL M,MOSES R L. Efficient Maximum Likelihood DOA Estimation for Signals with Known Waveforms in the Presence of Multipath [J]. IEEE Transactions on Signal Processing,1997,45(3):808-811.

[119] YE H,DEGROAT D. Maximum Likelihood DOA Estimation and Asymptotic Cramer-Rao Bounds for Additive Unknown Colored Noise[J]. IEEE Transactions on Signal Processing,1995,43(4):938-949.

[120] AGRAWAL M,PRASAD S. A Modified Likelihood Function Approach to DOA Estimation in the Presence of Unknown Spatially Correlated Gaussian Noise Using a Uniform Linear Array[J]. IEEE Transactions on Signal Processing,2000,48(10):2743 - 2749.

[121] 王布宏,王永良,陈辉. 相干信源波达方向估计的广义最大似然算法[J]. 电子与信息学报,2004,26(2):225 - 232.

[122] HARRIS F J. Time Domain Signal Processing with the DFT[M]. CA: Academic Press,Inc. ,1987.

[123] 李素芝,万建伟. 时域离散信号处理[M]. 北京:国防科技大学出版社,2000.

[124] 王甲峰,葛晓碕. 无盲区数字信道化实现方法[J]. 通信技术,2009,42(3): 8 - 10.

[125] 杨伟超,张忠,丁群. 低信噪比数字通信信号识别算法研究[J]. 通信技术, 2009,42(1):68 - 71.

[126] PROAKIS J G,MANOLAKIS D G. 数字信号处理[M]. 方艳梅,刘永清, 译. 北京:电子工业出版社,2007.

[127] 陶然,张惠云,王越. 多抽样率数字信号处理理论及其应用[M]. 北京:清华大学出版社,2008.

[128] 胡广书. 数字信号处理[M]. 北京:清华大学出版社,2004.

[129] 吴大正. 信号与线性系统[M]. 北京:高等教育出版社,2000.

[130] ADAMS J W. FIR Digital Filters with Least Squares Stop Bands Subject to Peak-gain Constraints[J]. IEEE Transactions on Circuits Syst,1991, 39(4):376 - 388.

[131] LANG M, BAMBERGER J. Nonlinear Phase FIR Filter Design with Minimum LS Error and Additional Constraints[C]//Proc IEEE Int Conf Acoust,Speech,Signal Porcessing. MN:[s. n.],1993:57 - 60.

[132] LANG M,BOMBERGER J. Nonlinear Phase FIR Filter Design According to the LS Norm with Constraints for the Complex Error[J]. Signal Porcessing,1994,36(1):31 - 40.

[133] ADAMS J W. New Approaches to Constrained Optimization of Digital Filters [C]//Pros IEEE Inc Symp Circuits Syst. Chicago:[s. n.],1993:80 - 83.

[134] WEISBUM B A,PARKS T W,SHENOY R G. Erorr Criteria for Filter Design[C]//Proc IEEE Inc Conf Aco - ust,Speech,Signal Porcessing. Adelaide:[s. n.],1994:565 - 568.

[135] SELESNICK I W, LANG M, BUMS C S. Constrained Least Square Design of FIR Filters without Speci – fied Transition bands[J]. IEEE Transactions on Signal Processing,1996,44(8):1879 – 1892.

[136] 曾喆昭,唐忠. FIR 线性相位滤波器优化设计研究[J]. 信号处理,2001, 17(4):296 – 301.

[137] 徐士良. 数值分析与算法[M]. 北京:机械工业出版社,2007.

[138] 胡广书. 现代信号处理教程[M]. 北京:清华大学出版社,2007.

[139] DUHAMEL P, HOLTMANN H. Split-radix FFT Algorithm [J]. Electronics Letters,1984,20(1):14 – 16.

[140] LILLINGTON J. Comparison of Wideband Channelisation Architectures [C]//International Signal Processing Conference (ISPC),Dallas:[s. n.],2003.

[141] HE S, TORKELSON M. Design and Implementation of a 1024 – point Pipeline FFT Processors[C]// Proc IEEE Custom Integr. Circuits Conf. Santa Clara:[s. n.],1998:131 – 134.

[142] JUNG Y, YOON H, KIM J. New Efficient FFT Algorithm and Pipeline Implementation Results for OFDM/DMT Applications[J]. IEEE Transactions on Consum,Electron,2003,49(1):14 – 20.

[143] RF Engines Pipelined Complex FFT Core for Xilinx Virtex E and Ⅱ FPGA [EB/OL]. [2002 – 09 – 20]. http://www. rfel. com/download/ W02004 – Pipelined FFT White Paper. pdf.

[144] Annex A Core Implementations[EB/OL]. 2002 – 05 – 30. http://www. rfel. com/download/D02002 – Pipelined FFT data sheet. pdf.

[145] Annex A Core Implementations[EB/OL]. 2002 – 10 – 04. http://www. rfel. com/download/D02003 – Polyphase DFT data sheet. pdf.

[146] BARKER R H. Group Synchronizing of Binary Digital Systems in Communica- tions Theory[M]. London:Butter-worth,1953.

[147] PHILLIP E,PACE. 低截获概率雷达的探测和分类[M].《国际电子战》编 辑部,译. 成都:中国电子科技集团第二十九研究所,2007.

[148] PIPER S O. Receiver Frequency Resolution for Range Resolution in Homodyne FMCW Radar[C]//Proc National Telesystems Conference, Commercial Applications and Dual-Use Technology. Atlanta:[s. n.], 1993:169 – 173.

[149] PIPER S O. Homodyne FMCW Radar Range Resolution Effects with Sinusoidal Nonlinearities in the Frequency Sweep[C]//Record of the IEEE

International Radar Conference. Alexandria:[s. n.],1995:563－567.

[150] CHARLES D C,SANJIT K M. A Simple Method for Designing High-Quality Prototype Filters for M-band Pseudo QMF Banks[J]. IEEE Transactions on Signal Processing,1995,43(4):1005－1007.

[151] 董晖,姜秋喜. 数字信道化接收机信号处理技术[J]. 电子信息对抗技术,2007,22(2):3－22.

[152] VAN T H L. Optimum Array Processing:Part IV of Detection,Estimation, and Modulation Theory[M]. New York:Wiley,2002.

[153] 赵树杰,赵建勋. 信号检测与估计理论[M]. 北京:清华大学出版社,2005.

[154] YAN S F,MA Y L. A Unified Framework for Designing FIR Filters with Arbitrary Magnitude and Phase Response[J]. Dig Signal Process,2004,14(6):510－522.

[155] LOBO M,BOYD S,LEBRET H. Applications of Second-order Cone Programming[J]. Linear Algeba and Its Applications,1998,284(11):193－228.

[156] SRURM J F. Using Sedumi 1. 02,a Matlab Toolbox for Optimization over Symmetric Cones[J]. Optimization Methods and Software,1999,11(12):625－653.

[157] ALIZADE F. Interior Point Methods in Semidefinite Programming with Application to Combinatorial Optimization[J]. SIAM J Optim,1995,5(1):13251－13254.

[158] YAN S F,MA Y L. Frequency Invariant Beamforming via Optimal Array Pattern Synthesis an FIR Filters Design[J]. Chinese Journal of Acoustics,2005,24(3):202－211.

[159] PROAKISJ G. 数字信号处理:原理、算法与应用[M]. 张晓林,译. 北京:电子工业出版社,2004.

[160] 幸高翔,蔡志明. 基于二阶锥约束的方向不变恒定束宽波束形成[J]. 电子与信息学报,2009,31(9):2109－2112.

[161] 张灵珠,杨晓东,刘枫. 时域和频域宽带数字波束形成方法研究[J]. 系统仿真技术,2008,4(4):251－255.

[162] MARKEL J D. FFT Pruning[J]. IEEE Transactions on Audio Electroacoust,1971,19(4):305－311.

[163] SKINNER D P. Pruning the Decimation-in-time FFT Algorithm[J]. IEEE Transactions on ASSP,1976,24(Apr):193－194.

[164] BURRUSC S. Index Mappings for Multidimensional Formulation of the DFT and Convolution[J]. IEEE Transactions on ASSP,1977,25(3):239 - 242.

[165] WINOGRAD S. On Computing the Discrete Fourier Transform[J]. Proc Nat Acad Sci,1976,73(4):1005 - 1006.

[166] BARSHINGERR M. Calculus Ⅱ and Euler also [J]. Alller. Math. Monthy,1994(101):244 - 245.

[167] 张贤达. 矩阵分析与应用[M]. 北京:清华大学出版社,2006.

[168] 谢纪岭. 二维超分辨测向算法理论及应用技术研究[D]. 哈尔滨:哈尔滨工程大学,2008.

[169] SHAN T J,WAX M,KAILATH T. On Spatial Smoothing for Coherent Signals[J]. IEEE Transactions on ASSP,1985,33(4):806 - 811.

[170] SHAN T J,WAX M,KAILATH T. Adaptive Beamforming for Coherent Signals and Interference[J]. IEEE Transactions on ASSP,1985,33(3): 527 - 536.

[171] RAO B D,HARI K V S. Effect of Spatial Smoothing on the Performance of MUSIC and the Minimum-norm Method[J]. IEEE Proc Pt F,1990, 137(6):449 - 458.

[172] LINEBARGER D A,JOHNSON D H. The Effect of Spatial Averaging on Spatial Correlation Matrices in the Presence of Coherent Signals[J]. IEEE Transactions on ASSP,1990,38(5):880 - 884.

[173] RAO B D,HARI K V S. On Spatial Smoothing and Weighted Subspace Methods[C]//In Proc 24th Asilom-ar Conf Signals,Syst,Comput. Pacific Grove:[s. n.],1990:936 - 940.

[174] DU W,KIRLIN R L. Improved Spatial Smoothing Techniques for DOA Estimation of Coherent Signals[J]. IEEE Transactions on SP,1991, 39(5):1208 - 1210.

[175] RAO B D,HARI K V S. Weighted Subspace Methods and Spatial Smoothing Analysis and Comparison[J]. IEEE Transactions on SP, 1993,41(2):788 - 803.

[176] 叶中付. 空间平滑差分算法[J]. 通信学报,1997,13(9):1 - 7.

[177] MA C W,TENG C C. Detection of Coherent Signals Using Weighted Subspace Smoothing[J]. IEEE Transactions on AP,1996,44(2):179 - 187.

[178] LI J. Improved Angular Resolution for Spatial Smoothing Techniques [J]. IEEE Transactions on SP,1992,40(12):3078 - 3081.

[179] DI A. Multiple Sources Location-a Matrix Decomposition Approach[J]. IEEE Transactions on ASSP,1985,33(4):1086 – 1091.

[180] DI A,TAIN L. Matrix Decomposition and Multiple Sources Location [C]//Proc IEEE ICASSP. San Diego:[s. n.],1984:722 – 725

[181] CADZOW J A,KIM Y S,SHIUE D C. General Direction-of-arrival Estimation:a Signal Subspace Approach [J]. IEEE Transactions on AES,1989,25(1):31 – 46.

[182] CADZOW J A,KIM Y S,SHIUE D C,et al. Resolution of Coherent Signals Using a Linear Array [C]// Proc IEEE ICASSP. Dallas:[s. n.], 1987:1597 – 1600.

[183] 高世伟,保铮. 利用数据矩阵分解实现对空间相干源的超分辨处理[J]. 通信学报,1988,9(1):4 – 13.

[184] WANG H,KAVEH M. On the Performance of Signal Subspace Processing-Part II:Coherent Wide-band systems[J]. IEEE Transactions on ASSP,1987, 35(11):1583 – 1591.

[185] HUNG H,KAVEH M. On the Statstical Sufficiency of the Coherently Averaged Covariance Matrix for the Estimation of the Parameters of Wideband Sources[C]//ICASSP. Dallas:[s. n.],1987:33 – 36.

[186] SHAW A K,KUMARESAN R. Estimation of Angles of Arrivals of Broadband Signals[C]//ICASSP. Dallas:[s. n.],1987:2296 – 2299.

[187] YANG J F,KAVEH M. Wide-band Adaptive Arrays Based on the Coherent Signal-subspace Transformati-on [C]//ICASSP. Dallas: [s. n.],1987:2011 – 2014.

[188] CHEN Y M,LEE J H,YEH C C. Bearing Estimation Without Calibration for Randomly Perturbed Arrays [J]. IEEE Transactions on SP,1991, 39(1):194 – 197.

[189] KUNG S Y,LO C K,FOKA R. A Toeplitz Approximation Approach to Coherent Source Direction Finding [C]//ICASSP. Tokyo:[s. n.],1986: 193 – 196.

[190] LINEBARGER D A. Redundancy Averaging with Large Arrays[J]. IEEE Transactions on SP,1993,41(4):1707 – 1710.

[191] PARK H R,KIM Y S. A Solution to the Narrow-band Coherency Problem in Multiple Source Location[J]. IEEE Transactions on SP,1993,41(1): 473 – 476.

[192] 王永良. 空间谱估计理论与算法[M]. 北京:清华大学出版社,2004.

[193] ZOLTOWSKI M D. High Resolution Sensor Array Signal Processing in the Beamspace Domain:Novel Techniques Based on the Poor Resolution of Fourier Beamforming[C]// In Proc Fourth ASSP workshop Spec-trum Estim. Modeling. Minneapolis:[s. n.],1988(8):350－355.

[194] XU X L,BUCKLEY K M. Reduced-dirmension Beamspace Broadband Source Localization:Preprocessor Design and Evaluation[C]//In Proc Fourth ASSP Workshop Spectrum Estim. Modeling. Minneapolis: [s. n.],1988:22－27.

[195] XU X L. BUCKLEY K M. Statistical Performance Comparison of MUSIC in Element Space and Beamspace[C]//ICASSP. Glasgow:[s. n.],1989: 2124－2127.

[196] XU X L. BUCKLEY K M. A Comparison of Element and Beamspace Spatial－spectrum Estimation for Multiple Source Clusters[C]// ICASSP. Albuquerque:[s. n.],1990:2643－2646.

[197] SILVERSTEIN S D,ZOLTOWSKI M D. The Mathematical Basis for Element and Fourier Beamspace MUSIC and Root-MUSIC Algorithms [J]. Digital Signal Processing,1991,1(4):1－15.

[198] STOICA P, NEHORAI A. Comparative Performance Study of the Element-space and Beam-space MUSIC Estimators[J]. Circuits Signal Processing,1991,10(3):285－292.

[199] ZOLTOWSKI M D, KAUTZ G M, SILVERSTEIN S D. Beamspace Root-MUSIC[J]. IEEE Transactions on SP,1993,41(1):344－364.

[200] XU X L,BUCKLEY K. An analysis of Beam-space Source Localization [J]. IEEE Transactions on SP,1993,41(1):501－504.

[201] LEE H,WENGROVITZ M. Resolution Threshold of Beamspace MUSIC for Two Closely Spaced Emitters[J]. IEEE Transactions on ASSP, 1990,38(9):1545－1559.

[202] WEISS A J,FRIEDLANDER B. Effects of Modeling Errors on the Resolution Threshold of the MUSIC Algorithm[J]. IEEE Transactions on SP,1994, 42(6):1519－1526.

[203] LIANG TAO,KWAN H K. A novel approach to fast DOA estimation of multiple spatial narrowband signals[C]//The 2002 45th Midwest Symposium on Circuits and Systems, Tulsa,Okahomma. Tulsa, OK:[s. n.],2002:

1-431.

[204] ZHOU C,HABER F,JAGGARD D L. A Resolution Measure for the MUSIC Algorithm and Its Application to Plane Wave Arrivals Contaminated by Coherent Interference[J]. IEEE Transactions on SP,1991,39(2): 454-463.

[205] XU X L,BUCKLEY K M. Bias Analysis of the MUSIC Location Estimator [J]. IEEE Transactions on SP,1992,40(10):2559-2569.

[206] 甘泉,孙学军,唐斌. 一种基于空域滤波的空间谱估计方法[J]. 信号处理, 2010,26(2):230-233.

附　　录

附录 A　基于余弦神经网络的和信道
低通原型滤波器设计方法

根据文献[156]的论述,余弦基神经网络模型如图 A-1 所示。

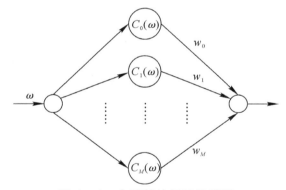

图 A-1　余弦基神经网络模型

图中:余弦基 $C_n(\omega) = \cos(n\omega)$ $(n=0,\cdots,M)$;w_n 为权系数。根据 I 型 FIR 滤波器系数的对称性取神经网络输出为

$$\hat{H}(\mathrm{e}^{\mathrm{j}\omega}) = \sum_{n=0}^{M/2} w_n C_n(\omega) \tag{A-1}$$

误差函数为

$$E(l) = \left| H(\mathrm{e}^{\mathrm{j}\omega_l}) \right| - \hat{H}(\mathrm{e}^{\mathrm{j}\omega_l}) \tag{A-2}$$

式中:$\left| H(\mathrm{e}^{\mathrm{j}\omega_l}) \right|$ 为理想幅频响应$(l=0,\cdots,m-1)$;m 为训练样本数;ω_l 为训练的样本频点。

性能指标为

$$J = \frac{1}{2} \sum_{l=0}^{m-1} E^2(l) \qquad (A-3)$$

权值调整量为

$$\Delta w_n = -\eta \frac{\partial J}{\partial w_n} = \eta E(l) C_n(\omega_l) \qquad (A-4)$$

式中：η 为学习效率，且 $0 < \eta < 1$，各权值调整过程为 $w_n + \Delta w_n = w_n + \eta E(l) C_n(\omega_l)$。训练的过程就是权值不断调整使得性能指标不断减小直到达到预期误差要求。

与余弦基神经网络一样，ACM 条件也是要寻找系数 $a(n)$，使得和信道幅频响应式（3.3-17）尽量达到理想要求，因此可以套用权系数 w_n 的训练方法来训练 $a(n)$。

根据式（3.3-17），余弦基 $C_n(\omega)$ 需变形为

$$C'_n(\omega) = 2\cos\left(\frac{M\omega}{2} - \omega n + \frac{n\pi}{2D}\right)\cos\left(\frac{n\pi}{2D}\right) \qquad (A-5)$$

由于变形后权值调整量发生了变化，为保证训练的结果收敛必须对变形后网络的稳定性进行分析。

余弦基变形后权值调整量变为

$$\Delta a(n) = \eta E(l) C'_n(\omega_l) \quad (n = 0, \cdots, M/2) \qquad (A-6)$$

设 $\boldsymbol{A} = [a(0), a(1), \cdots, a(M/2)]^{\mathrm{T}}$，则有

$$\Delta \boldsymbol{A} = -\eta \frac{\partial J}{\partial \boldsymbol{A}} = -\eta \frac{\partial J}{\partial E(l)} \frac{\partial E(l)}{\partial \boldsymbol{A}} = -\eta E(l) \frac{\partial E(l)}{\partial \boldsymbol{A}} \qquad (A-7)$$

取 Lyaponuv 函数为 $V(l) = \frac{1}{2} E^2(l)$，则有

$$\Delta V(l) = \frac{1}{2} E^2(l+1) - \frac{1}{2} E^2(l) \qquad (A-8)$$

因为 $E(l+1) = E(l) + \Delta E(l) = E(l) + \left[\frac{\partial E(l)}{\partial \boldsymbol{A}}\right]^{\mathrm{T}} \Delta \boldsymbol{A}$，联合式（A-7）可得

$$\Delta E(l) = \left[\frac{\partial E(l)}{\partial \boldsymbol{A}}\right]^{\mathrm{T}} \Delta \boldsymbol{A} = -\eta E(l) \left\|\frac{\partial E(l)}{\partial \boldsymbol{A}}\right\|_2^2 \qquad (A-9)$$

式中：$\left\|\dfrac{\partial E(l)}{\partial \boldsymbol{A}}\right\|_2^2 = \sum_{n=0}^{M/2} \left[\dfrac{\partial E(l)}{\partial a(n)}\right]^2$，称为 Euclid 范数的平方。联合式（A-8）与式（A-9）得到：

$$\Delta V(l) = \frac{1}{2}[E(l) + \Delta E(l)]^2 - \frac{1}{2} E^2(l) = \Delta E(l)\left[E(l) + \frac{1}{2}\Delta E(l)\right]$$

$$= \left\|\frac{\partial E(l)}{\partial \boldsymbol{A}}\right\|_2^2 E^2(l)\left[-\eta + \frac{1}{2}\eta^2 \left\|\frac{\partial E(l)}{\partial \boldsymbol{A}}\right\|_2^2\right] \qquad (A-10)$$

要使神经网络稳定,必须有 $\Delta V(l) < 0$,根据式($A-10$),即

$$-\eta + \frac{1}{2}\eta^2 \left\|\frac{\partial E(l)}{\partial \boldsymbol{A}}\right\|_2^2 < 0$$

因为 $\eta > 0$,所以必须有

$$0 < \eta < \frac{2}{\left\|\frac{\partial E(l)}{\partial \boldsymbol{A}}\right\|_2^2} \tag{A-11}$$

根据式($3.3-17$)以及本附录的式($A-2$)与式($A-5$)可得

$$\left\|\frac{\partial E(l)}{\partial \boldsymbol{A}}\right\|_2^2 = \sum_{n=0}^{M/2}\left[\frac{\partial E(l)}{\partial a(n)}\right]^2 = \sum_{n=0}^{M/2}\left[C'_n(\omega_l)\right]^2$$

$$= \sum_{n=0}^{M/2}\left[2\cos\left(\frac{M\omega}{2}-\omega n+\frac{n\pi}{2D}\right)\cos\left(\frac{n\pi}{2D}\right)\right]^2 \tag{A-12}$$

显然 $\left\|\dfrac{\partial E(l)}{\partial \boldsymbol{A}}\right\|_2^2 \leqslant 4\left(\dfrac{M}{2}+1\right)$,取 $\left\|\dfrac{\partial E(l)}{\partial \boldsymbol{A}}\right\|_2^2 = 4\left(\dfrac{M}{2}+1\right)$,则当 $0 < \eta < \dfrac{1}{2\left(\dfrac{M}{2}+1\right)}$ 时

有 $\Delta V(l) < 0$,此时网络是稳定的。低通原型滤波器步骤如下:

(1)对图 $3.3-8$ 所示的理想幅频响应取样构成训练样本集,通过大量仿真,建议将样本频点设为 $\omega_l = \pi l/M(l=1-M,\cdots,M-1,M)$ 为设定的低通滤波器阶数;给定性能指标上界 ε,给定学习效率 η,随机产生低通原型系数初值;

(2)计算神经网络输出,$\hat{H}(e^{j\omega}) = \boldsymbol{A}^{\mathrm{T}}\boldsymbol{C}'(\omega_l)$,其中 $\boldsymbol{C}'(\omega_l) = [C'_0(\omega_l),C'_1(\omega_l),\cdots,C'_{M/2}(\omega_l)]^{\mathrm{T}}$;

(3)计算当前样本下误差函数值及性能指标

$$E(l) = |H(e^{j\omega_l})| - \hat{H}(e^{j\omega_l}),\quad J = J + \frac{1}{2}E^2(l)$$

(4)调整系数,$\boldsymbol{A} = \boldsymbol{A} + \eta E(l)\boldsymbol{C}'(\omega_l)$;

(5)若样本集未训练完,取下一个样本点返回第(2)步继续训练,若样本集训练完则判断性能指标 J 是否小于给定上界 ε,若 $J > \varepsilon$ 则返回第(2)步,反之训练结束;

(6)根据式($3.3-22$)由 $a(n)$ 逆推出 $h_0(n)$。

为进一步提高 $h_0(n)$ 的滤波性能,通过大量仿真总结出以下三条:

(1)训练时所在理想幅频响应可加入一到两个过渡带点,可以减小通带波纹;

(2)通过插值(如 Lagrange 插值[157])的方法对 $h_0(n)$ 系数中的不连续点进行平滑能增大阻带衰减;

(3)对 $h_0(n)$ 加窗(如 Kaiser 窗)可以进一步增大阻带衰减。

仿真参数：$h_0(n)$ 阶数 $M=256$；子信道数 $2D=32$；性能指标上界 $\varepsilon=10^{-6}$；学习效率 $\eta=0.003\,875$；在理想幅频响应中加入两个过渡带点 0.25, 0.75；窗函数取 Kaiser 窗，其 β 值取 9；采样率 $f_s=1$；信号 1 为线性调频信号，带宽取 $f_s/16$，时宽取 $2\,048/f_s$，载频取 $f_s/32$；信号 2 为 ASK 信号，采用 13 位 Barker 码循环调制，码速率取 $f_s/32$，占空比为 0.5，载频取 $f_s/4$；信号 3 为复正弦信号载频取 $9f_s/16$。

以 $h_0(n)$ 为低通原型生成 32 信道复调制滤波器组，对信号 1, 2, 3 的和信号进行非均匀信道化滤波，仿真结果如下。在 Matlab 中通过 5 次神经网络训练（遍历样本集中所有样本点算一次训练），耗时 56 s，得到 $h_0(n)$ 如图 A-2 所示。

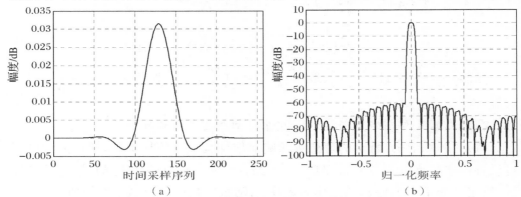

图 A-2 低通原型时域、频域特性

(a) 冲激响应；(b) 幅频响应

根据和信号带宽分布，将 1～5 和 29～32 子信道滤波器输出相加得到线性调频信号，将 8～10 和 24～26 子信道滤波器输出相加得到 ASK 信号，19 子信道滤波器输出直接为复正弦信号，如图 A-3 所示。

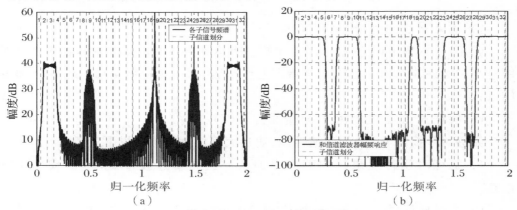

图 A-3 非均匀信道化滤波输出

(a) 和信号带宽分布；(b) 和信道滤波器幅频响应

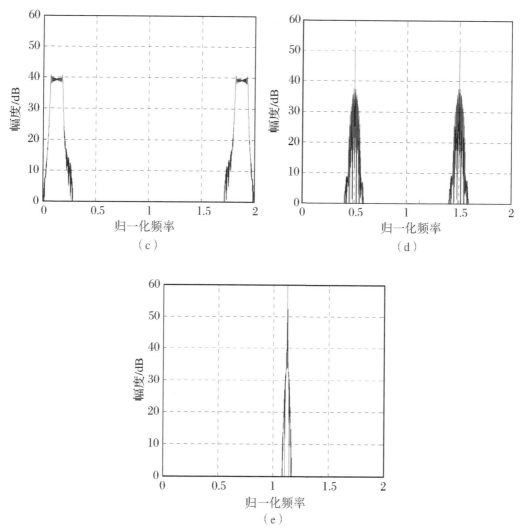

续图 A-3 非均匀信道化滤波输出
(c)线性调频信号滤波输出;(d)ASK 信号滤波输出;(e)复正弦信号滤波输出

仿真结果表明,当阶数取 256 时,训练出的低通原型滤波器阻带衰减达到—60 dB 以上,和信道滤波器阻带衰减达到—70 dB 以上,通带波纹小于 5×10^{-3}。随着阶数的升高,低通原型滤波器及和信道滤波器性能可进一步提高,从而有效实现非均匀信道化。

但是大量仿真结果表明,该方法能够实现的信道化滤波性能存在极限,如图 A-4 所示。

选用不同的插值方法及窗函数也不能使其滤波性能产生实质性的变化,因此该方法存在其阻带衰减的局限性。

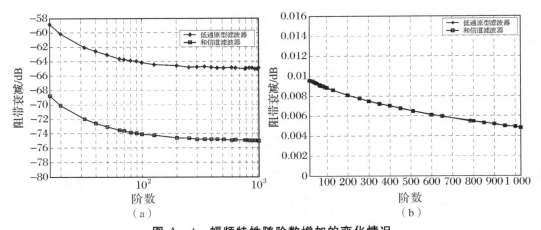

图 A-4　幅频特性随阶数增加的变化情况

（a）阻带衰减随阶数增加的变化情况；（b）通带波纹随阶数增加的变化情况

附录 B　零值点取值对 $h_0(n)$ 滤波性能的影响分析

根据 FIR 滤波器设计的经验可知，要得到幅频特性较好的 $h_0(n)$ 必须要使其形状尽量规则连续，而考查式（3.3-22）会发现 $1/\cos\left(\dfrac{n\pi}{2D}\right)$ 有着极不规则的形状，如图 B-1 所示。

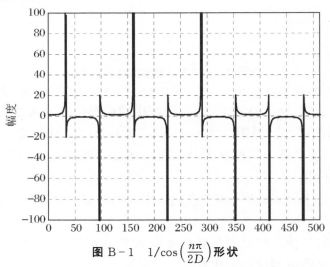

图 B-1　$1/\cos\left(\dfrac{n\pi}{2D}\right)$ 形状

注：图 B-1 中那些没有完全画出的无穷大点就是所谓的零值点。

正是由于窗函数法设计出的 $a(n)$ 中含有 $h_{\text{ideal}}(n)$，同时 $h_{\text{ideal}}(n)$ 中含有 $\sin\left[\dfrac{\pi}{D}\left(n-\dfrac{M}{2}\right)\right]$ 项，而 $\sin\left[\dfrac{\pi}{D}\left(n-\dfrac{M}{2}\right)\right]$ 与 $\cos\left(\dfrac{n\pi}{2D}\right)$ 有着相似的变化规律，如图 B-2 所示。

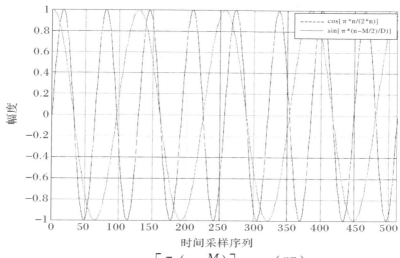

图 B-2　$\sin\left[\dfrac{\pi}{D}\left(n-\dfrac{M}{2}\right)\right]$ 与 $\cos\left(\dfrac{n\pi}{2D}\right)$ 对比

从而使得 $\sin\left[\dfrac{\pi}{D}\left(n-\dfrac{M}{2}\right)\right]/\cos\left(\dfrac{n\pi}{2D}\right)$ 有着规则的形状，如图 B-3 所示。

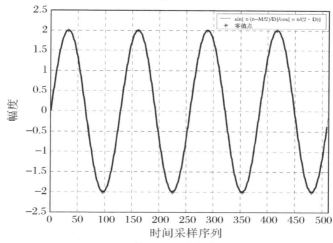

图 B-3　$\sin\left[\dfrac{\pi}{D}\left(n-\dfrac{M}{2}\right)\right]/\cos\left(\dfrac{n\pi}{2D}\right)$

图 B-3 中零值点的值通过求极限得到，过程为

$$\lim_{n\to(2k+1)D}\frac{\sin\left[\dfrac{\pi}{D}\left(n-\dfrac{M}{2}\right)\right]}{\cos\left(\dfrac{n\pi}{2D}\right)}\quad(k\ \text{为非负整数})$$

这是一个"$\frac{0}{0}$"型的极限,根据洛比达法则有

$$\lim_{n \to (2k+1)D} \frac{\sin\left[\frac{\pi}{D}\left(n-\frac{M}{2}\right)\right]}{\cos\left(\frac{n\pi}{2D}\right)} = \lim_{n \to (2k+1)D} \frac{\frac{\pi}{D}\cos\left[\frac{\pi}{D}\left(n-\frac{M}{2}\right)\right]}{-\frac{\pi}{2D}\sin\left(\frac{n\pi}{2D}\right)} = 2\,(-1)^{\frac{n-D}{2D}}$$

式中:$n=(2k+1)D$,k 为非负整数。

将此结果代入式(3.3-24)得到 $h_0(n)$ 在零值点处的极限值为

$$\lim_{n \to (2k+1)D} \frac{\sin\left[\frac{\pi}{D}\left(n-\frac{M}{2}\right)\right]W(n)}{2\pi\left(n-\frac{M}{2}\right)\cos\left(\frac{n\pi}{2D}\right)} = 2\,(-1)^{\frac{n-D}{2D}} \cdot \frac{W(n)}{2\pi\left(n-\frac{M}{2}\right)}$$

$$= \frac{W(n)}{\pi\left(n-\frac{M}{2}\right)}(-1)^{\frac{n-D}{2D}}$$

这里不能忽略 $n=M/2$ 处这个峰值极限,利用特殊极限$\lim\limits_{x \to 0}\frac{\sin(x)}{x}=1$ 可得

$$\lim_{n \to M/2} \frac{\sin\left[\frac{\pi}{D}\left(n-\frac{M}{2}\right)\right]W(n)}{2\pi\left(n-\frac{M}{2}\right)\cos\left(\frac{n\pi}{2D}\right)} = \lim_{n \to M/2} \frac{\sin\left[\frac{\pi}{D}\left(n-\frac{M}{2}\right)\right]}{\frac{\pi}{D}\left(n-\frac{M}{2}\right)} \cdot \frac{W(n)}{2D\cos\left(\frac{n\pi}{2D}\right)}$$

$$= \frac{W\left(\frac{M}{2}\right)}{2D\cos\left(\frac{M\pi}{4D}\right)}$$

联合式(B-1),式(B-2)和式(3.3-22)就可以完整地解出 $h_0(n)$。举例如下:取 $M=512$,$D=32$,用 chebyshev 窗取旁瓣衰减为 100 dB 产生 $a(n)$ 如图 B-4 所示。

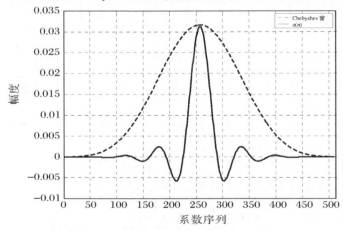

图 B-4　用 Chebyshev 窗产生的 $a(n)$

注:为显示方便对 Chebyshev 窗进行了整体缩放。

联合极限公式和式(3.3-22)得到 $h_0(n)$ 及其幅频特性如图 B-5 所示。

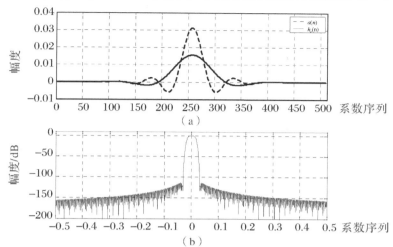

（a）

（b）

图 B-5　联合极限公式得到的 $h_0(n)$ 及其幅频特性

当然 $a(n)$ 的设计方法不止窗函数一种,但是在使用其他方法时必须解决零值点的取值问题,同时还要很好地控制图 B-1 所示的不连续的情况,如果这些问题解决不好就可能得不到图 B-5 所示的良好性能。比如用等波纹切比雪夫逼近法产生 $a(n)$。取 $M=512,D=32$,通带截止频率为 π/D,阻带起始频率为 $3\pi/2D$,过渡带宽 $\pi/2D$,在零值点处取 $\cos\left(\dfrac{n\pi}{2D}\right)=10^{-6}$,利用 Matlab 中的 Filter Design & Analysis 工具选择 equiripple(等波纹)功能产生 $a(n)$,然后根据式(3.3-22)算出 $h_0(n)$,其性能如图 B-6 和图 B-7 所示。

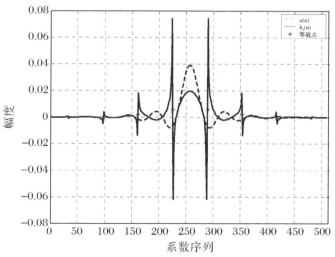

图 B-6　等波纹法冲激响应对比

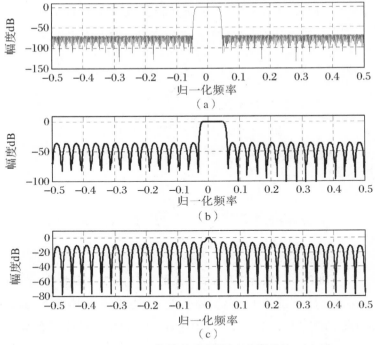

图 B-7　等波纹法幅频响应对比

仿真结果表明,得到的和信道滤波器性能较 $a(n)$ 大幅度下降,而 $h_0(n)$ 本身的性能则极差。这并非个例,大量仿真结果表明,等波纹法设计 $a(n)$ 很难得到性能较好的 $h_0(n)$,因为它很难像窗函数法那样得到平滑连续的 $h_0(n)$,即使用插值法解决了零值点处的取值问题,其他部位的不规则性也难以改善,所以相比之下窗函数法是比较快速有效的设计 $a(n)$ 的方法。

附录 C　和信道与子信道滤波性能一致性分析

本书通过大量仿真验证了低通原型 $h_0(n)$ 的通带阻带性能与和信道低通原型 $a(n)$ 一致,仿真结果统计如图 C-1,图 C-2 和图 C-3 所示。仿真过程中划分信道数 $2D=8$,采用 Kaiser 窗,参数 β 取 9。

仿真结果表明,低通原型 $h_0(n)$ 较好地继承了和信道低通原型 $a(n)$ 的通带阻带性能,且阶数越高与理论值越接近。

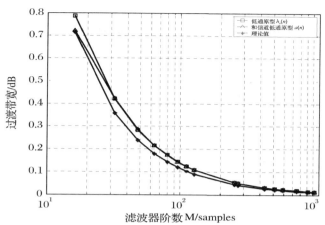

图 C-1　不同阶数下过渡带宽对比

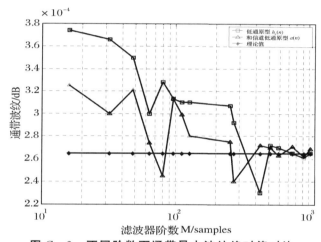

图 C-2　不同阶数下通带最大波纹绝对值对比

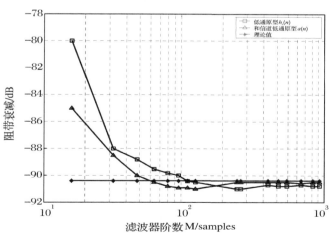

图 C-3　不同阶数下阻带衰减对比

附录 D　宽带信号的不变可加性分析

相干阵指空间同一信源（远场）到达阵列各阵元的信号满足相干性（频谱相同），即各阵元处的信号满足不变可加性。所谓不变可加性是指这些信号相加后频谱不发生改变，即输入、输出频谱满足如下关系（以自然频率作为频率响应自变量）：

$$Y(jf) = X(jf)A_0 e^{j2\pi f_0} \quad (\text{其中 } A_0 e^{j2\pi f_0} \text{ 为复常数}) \qquad (D-1)$$

对均匀线阵各阵元间的不变可加性条件作如下推导：

设入射信号包含两个频率分量 $x(t) = A_0 e^{j(2\pi f_0 t + \varphi_0)} + A_1 e^{j(2\pi f_1 t + \varphi_1)}$，波长分别为 λ_0, λ_1，信号以角度 θ 入射到一个二元阵，阵元间距为 d，加权系数为 w^0, w^1，则输出为：

$$
\begin{aligned}
y(t) &= \sum_{l=0}^{1} w_l A_0 e^{j(2\pi f_0 t + \varphi_0)} e^{j\frac{2\pi}{\lambda_0} l d \sin\theta} + \sum_{l=0}^{1} w_l A_1 e^{j(2\pi f_1 t + \varphi_1)} e^{j\frac{2\pi}{\lambda_1} l d \sin\theta} \\
&= \sum_{m=0}^{1} \sum_{l=0}^{1} w_l A_m e^{j(2\pi f_m t + \varphi_1)} e^{j\frac{2\pi}{\lambda_m} l d \sin\theta} \qquad (D-2)
\end{aligned}
$$

若令 $A_0 e^{j(2\pi f_0 t + \varphi_0)}$、$A_1 e^{j(2\pi f_1 t + \varphi_1)}$ 的傅里叶变换分别为 $X_0(jf)$、$X_1(jf)$，则原信号频谱为：$X(jf) = X_0(jf) + X_1(jf)$。

对式（D-2）求傅里叶变换得

$$Y(jf) = \sum_{m=0}^{1} \sum_{l=0}^{1} w_l X_m(jf) e^{j\frac{2\pi}{\lambda_m} l d \sin\theta} \qquad (D-3)$$

由于 $v = f\lambda$（v 为信号在空间中的传播速度），则有

$$Y(jf) = \sum_{m=0}^{1} \sum_{l=0}^{1} w_l X_m(jf) e^{j\frac{2\pi}{v} f_m l d \sin\theta} \qquad (D-4)$$

令 $f_1 = f_0 + B_f$，代入式（D-4）展开后有

$$
\begin{aligned}
Y(jf) &= X_0(jf) \left[w^0 + w^1 e^{j\frac{2\pi}{v} f_0 d \sin\theta} \right] + X_1(jf) \left[w^0 + w^1 e^{j\frac{2\pi}{v}(f_0 + B_f) d \sin\theta} \right] \\
&= X_0(jf) \left[w^0 + w^1 e^{j\frac{2\pi}{v} f_0 d \sin\theta} \right] + X_1(jf) \left[w^0 + w^1 e^{j\frac{2\pi}{v} f_0 d \sin\theta} e^{j\frac{2\pi}{v} B_f d \sin\theta} \right] \\
&= \left[X_0(jf) + X_1(jf) \right] \left[w^0 + w^1 e^{j\frac{2\pi}{v} f_0 d \sin\theta} \right] - X_1(jf) w^1 e^{j\frac{2\pi}{v} f_0 d \sin\theta} + \\
&\quad X_1(jf) \left[w^0 + w^1 e^{j\frac{2\pi}{v} f_0 d \sin\theta} e^{j\frac{2\pi}{v} B_f d \sin\theta} \right] \\
&= \left[X_0(jf) + X_1(jf) \right] \left[w^0 + w^1 e^{j\frac{2\pi}{v} f_0 d \sin\theta} \right] + X_1(jf) w^1 e^{j\frac{2\pi}{v} f_0 d \sin\theta} \left[e^{j\frac{2\pi}{v} B_f d \sin\theta} - 1 \right] \\
&= X(jf) \left[w^0 + w^1 e^{j\frac{2\pi}{v} f_0 d \sin\theta} \right] + X_1(jf) w^1 e^{j\frac{2\pi}{v} f_0 d \sin\theta} \left[e^{j\frac{2\pi}{v} B_f d \sin\theta} - 1 \right] \qquad (D-5)
\end{aligned}
$$

显然要使式（D-5）具有式（D-2）的特征，必须有

$$X_1(\mathrm{j}f)w^1\mathrm{e}^{\mathrm{j}\frac{2\pi}{v}f_0 d\sin\theta}\big[\mathrm{e}^{\mathrm{j}\frac{2\pi}{v}B_f d\sin\theta}-1\big]=0 \tag{D-6}$$

要使式(D-6)成立可以有两种情况：$w^1=0$ 和 $\mathrm{e}^{-\mathrm{j}\frac{2\pi}{v}B_f d\sin\theta}-1=0$，其中 w^1 是阵列的权系数决定着阵列的方向图，通常不为 0；而要使 $\mathrm{e}^{-\mathrm{j}\frac{2\pi}{v}B_f d\sin\theta}-1=0$ 只有 $\sin\theta=0$，即信号垂直于阵列法线(延阵列排列方向)入射，显然信号不能总是从这个方向入射，因此，综合考虑，使二元阵满足不变相加性的合理方法是 $\frac{B_f d}{v}\to 0$，即 $d\ll\frac{v}{B_f}$，此时 $\mathrm{e}^{-\mathrm{j}\frac{2\pi}{v}B_f d\sin\theta}-1\to 0$，使得式(D-6)以极小的误差成立，从而实现二元阵阵元输出的不变可加性。

$d\ll\frac{v}{B_f}$ 就是工程中实现均匀线阵阵元输出具有不变可加性的条件，其中 d 为天线总尺寸而不仅仅是阵元间距，$\frac{v}{B_f}$ 通常称为相干距离。

为不失一般性，将结论推广到多元均匀线阵接收带限信号的情况。

设输入信号为带限信号，带宽为 B_f，最低频率分量为 f_1，最高频率分量为 f_1+B_f，设信号的频谱为 $X(\mathrm{j}f)[f\in(f_1,f_1+B_f)]$，求傅里叶反变换得到信号的时域波形为 $x(t)=\int_{f_1}^{f_1+B_f}X(\mathrm{j}f)\mathrm{e}^{\mathrm{j}2\pi ft}\mathrm{d}f$，根据式(D-1)，当此信号以角度 θ 入射到 M 元均匀线阵时阵列输出为

$$y(t)=\int_{f_1}^{f_1+B_f}\Big[\sum_{l=0}^{M-1}w_l X(jf)\mathrm{e}^{\mathrm{j}2\pi ft}\mathrm{e}^{\mathrm{j}\frac{2\pi}{\lambda}ld\sin\theta}\Big]\mathrm{d}f \tag{D-7}$$

将 $v=f\lambda$ 代入式(D-7)得

$$y(t)=\int_{f_1}^{f_1+B_f}\Big[\sum_{l=0}^{M-1}w_l X(jf)\mathrm{e}^{\mathrm{j}2\pi ft}\mathrm{e}^{\mathrm{j}\frac{2\pi}{v}fld\sin\theta}\Big]\mathrm{d}f$$

$$=\int_{f_1}^{f_1+B_f}X(jf)\mathrm{e}^{\mathrm{j}2\pi ft}\Big[\sum_{l=0}^{M-1}w_l\mathrm{e}^{\mathrm{j}\frac{2\pi}{v}fld\sin\theta}\Big]\mathrm{d}f \tag{D-8}$$

考察 $\sum_{l=0}^{M-1}w_l\mathrm{e}^{\mathrm{j}\frac{2\pi}{v}fld\sin\theta}$ 在积分过程中的取值，当频率 f 取最小值 f_1 时为 $\sum_{l=0}^{M-1}w_l\mathrm{e}^{\mathrm{j}\frac{2\pi}{v}f_1 ld\sin\theta}$，当 f 取最大值 f_1+B_f 时为 $\sum_{l=0}^{M-1}w_l\mathrm{e}^{\mathrm{j}\frac{2\pi}{v}(f_1+B_f)ld\sin\theta}$，此时若 $d(M-1)\ll\frac{v}{B_f}$ [$d(M-1)$ 就是天线的总尺寸]，则有 $\frac{d(M-1)B_f}{v}\to 0$，进而有 $\frac{ld\Delta B}{v}\to 0$ $(l=0,1,2,\cdots,M-1;\Delta B\in[0,B_f])$，因此 f 从 f_1 取到 f_1+B_f 的过程中始终有：

$$\sum_{l=0}^{M-1} w_l \mathrm{e}^{\mathrm{j}\frac{2\pi}{v}(f_1+\Delta B)ld\sin\theta} = \sum_{l=0}^{M-1} w_l \mathrm{e}^{\mathrm{j}\frac{2\pi}{v}f_1 ld\sin\theta}\mathrm{e}^{\mathrm{j}\frac{2\pi}{v}ld\Delta B\sin\theta}$$

$$\approx \sum_{l=0}^{M-1} w_l \mathrm{e}^{\mathrm{j}\frac{2\pi}{v}f_1 ld\sin\theta}\quad(\Delta B \in [0,B_f])$$

$$(D-9)$$

将式(D-9)代入式(D-8)得

$$y(t)\approx\int_{f_1}^{f_1+B_f}X(\mathrm{j}f)\mathrm{e}^{\mathrm{j}2\pi ft}\Big[\sum_{l=0}^{M-1}w_l\mathrm{e}^{\mathrm{j}\frac{2\pi}{v}f_1 ld\sin\theta}\Big]\mathrm{d}f\quad(D-10)$$

若令加权系数 w_l 的离散时间傅里叶变换（DTFT）为 $W(\mathrm{j}f)$，则有 $\sum_{l=0}^{M-1}w_l\mathrm{e}^{\mathrm{j}\frac{2\pi}{v}f_1 ld\sin\theta}=W\big(-\mathrm{j}\frac{2\pi}{v}f_1 d\sin\theta\big)$，显然当加权系数设定好以后 $W\big(-\mathrm{j}\frac{2\pi}{v}f_1 d\sin\theta\big)$ 是一个复常数，对式(D-10)求傅里叶变换得

$$Y(\mathrm{j}f)\approx X(\mathrm{j}f)W\big(-\mathrm{j}\frac{2\pi}{v}f_1 d\sin\theta\big)\quad(D-11)$$

显然式(D-11)与式(D-1)具有相同形式。因此，综上所述，设信号的传播速度为 v，带宽为 B_f，阵元间距为 d，阵元数为 M，当天线孔径 $d(M-1)\ll\frac{v}{B_f}$ 时，均匀线阵的各阵元输出满足不变相加性。

如果阵列相对于信号满足不变可加性则称阵列为相干阵，反之则称非相干阵。对应的若信号带宽对于某阵列满足 $B_f\ll\frac{v}{d(M-1)}$，则称该信号对于该阵列来说是窄带信号，反之则称为宽带信号。对于宽带信号阵列各阵元输出不满足不变可加性，其输出将产生频谱上的失真，导致信噪比的损失。

附录 E　基于 FBSS 的空时二维 MUSIC 算法解相干能力分析

对于 ULA 阵，采用基于 FBSS 的空时二维 MUSIC 算法对相干信号的估计能力等于 K 个 M 元 ULA 阵采用基于 FBSS 的空域 MUSIC 算法对相干信号估计能力的总和，即若空间平滑时共形成 $2L$ 个子阵，则该空时二维阵最多可以在 K 个频点上实现 $2L$ 个相干信号的功率谱估计。

首先证明对于非相干信源，$K\times M$ 阶空时二维阵进行 MUSIC 谱估计可以等效于 K 个 M 阶线阵同时进行空域 MUSIC 谱估计。

将式(5.2-12)和式(5.2-13)定义的空时二维阵列流型矩阵做如下重组：

$$\boldsymbol{A}' = \begin{bmatrix} \boldsymbol{A}'_1(f,\theta) \\ \boldsymbol{A}'_2(f,\theta) \\ \vdots \\ \boldsymbol{A}'_K(f,\theta) \end{bmatrix} \qquad (\text{E}-1)$$

式中

$$\boldsymbol{A}'_k(f,\theta) = \begin{bmatrix} e^{-j[2\pi f_1\tau_{11}+2\pi f_1(k-1)T]}, & e^{-j[2\pi f_2\tau_{21}+2\pi f_2(k-1)T]}, & \cdots, & e^{-j[2\pi f_N\tau_{N1}+2\pi f_N(k-1)T]} \\ e^{-j[2\pi f_1\tau_{12}+2\pi f_1(k-1)T]}, & e^{-j[2\pi f_2\tau_{22}+2\pi f_2(k-1)T]}, & \cdots, & e^{-j[2\pi f_N\tau_{N2}+2\pi f_N(k-1)T]} \\ & & \vdots & \\ e^{-j[2\pi f_1\tau_{1M}+2\pi f_1(k-1)T]}, & e^{-j[2\pi f_2\tau_{2M}+2\pi f_2(k-1)T]}, & \cdots, & e^{-j[2\pi f_N\tau_{NM}+2\pi f_N(k-1)T]} \end{bmatrix} \qquad (\text{E}-2)$$

显然 $\boldsymbol{A}'_k(f,\theta)$ 是 $M\times N$ 维的，其中 N 为估计的非相干信源个数，令 $N = KM'$，M' 小于阵元数 M，K 为各阵元的时延级数，则可以将 $\boldsymbol{A}'_k(f,\theta)$ 划分为 K 个 $M\times M'$ 维子阵，即

$$\boldsymbol{A}'_k(f,\theta) = \begin{bmatrix} \boldsymbol{A}'_{k1} & \boldsymbol{A}'_{k2} & \cdots & \boldsymbol{A}'_{kK} \end{bmatrix} \qquad (\text{E}-3)$$

式中

$$\boldsymbol{A}'_{k1} = \begin{bmatrix} e^{-j[2\pi f_1\tau_{11}+2\pi f_1(k-1)T]}, & e^{-j[2\pi f_2\tau_{21}+2\pi f_2(k-1)T]}, & \cdots, & e^{-j[2\pi f_{M'}\tau_{M'1}+2\pi f_{M'}(k-1)T]} \\ e^{-j[2\pi f_1\tau_{12}+2\pi f_1(k-1)T]}, & e^{-j[2\pi f_2\tau_{22}+2\pi f_2(k-1)T]}, & \cdots, & e^{-j[2\pi f_{M'}\tau_{M'2}+2\pi f_{M'}(k-1)T]} \\ & & \vdots & \\ e^{-j[2\pi f_1\tau_{1M}+2\pi f_1(k-1)T]}, & e^{-j[2\pi f_2\tau_{2M}+2\pi f_2(k-1)T]}, & \cdots, & e^{-j[2\pi f_{M'}\tau_{M'M}+2\pi f_{M'}(k-1)T]} \end{bmatrix} \qquad (\text{E}-4\text{a})$$

$$\boldsymbol{A}'_{k2} = \begin{bmatrix} e^{-j[2\pi f_{M+1}\tau_{(M+1)1}+2\pi f_{M+1}(k-1)T]}, & e^{-j[2\pi f_{M+2}\tau_{(M+2)1}+2\pi f_{M+2}(k-1)T]}, & \cdots, & e^{-j[2\pi f_{2M}\tau_{2M1}+2\pi f_{2M}(k-1)T]} \\ e^{-j[2\pi f_{M+1}\tau_{(M+1)2}+2\pi f_{M+1}(k-1)T]}, & e^{-j[2\pi f_{M+2}\tau_{(M+2)2}+2\pi f_{M+2}(k-1)T]}, & \cdots, & e^{-j[2\pi f_{2M}\tau_{2M2}+2\pi f_{2M}(k-1)T]} \\ & & \vdots & \\ e^{-j[2\pi f_{M+1}\tau_{(M+1)M}+2\pi f_{M+1}(k-1)T]}, & e^{-j[2\pi f_{M+2}\tau_{(M+2)M}+2\pi f_{M+2}(k-1)T]}, & \cdots, & e^{-j[2\pi f_{2M}\tau_{2MM}+2\pi f_{2M}(k-1)T]} \end{bmatrix} \qquad (\text{E}-4\text{b})$$

依次类推。下面以 $\boldsymbol{A}'_{k1}$ 为例证明各子阵是列满秩的。令

$$\boldsymbol{B}'_{k1} = \begin{bmatrix} e^{-j2\pi f_1(k-1)T} & 0 & \cdots & 0 \\ 0 & e^{-j2\pi f_2(k-1)T} & \cdots & 0 \\ \vdots & \vdots & & \vdots \\ 0 & \cdots & 0 & e^{-j2\pi f_{M'}(k-1)T} \end{bmatrix} \qquad (\text{E}-5)$$

$$\boldsymbol{B}_1 = \begin{bmatrix} e^{-j2\pi f_1 \tau_{11}}, & e^{-j2\pi f_2 \tau_{21}}, & \cdots, & e^{-j2\pi f_{M'} \tau_{M'1}} \\ e^{-j2\pi f_1 \tau_{12}}, & e^{-j2\pi f_2 \tau_{22}}, & \cdots, & e^{-j2\pi f_{M'} \tau_{M'2}} \\ & & \vdots & \\ e^{-j2\pi f_1 \tau_{1M}}, & e^{-j2\pi f_2 \tau_{2M}}, & \cdots, & e^{-j2\pi f_{M'} \tau_{M'M}} \end{bmatrix} \qquad (E-6)$$

则有 $\boldsymbol{A}'_{k1} = \boldsymbol{B}_1 \boldsymbol{B}'_{k1}$，显然 $\boldsymbol{B}_1$ 就是空域 MUSIC 算法使用的阵列流型矩阵，它是一个 $M \times M'$ 维的 Vandermonde 矩阵，是列满秩的[232]，同时 $\boldsymbol{B}'_{k1}$ 是一个 $M' \times M'$ 维的对角阵，所以 $\boldsymbol{A}'_{k1}$ 是列满秩的。同理可证其他子阵也是列满秩的，且有

$$\boldsymbol{A}'_{kl} = \boldsymbol{B}_l \boldsymbol{B}'_{kl} \qquad (k=1,2,\cdots,K; l=1,2,\cdots,K) \qquad (E-7)$$

将式（E-1）与式（E-3）代入式（5.2-14）得到信号模型，得

$$\boldsymbol{X}(nT) = \begin{bmatrix} \boldsymbol{A}'_{11} & \boldsymbol{A}'_{12} & \cdots & \boldsymbol{A}'_{1K} \\ \boldsymbol{A}'_{21} & \boldsymbol{A}'_{22} & \cdots & \boldsymbol{A}'_{2K} \\ & & \vdots & \\ \boldsymbol{A}'_{K1} & \boldsymbol{A}'_{K2} & \cdots & \boldsymbol{A}'_{KK} \end{bmatrix} \boldsymbol{s}(nT) + \boldsymbol{n}(nT) \qquad (E-8)$$

根据式（3-1）得到数据协方差

$$\boldsymbol{R} = \begin{bmatrix} \boldsymbol{A}'_{11} & \boldsymbol{A}'_{12} & \cdots & \boldsymbol{A}'_{1K} \\ \boldsymbol{A}'_{21} & \boldsymbol{A}'_{22} & \cdots & \boldsymbol{A}'_{2K} \\ & & \vdots & \\ \boldsymbol{A}'_{K1} & \boldsymbol{A}'_{K2} & \cdots & \boldsymbol{A}'_{KK} \end{bmatrix} \boldsymbol{R}_s \begin{bmatrix} \boldsymbol{A}'_{11} & \boldsymbol{A}'_{12} & \cdots & \boldsymbol{A}'_{1K} \\ \boldsymbol{A}'_{21} & \boldsymbol{A}'_{22} & \cdots & \boldsymbol{A}'_{2K} \\ & & \vdots & \\ \boldsymbol{A}'_{K1} & \boldsymbol{A}'_{K2} & \cdots & \boldsymbol{A}'_{KK} \end{bmatrix}^H + \sigma^2 \boldsymbol{I} \quad (E-9)$$

由于信源个数为 $N=KM'$，且不相关，可令 $\boldsymbol{R}_s = \mathrm{diag}\{\boldsymbol{R}_{s1}, \boldsymbol{R}_{s2}, \cdots, \boldsymbol{R}_{sK}\}$，其中 $\boldsymbol{R}_{s1}, \boldsymbol{R}_{s2}, \cdots, \boldsymbol{R}_{sK}$ 为 K 个 $M' \times M'$ 维子对角阵。

构造信号协方差阵

$$\boldsymbol{C}_{kl} = \boldsymbol{A}'_{kl} \boldsymbol{R}_{sl} \boldsymbol{A}'^H_{kl} \qquad (k=1,2,\cdots,K; l=1,2,\cdots,K) \qquad (E-10)$$

将式（E-7）代入式（E-10）得

$$\boldsymbol{C}_{kl} = \boldsymbol{B}_l \boldsymbol{B}'_{kl} \boldsymbol{R}_{sl} \boldsymbol{B}'^H_{kl} \boldsymbol{B}^H_l \qquad (k=1,2,\cdots,K; l=1,2,\cdots,K) \qquad (E-11)$$

由于 $\boldsymbol{B}'_{kl}$，$\boldsymbol{R}_{sl}$，$\boldsymbol{B}'^H_{kl}$ 都是 $M' \times M'$ 维的对角阵，且根据式（E-5）对 $\boldsymbol{B}'_{kl}$ 的定义有 $\boldsymbol{B}'_{kl} \boldsymbol{B}'^H_{kl} = \boldsymbol{I}$，所以有

$$\boldsymbol{B}'_{kl} \boldsymbol{R}_{sl} \boldsymbol{B}'^H_{kl} = \boldsymbol{B}'_{kl} \boldsymbol{B}'^H_{kl} \boldsymbol{R}_{sl} = \boldsymbol{I} \boldsymbol{R}_{sl} = \boldsymbol{R}_{sl} \qquad (E-12)$$

将式（E-12）代入式（E-11）得

$$\boldsymbol{C}_{kl} = \boldsymbol{B}_l \boldsymbol{R}_{sl} \boldsymbol{B}^H_l \qquad (E-13)$$

对于 $\boldsymbol{R}_{sl}$ 对应的非相干信源，$\boldsymbol{B}_l$ 就是空域 MUSIC 算法使用的阵列流型矩阵，因此式（E-13）就是对 $\boldsymbol{R}_{sl}$ 对应的非相干信源进行空域 MUSIC 功率谱估计的信号协方差阵，所以必然至少存在一个 $M \times 1$ 维噪声特征向量 $\boldsymbol{v}_{sl}$（噪声特征向量的个数为 $M-M'$）与其阵列流型向量正交，即 $\boldsymbol{B}^H_l \boldsymbol{v}_{sl} = \boldsymbol{0}$，进而有

$$\boldsymbol{A}_{kl}^{\prime\mathrm{H}}\boldsymbol{v}_{sl} = \boldsymbol{B}_{kl}^{\prime\mathrm{H}}\boldsymbol{B}_l^{\mathrm{H}}\boldsymbol{v}_{sl} = \boldsymbol{B}_{kl}^{\prime\mathrm{H}}\boldsymbol{0} = \boldsymbol{0} \quad (k=1,2,\cdots,K; l=1,2,\cdots,K) \quad (\mathrm{E}-14)$$

构造 $KM \times 1$ 维向量：

$$\boldsymbol{v}_{sl}^{\prime} = [\boldsymbol{0}^{1\times(l-1)M^{\prime}}, \boldsymbol{v}_{sl}^{\mathrm{T}}, \boldsymbol{0}^{1\times(K-l)M^{\prime}}]^{\mathrm{T}} \quad (l=1,2,\cdots,K) \quad (\mathrm{E}-15)$$

式中：$\boldsymbol{0}^{1\times(l-1)M^{\prime}}$ 表示 $1\times(l-1)M^{\prime}$ 维零行向量。以 $\boldsymbol{v}_{s1}^{\prime}$ 为例说明 $\boldsymbol{v}_{sl}^{\prime}$ 与重组后的空时二维阵列流型 $\boldsymbol{A}^{\prime}$ 正交。联合式(E-1),(E-2),(E-3),(E-14)与,(E-15)可得：

$$\boldsymbol{A}^{\mathrm{H}}\boldsymbol{v}_{s1}^{\prime} = \begin{bmatrix} \boldsymbol{A}_{11}^{\prime} & \boldsymbol{A}_{12}^{\prime} & \cdots & \boldsymbol{A}_{1K}^{\prime} \\ \boldsymbol{A}_{21}^{\prime} & \boldsymbol{A}_{22}^{\prime} & \cdots & \boldsymbol{A}_{2K}^{\prime} \\ & & \vdots & \\ \boldsymbol{A}_{K1}^{\prime} & \boldsymbol{A}_{K2}^{\prime} & \cdots & \boldsymbol{A}_{KK}^{\prime} \end{bmatrix}^{\mathrm{H}} [\boldsymbol{v}_{s1}^{\mathrm{T}}, \boldsymbol{0}^{1\times(K-1)M^{\prime}}]^{\mathrm{T}} = \begin{bmatrix} \boldsymbol{A}_{11}^{\prime\mathrm{H}}\boldsymbol{v}^{s1} \\ \boldsymbol{A}_{12}^{\prime\mathrm{H}}\boldsymbol{v}^{s1} \\ \vdots \\ \boldsymbol{A}_{1K}^{\prime\mathrm{H}}\boldsymbol{v}^{s1} \end{bmatrix} = \boldsymbol{0}^{KM\times 1}$$

$$(\mathrm{E}-16)$$

依此类推可得

$$\boldsymbol{A}^{\mathrm{H}}\boldsymbol{v}_{sl}^{\prime} = \boldsymbol{0}^{KM\times 1} \quad (\mathrm{E}-17)$$

因此根据 MUSIC 谱估计原理[式(5.3-12)],用 $\boldsymbol{v}_{sl}^{\prime}$ 与重组后的阵列流型向量相乘求 Euclidean 范数再求倒数,则在 $\boldsymbol{R}_{sl}$ 对应的 $M^{\prime}$ 个非相干信源的频率和方向上可以获得功率谱峰,从而完成 $\boldsymbol{R}_{sl}$ 对应的 $M^{\prime}$ 个非相干信源的功率谱估计。将所有的 $\boldsymbol{v}_{sl}^{\prime}$ 组成噪声特征向量矩阵则可以完成所有 $K\times M^{\prime}$ 个非相干信源的功率谱估计。

基于以上分析,$K\times M$ 阶空时二维阵对 $K\times M^{\prime}$ 个非相干信源的 MUSIC 谱估计可以等效地看作是由 K 个阵列流型为 $\boldsymbol{B}_l(l=1,2,\cdots,K)$ 的 M 元 ULA 阵分别完成的其对应 $M^{\prime}$ 个信源的 MUSIC 功率谱估计。

以上推导过程同样适用于对空间平滑算法的分析。首先按照式(E-1)和式(E-2)方法将式(5.3-19)定义的空间平滑子阵阵列流型进行重组,后续所有用到原阵元数 M 的地方都替换为子阵阵元数 M_{sub};然后将 N 个信源依次划分为 K 组,每组 $M^{\prime}$ 个信源,此时 $M^{\prime}$ 小于子阵阵元数,假设每组信源间互不相干,但组内存在相干信源,且相干信源数不超过后面将要进行的空间平滑次数,则信号互相关阵 $\boldsymbol{R}_s$ 仍可以划分为 K 个 $M^{\prime}\times M^{\prime}$ 维的子互相关阵：$\boldsymbol{R}_s = \mathrm{diag}\{\boldsymbol{R}_{s1}, \boldsymbol{R}_{s2}, \cdots, \boldsymbol{R}_{sK}\}$ 只是每个子互相关阵都不满秩,最后将各子阵数据协方差取平均,在式(E-9)中将形成 K 个关于 $\boldsymbol{R}_{s1}, \boldsymbol{R}_{s2}, \cdots, \boldsymbol{R}_{sK}$ 的形如式(3-23)的空间平滑后的数据协方差,这些数据协方差都满秩,此时可以继续用对应的阵列流型 $\boldsymbol{B}_l$ 按照式(E-10)~(E-17)所示的方法构造噪声特征向量最终完成对应的相干信源估计。也就是说,经过空间平滑后的 $K\times M$ 阶空时二维阵可以同时对 K 组相干信源进行 MUSIC 谱估计。若平滑次数为 $2L$ 则 $K\times M$ 阶空时二维阵至多可以完成 K 组,每组 $2L$ 个相干信源的 MUSIC 功率谱估计。仿真实例见图 5.3-4。

附录 F　MBS2 型波束形成矩阵的空间平滑作用分析

设 MBS2 型波束形成向量为

$$w_{\mathrm{MBS2}}=[w_{\mathrm{MBS2}}^1,w_{\mathrm{MBS2}}^2,\cdots,w_{\mathrm{MBS2}}^{M-B+1}] \qquad (\mathrm{F}-1)$$

将式（F-1）代入式（3-32）中，并与式（3-35）、式（3-38）联合可得：

$$W_{\mathrm{MBS2}}A=\frac{1}{\sqrt{M-B+1}}\begin{bmatrix} w_{\mathrm{MBS2}}^1 a'_1+w_{\mathrm{MBS2}}^2 a'_2+\cdots+w_{\mathrm{MBS2}}^{M-B+1}a'_{M-B+1} \\ w_{\mathrm{MBS2}}^1 a'_2+w_{\mathrm{MBS2}}^2 a'_3+\cdots+w_{\mathrm{MBS2}}^{M-B+1}a'_{M-B+2} \\ \vdots \\ w_{\mathrm{MBS2}}^1 a'_B+w_{\mathrm{MBS2}}^2 a'_{B+1}+\cdots+w_{\mathrm{MBS2}}^{M-B+1}a'_M \end{bmatrix}$$

$$=\frac{1}{\sqrt{M-B+1}}\sum_{l=1}^{M-B+1}w_{\mathrm{MBS2}}^l A_{\mathrm{sub}\_l} \qquad (\mathrm{F}-2)$$

可见与 BS2 型波束形成矩阵相比，MBS2 型波束形成矩阵实现的是一种加权空间平滑，下面讨论这种加权空间平滑是否仍然能够保证信号互相关阵 R_s 满秩。

进一步将 A_{sub_l} 分解成如下形式[208]：

$$A_{\mathrm{sub}\_l}=\widetilde{A}B_{\mathrm{sub}}^{l-1} \qquad (\mathrm{F}-3)$$

式中：

$$\widetilde{A}=\begin{bmatrix} \mathrm{e}^{-\mathrm{j}2\pi f_1\tau_{11}},\mathrm{e}^{-\mathrm{j}2\pi f_2\tau_{21}},\cdots,\mathrm{e}^{-\mathrm{j}2\pi f_N\tau_{N1}} \\ \mathrm{e}^{-\mathrm{j}2\pi f_1\tau_{12}},\mathrm{e}^{-\mathrm{j}2\pi f_2\tau_{22}},\cdots,\mathrm{e}^{-\mathrm{j}2\pi f_N\tau_{N2}} \\ \vdots \\ \mathrm{e}^{-\mathrm{j}2\pi f_1\tau_{1B}},\mathrm{e}^{-\mathrm{j}2\pi f_2\tau_{2B}},\cdots,\mathrm{e}^{-\mathrm{j}2\pi f_N\tau_{NB}} \end{bmatrix} \qquad (\mathrm{F}-4\mathrm{a})$$

$$B_{\mathrm{sub}}^{l-1}=\begin{bmatrix} v_1 & 0 & \cdots & 0 \\ 0 & v_2 & \cdots & 0 \\ \vdots & \vdots & \ddots & \vdots \\ 0 & \cdots & 0 & v_N \end{bmatrix}^{l-1} \qquad (\mathrm{F}-4\mathrm{b})$$

$$v_i=\mathrm{e}^{-\mathrm{j}2\pi f_i\frac{d\sin\theta_i}{v}} \quad (i=1,2,\cdots,N) \qquad (\mathrm{F}-4\mathrm{c})$$

联合式（3-28）和式（F-2）~式（F-4）可得数据协方差的信号部分为

$$R_{\mathrm{MBS2}}=W_{\mathrm{MBS2}}AR_s A^{\mathrm{H}}W_{\mathrm{MBS2}}^{\mathrm{H}}=\frac{1}{M-B+1}\sum_{l=1}^{M-B+1}w_{\mathrm{MBS2}}^l A_{\mathrm{sub}\_l}R_s A_{\mathrm{sub}\_l}^{\mathrm{H}}w_{\mathrm{MBS2}}^{l*}$$

$$= \frac{1}{M-B+1} \sum_{l=1}^{M-B+1} w_{\text{MBS2}}^l \widetilde{\boldsymbol{A}} \boldsymbol{B}_{\text{sub}}^{l-1} \boldsymbol{R}_s \left(\boldsymbol{B}_{\text{sub}}^{l-1} \right)^{\text{H}} \widetilde{\boldsymbol{A}}^{\text{H}} w_{\text{MBS2}}^{l*}$$

$$= \frac{1}{M-B+1} \widetilde{\boldsymbol{A}} \left[\sum_{l=1}^{M-B+1} w_{\text{MBS2}}^l \boldsymbol{B}_{\text{sub}}^{l-1} \boldsymbol{R}_s \left(\boldsymbol{B}_{\text{sub}}^{l-1} \right)^{\text{H}} w_{\text{MBS2}}^{l*} \right] \widetilde{\boldsymbol{A}}^{\text{H}} \qquad (\text{F}-5)$$

令

$$\widetilde{\boldsymbol{R}}_{\text{MBS2}} = \sum_{l=1}^{M-B+1} w_{\text{MBS2}}^l \boldsymbol{B}_{\text{sub}}^{l-1} \boldsymbol{R}_s \left(\boldsymbol{B}_{\text{sub}}^{l-1} \right)^{\text{H}} w_{\text{MBS2}}^{l*} \qquad (\text{F}-6)$$

考虑 N 个信源全部相关,设信号 s_1 与其他信号的相关系数向量为:

$$\boldsymbol{\alpha} = [\alpha_1, \alpha_2, \cdots, \alpha_N]^{\text{T}} \qquad (\text{F}-7)$$

则信号向量可以表示为

$$\boldsymbol{s} = s_1 \boldsymbol{\alpha} \qquad (\text{F}-8)$$

信号互相关阵为

$$\boldsymbol{R}_s = E\{\boldsymbol{s}\boldsymbol{s}^{\text{H}}\} = \boldsymbol{\alpha}\boldsymbol{\alpha}^{\text{H}} R_{s1} \qquad (\text{F}-9)$$

式中:R_{s1} 为信号 s_1 的自相关,其是一个标量,在对式(F-9)进行秩的分析时不妨将其设为 1。将式(F-9)代入式(F-6)得

$$\widetilde{\boldsymbol{R}}_{\text{MBS2}} = \sum_{l=1}^{M-B+1} w_{\text{MBS2}}^l \boldsymbol{B}_{\text{sub}}^{l-1} \boldsymbol{\alpha}\boldsymbol{\alpha}^{\text{H}} \left(\boldsymbol{B}_{\text{sub}}^{l-1} \right)^{\text{H}} w_{\text{MBS2}}^{l*} = \boldsymbol{C}\boldsymbol{C}^{\text{H}} \qquad (\text{F}-10)$$

式中:

$$\boldsymbol{C} = \begin{bmatrix} w_{\text{MBS2}}^1 \boldsymbol{\alpha} & w_{\text{MBS2}}^2 \boldsymbol{B}_{\text{sub}}^1 \boldsymbol{\alpha} & \cdots & w_{\text{MBS2}}^{M-B+1} \boldsymbol{B}_{\text{sub}}^{M-B} \boldsymbol{\alpha} \end{bmatrix}$$

$$= \begin{bmatrix} \alpha_1 & 0 & \cdots & 0 \\ 0 & \alpha_2 & \cdots & 0 \\ \vdots & \vdots & \ddots & \vdots \\ 0 & \cdots & 0 & \alpha_N \end{bmatrix} \begin{bmatrix} 1 & v_1 & v_1^2 & \cdots & v_1^{M-B} \\ 1 & v_2 & v_2^2 & \cdots & v_2^{M-B} \\ \vdots & \vdots & \vdots & & \vdots \\ 1 & v_N & v_N^2 & \cdots & v_N^{M-B} \end{bmatrix} \begin{bmatrix} w_{\text{MBS2}}^1 & 0 & \cdots & 0 \\ 0 & w_{\text{MBS2}}^2 & \cdots & 0 \\ \vdots & \vdots & \ddots & \vdots \\ 0 & \cdots & 0 & w_{\text{MBS2}}^{M-B+1} \end{bmatrix}$$

$$= \boldsymbol{D}\boldsymbol{V}\boldsymbol{W}$$

考察 $\boldsymbol{C}$ 的秩,显然方阵 $\boldsymbol{D}$ 为满秩,而方阵 $\boldsymbol{W}$ 在 $w_{\text{MBS2}}^i \neq 0,(i=1,2,\cdots,M-B+1)$ 时满秩,$\boldsymbol{V}$ 为 Vandermonde 矩阵[204],其秩为 $\text{rank}(\boldsymbol{V}) = \min(N,M-B+1)$,根据秩的运算特性有:$\text{rank}(\widetilde{\boldsymbol{R}}_{\text{MBS2}}) = \text{rank}(\boldsymbol{C}\boldsymbol{C}^{\text{H}}) = \text{rank}(\boldsymbol{D}\boldsymbol{V}\boldsymbol{W}) = \text{rank}(\boldsymbol{V}) = \min(N,M-B+1)$,因此当且仅当 $M-B+1 \geqslant N$ 时 $\widetilde{\boldsymbol{R}}_{\text{MBS2}}$ 满秩。

综上所述,当 MBS2 型波束形成向量各系数不为零,且 $M-B+1 \geqslant N$ 时 MBS2 型波束形成矩阵总可以使秩损的信号互相关矩阵 $\boldsymbol{R}_s$ 恢复满秩从而达到空间平滑相同的作用。